建筑安装工程施工工艺标准系列丛书

设备安装工程施工工艺

山西建设投资集团有限公司　组织编写

张太清　梁波　主编

中国建筑工业出版社

图书在版编目（CIP）数据

设备安装工程施工工艺/山西建设投资集团有限公司
组织编写. —北京：中国建筑工业出版社，2018.12
（建筑安装工程施工工艺标准系列丛书）
ISBN 978-7-112-22870-6

Ⅰ.①设… Ⅱ.①山… Ⅲ.①工业设备-设备安装-
工程施工 Ⅳ.①TB492

中国版本图书馆 CIP 数据核字（2018）第 242787 号

　　本书是《建筑安装工程施工工艺标准系列丛书》之一，经广泛调查研究，
认真总结工程实践经验，参考有关国家、行业及地方标准规范，在广泛征求意
见基础上编写而成。

　　本部分编写的内容主要包括：通用部件、泵、风机、离心式压缩机、活塞
式压缩机、小型汽轮发电机组、球磨机、带式输送机、桥式起重机、湿式螺旋
气柜、多边形稀油密封储气柜、塔类设备（吸收塔）、焦炉的安装工艺。

　　本部分可作为工业设备相关工程施工生产操作的技术依据，也可作为编制
施工方案和技术交底的蓝本。在实施工艺标准过程中，若国家标准或行业标准
有更新版本时，应按国家或行业现行标准执行。

责任编辑：张　磊
责任校对：王　瑞

建筑安装工程施工工艺标准系列丛书
设备安装工程施工工艺
山西建设投资集团有限公司　组织编写
张太清　梁　波　主编

*

中国建筑工业出版社出版、发行（北京海淀三里河路 9 号）
各地新华书店、建筑书店经销
北京科地亚盟排版公司制版
北京建筑工业印刷厂印刷

*

开本：787×960 毫米　1/16　印张：16　字数：277 千字
2019 年 3 月第一版　2019 年 5 月第三次印刷
定价：**63.00** 元
ISBN 978 - 7 - 112 - 22870 - 6
（32880）

发 布 令

为进一步提高山西建设投资集团有限公司的施工技术水平，保证工程质量和安全，规范施工工艺，由集团公司统一策划组织，系统内所有骨干企业共同参与编制，形成了新版《建筑安装工程施工工艺标准》（简称"施工工艺标准"）。

本施工工艺标准是集团公司各企业施工过程中操作工艺的高度凝练，也是多年来施工技术经验的总结和升华，更是集团实现"强基固本，精益求精"管理理念的重要举措。

本施工工艺标准经集团科技专家委员会专家审查通过，现予以发布，自2019年1月1日起执行，集团公司所有工程施工工艺均应严格执行本"施工工艺标准"。

山西建设投资集团有限公司

党委书记：

董事长：

2018 年 8 月 1 日

丛书编委会

顾　　　问：孙　波　李卫平　寇振林　贺代将　郝登朝　吴辰先
　　　　　　温　刚　乔建峰　李宇敏　耿鹏鹏　高本礼　贾慕晟
　　　　　　杨雷平　哈成德
主 任 委 员：张太清
副主任委员：霍瑞琴　张循当
委　　　员：（按姓氏笔画排列）
　　　　　　王宇清　王宏业　平玲玲　白少华　白艳琴　邢根保
　　　　　　朱永清　朱忠厚　刘　晖　闫永茂　李卫俊　李玉屏
　　　　　　杨印旺　吴晓兵　张文杰　张　志　庞俊霞　赵宝玉
　　　　　　要明明　贾景琦　郭　铃　梁　波　董红霞
审 查 人 员：董跃文　王凤英　梁福中　宋　军　张泽平　哈成德
　　　　　　冯高磊　周英才　张吉人　贾定祎　张兰香　李逢春
　　　　　　郭育宏　谢亚斌　赵海生　崔　峻　王永利

本书编委会

主　　　编：张太清　梁　波
副 主 编：郭育宏　雷平飞
主要编写人员：马德慧　孙志坚　张耀根　李永胜　孟汉现　罗新虎
　　　　　　周宏彦　赵泽有　郭育宏　秦　晟

序

  企业技术标准是企业发展的源泉，也是企业生产、经营、管理的技术依据。随着国家标准体系改革步伐日益加快，企业技术标准在市场竞争中会发挥越来越重要的作用，并将成为其进入市场参与竞争的通行证。

  山西建设投资集团有限公司前身为山西建筑工程（集团）总公司，2017年经改制后更名为山西建设投资集团有限公司。集团公司自成立以来，十分重视企业标准化工作。20世纪70年代就曾编制了《建筑安装工程施工工艺标准》；2001年国家质量验收规范修订后，集团公司遵循"验评分离，强化验收，完善手段，过程控制"的十六字方针，于2004年编制出版了《建筑安装工程施工工艺标准》（土建、安装分册）；2007年组织修订出版了《地基与基础工程施工工艺标准》、《主体结构工程施工工艺标准》、《建筑装饰装修施工工艺标准》、《建筑屋面工程施工工艺标准》、《建筑电气工程施工工艺标准》、《通风与空调工程施工工艺标准》、《电梯与智能建筑工程施工工艺标准》、《建筑给水排水及采暖工程施工工艺标准》共8本标准。

  为加强推动企业标准管理体系的实施和持续改进，充分发挥标准化工作在促进企业长远发展中的重要作用，集团公司在2004年版及2007年版的基础上，组织编制了新版的施工工艺标准，修订后的标准增加到18个分册，不仅增加了许多新的施工工艺，而且内容涵盖范围也更加广泛，不仅从多方面对企业施工活动做出了规范性指导，同时也是企业施工活动的重要依据和实施标准。

  新版施工工艺标准是集团公司多年来实践经验的总结，凝结了若干代山西建投人的心血，是集团公司技术系统全体员工精心编制、认真总结的成果。在此，我代表集团公司对在本次编制过程中辛勤付出的编著者致以诚挚的谢意。本标准的出版，必将为集团工程标准化体系的建设起到重要推动作用。今后，我们要抓住契机，坚持不懈地开展技术标准体系研究。这既是企业提升管理水平和技术优势的重要载体，也是保证工程质量和安全的工具，更是提高企业经济效益和社会效益的手段。

  在本标准编制过程中，得到了住建厅有关领导的大力支持，许多专家也对该标准进行了精心的审定，在此，对以上领导、专家以及编辑、出版人员所付出的辛勤劳动，表示衷心的感谢。

在实施本标准过程中，若有低于国家标准和行业标准之处，应按国家和行业现行标准规范执行。由于编者水平有限，本标准如有不妥之处，恳请大家提出宝贵意见，以便今后修订。

山西建设投资集团有限公司

总经理：

2018 年 8 月 1 日

前　言

本书是山西建设投资集团有限公司《建筑安装工程施工工艺标准系列丛书》之一。该标准经广泛调查研究，认真总结工程实践经验，参考有关国家、行业及地方标准规范，在广泛征求意见基础上编写而成。

该书编制过程中主要参考了《机械设备安装工程施工及验收通用规范》GB 50231—2009、《风机、压缩机、泵安装工程施工及验收规范》GB 50275—2010《电力建设施工质量验收及评价规程》的相关部分、《工业安装工程施工质量验收统一标准》GB 50252—2010 等标准规范。每项标准按引用标准、术语、施工准备、操作工艺、质量标准、成品保护、注意事项、质量记录八个方面进行编写。

本部分编写的内容主要包括：通用部件、泵、风机、离心式压缩机、活塞式压缩机、小型汽轮发电机组、球磨机、带式输送机、桥式起重机、湿式螺旋气柜、多边形稀油密封储气柜、塔类设备（吸收塔）、焦炉的安装工艺。

本部分可作为工业设备相关工程施工生产操作的技术依据，也可作为编制施工方案和技术交底的蓝本。在实施工艺标准过程中，若国家标准或行业标准有更新版本时，应按国家或行业现行标准执行。

本书在编写过程中，由于技术水平所限，书中谬误之处在所难免，敬请读者提出宝贵意见，以便今后修订完善。随时可将意见反馈至山西建设投资集团公司技术中心（太原市新建路 9 号，邮政编码 030002）。

目　　录

第1章 滚动轴承安装

本工艺标准适用于设备安装工程中滚动轴承安装。

1 引用文件

《机械设备安装工程施工及验收通用规范》GB 50231—2009

2 术语

2.0.1 滚动轴承：在支承负荷和彼此相对运动的零件间作滚动运动的轴承，它包括有滚道的零件和带或不带隔离或引导件的滚动体组。可用于承受径向、轴向或径向与轴向的联合负荷。

3 施工准备

3.1 作业条件

3.1.1 熟悉装配图纸与技术文件，确定装配工艺及工具。

3.1.2 装配前应将轴承包装上或套圈上标准的代号与装配图纸上指明的型号进行认真核对。对于具有特殊要求的轴承，如高温轴承，非基本组游隙轴承或非普通级公差轴承，由于其外表与普通轴承一样，必须认真仔细核对代号，最好将其分开存放。

3.1.3 需要加热装配时，准备好加热油箱、清洁的机油白布、木板、锤子等及必要的燃料。

3.1.4 作业区域应清理干净，彻底清理装配件上的杂物。

3.2 材料及机具

3.2.1 材料：机油、煤油、白布、润滑脂、木材等。

3.2.2 机具：施工机械与工具：空压机、自制三脚架、手动葫芦、锤子、锉刀、油光锉、三角刮刀等。

3.2.3 检测仪器：游标卡尺、内径千分尺、外径千分尺、塞尺等。

4 操作工艺

4.1 工艺流程

清洗 → 检测 → 安装装配 → 间隙调整 → 填塞润滑脂 → 封闭

4.2 清洗

挖出轴承中的润滑防锈油脂，然后将轴承放入热机油中（80～100℃），熔化残留油脂，再用煤油冲洗干净，用白布擦干。

4.3 检测

4.3.1 检查轴承件外表精度，无损伤锈蚀痕迹，转动应灵活及无异常声响。

4.3.2 检查轴承与轴承配合的轴、轴承座孔、端盖端面等，应无毛刺、锈蚀、凹陷等缺陷，并清洗洁净。

4.3.3 测量装配件的配合尺寸，按配合尺寸和配合性质选定装配方法。

4.4 安装装配

4.4.1 装配方法

当配合过盈量较小时，可直接用手锤锤击装配套的方法，将内（或外）套装入。

当配合过盈量较大时可用压力机械压装的方法，将内（或外）套装入。

当配合过盈量过大时，可用温差法（加热孔或冷却轴）装配，也可配合锤击或压力机械压装的方法，加热温度不应高于120℃，冷却温度不应低于－80℃。

4.4.2 装配顺序

1 采用压装法装配时，压入力应通过专用工具或在固定圈上垫以软金属棒、金属套传递，轴承内圈与轴颈配合较紧时，一般先将内圈装配在轴上，再将外圈装入轴承座孔中。轴承外圈与轴承座孔配合较紧时，一般先将外圈装入轴承座孔中，再将内圈装入轴上，如图1-1。

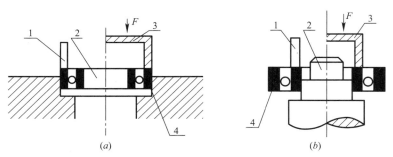

图 1-1 装配工具使用示意图

（a）轴承外圈为固定圈；（b）轴承内圈为固定圈

1—软金属棒；2—轴；3—软金属套；4—滚动轴承固定圈；F—压入力

4.5 间隙调整

4.5.1 轴承间隙分轴向间隙和径向间隙两种，二者存在正比例关系，故调整时只需要调整轴向间隙即可达到两者都能满足的目的。一部分轴承的间隙安装时不需要调整，如向心滚动轴承等；一部分轴承安装装配时需要调整间隙，如向心推力轴承、单向和双向推力轴承等。

4.5.2　垫片调整法调整：先将轴承端盖推入到轴承没有间隙为止。测量出端盖与轴承座孔端面的间隙 δ_0，若加垫片的厚度 $\delta = \delta_0 + \delta_1$（$\delta_1$ 为轴承轴向间隙的要求值），松开轴承端盖，将垫片加到端盖和轴承座孔端面上，拧紧螺栓即可。如图 1-2。

4.5.3　螺钉调整法调整

1　松开轴端调整螺钉上的锁紧螺母。

2　拧紧调整螺钉，使止推盘压紧轴承外圈到轴承无间隙为止。

3　按轴向间隙的要求尺寸，倒转调整螺钉一定角度。

4　调整后拧紧锁住螺母。如图 1-3。

4.5.4　环形螺母调整法调整

1　拧紧环形螺母至轴转动发紧为止，拧紧环形螺母前先拆开止动片。

2　按照轴承轴向间隙要求值，将环形螺母倒转松开相应角度。

3　调整完毕后，用止动片固定环形螺母。图 1-4。

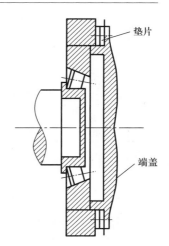

图 1-2　用垫片调整

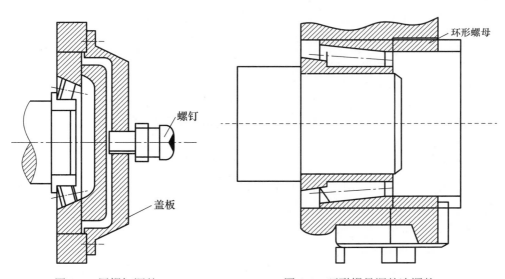

图 1-3　用螺钉调整　　　　图 1-4　环形螺母调整法调整

4.5.5　调整轴承的轴向间隙值

1　向心推力圆锥滚子轴承。（表 1-1）

轴的间隙值表				表 1-1

型号	轴的直径（mm）			
	＜30	30～50	50～80	80～120
轻系列	0.03～0.10	0.04～0.11	0.05～0.13	0.08～0.15
轻系列和中款系列	0.04～0.11	0.05～0.13	0.06～0.15	0.07～0.18
中系列和重系列	0.04～0.11	0.05～0.13	0.06～0.15	0.07～0.18

2 向心推力球轴承。（表 1-2）

轴的间隙值表				表 1-2

型号	轴 的 直 径（mm）			
	＜30	30～50	50～80	80～120
轻系列	0.02～0.06	0.03～0.09	0.04～0.10	0.05～0.12
中系列和重系列	0.03～0.09	0.04～0.10	0.05～0.12	0.06～0.15

3 双向推力轴承。见表 1-3。

轴的间隙值表				表 1-3

型号	轴 的 直 径（mm）			
	＜30	30～50	50～80	80～120
轻系列	0.03～0.08	0.04～0.10	0.06～0.12	0.07～0.15
中系列和重系列	0.05～0.11	0.06～0.12	0.07～0.14	0.10～0.18

4.5.6 径向止推轴承的装配

圆锥向心推力滚子轴承的内外圈是分开的，外圈与内圈之间的间隙，是在装配后进行调整的，如间隙过小，将加速磨损，间隙过大，则工作时会产生振动，调整间隙的方法是轴向移动轴承的外圈。

4.5.7 推力轴承的装配

推力轴承的外环内孔比内环内孔大 0.2mm，装配时应使内环靠在转动零件的平面上，松环靠在静止零件的平面上，否则轴承与零件间要产生滑动摩擦而逐渐损坏。推力轴承的间隙是靠螺纹来调整。

4.6 填塞润滑脂

当轴承采用润滑脂润滑时，应在轴承约 1/2 空腔内加注符合规定的润滑脂；采用稀油润滑的轴承，不应加注润滑脂。

4.7 封闭

润滑油加注后再安装轴承盖，注意轴承盖与轴间隙均匀，再紧固固定螺钉。

5　质量标准

5.1　主控项目

5.1.1　轴承安装后，转动应灵活及无异常声响。

5.1.2　轴承与轴肩、轴承与轴承座轴肩应靠近，轴承盖和垫圈必须平整，并应均匀地贴在轴承端面上，如设备技术文件规定有间隙时，应按规定留出。

5.1.3　滚动轴承与轴装配时，必须保证滚动体不受压力，配合面不被擦伤，在台肩处配合正确。

5.2　一般项目

5.2.1　滚动轴承安装在对开式轴承座内时，轴承盖与轴承座的接合面间应无空隙，轴承外圈两侧的瓦口处应留出一定的间隙，可用塞尺测量检查，若间隙太小，可进行刮研，并应符合表 1-4 规定。

滚动轴承与对开式轴承座间的间隙　　　　　　　　表 1-4

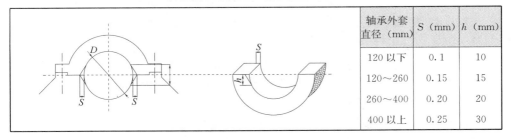

轴承外套直径（mm）	S（mm）	h（mm）
120 以下	0.1	10
120～260	0.15	15
260～400	0.20	20
400 以上	0.25	30

5.2.2　止推轴承的外套与机座孔间应保持 0.25～1.00mm 的间隙。如图 1-5。

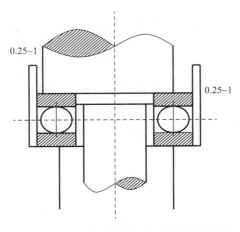

图 1-5　止推轴承外套与机座孔间的间隙

6 成品保护

6.0.1 轴承安装后在端盖未封闭时要用白布包裹，防止落入异物。

6.0.2 不得使轴承侧向受压。

7 注意事项

7.1 应注意的质量问题

7.1.1 滚动轴承进行热装时，严禁用火焰直接加热，应采用热油加热。装配时，轴承应放在热油箱中，且不能与箱底直接接触，可在箱中放一层铁丝格子板隔离，或将轴承吊挂在箱中。加热时间和温度，依据设计要求而定。如轴承内的滚珠盘为塑料时，只宜在热水中加热轴承。

7.1.2 装配前，应用内、外径千分尺检查轴承套的内径及轴的直径，其配合精度，必须符合设计要求。

7.1.3 装配轴承前时，要注意内、外套上的字头，不准装错或颠倒。

7.1.4 将轴承固定到轴上的装置，如螺母、垫圈、轴端压板等，必须完好，螺母一定要用扳手拧到足够的紧度。

7.1.5 如装配成组的轴承，应用平尺、塞尺来校正轴承座的同一中心线，如同样的轴承数量较多时，可用特制的样板以涂色方法来校正。

7.2 应注意的安全问题

7.2.1 作业现场应健全防火制度，完善消防设施，消除火灾隐患，洞口临边要采取防护措施。

7.2.2 大型轴承吊装时吊装机具要进行检查，确保吊装安全。

7.2.3 人员使用锤子时，要防止锤子滑脱。

7.2.4 热装轴承时人员要穿工作服、带石棉手套和防护透明面罩。

7.3 应注意的绿色施工问题

7.3.1 轴承包装物严禁乱扔，清洗油料严禁随意倾倒，要回收存放，加热油料妥善保管。

7.3.2 加热严禁采用木材直接加热，防止污染环境。

8 质量记录

8.0.1 轴承出厂合格证。

8.0.2 轴向游隙记录。

8.0.3 封闭验收记录。

第 2 章　滑动轴承安装

本工艺标准适用于设备安装工程中滑动轴承安装。

1　引用文件

《机械设备安装工程施工及验收通用规范》GB 50231—2009

2　术语

2.0.1　滑动轴承：在滑动摩擦下工作的轴承。滑动轴承工作平稳、可靠、无噪声。在液体润滑条件下，滑动表面被润滑油分开而不发生直接接触，还可以大大减小摩擦损失和表面磨损，油膜还具有一定的吸振能力。

3　施工准备

3.1　作业条件

3.1.1　在安装前，装配人员必须对图纸、安装手册等相关技术资料进行详细阅读，对轴承的结构形式和装配技术非常了解以后，然后对轴瓦等部件进行严格检查。

3.1.2　提前测量好装配机件的轴套内径，计算配合尺寸。

3.1.3　备好适量的机油，以及白布、木板、锤子、刮刀和必要的测量工具等。

3.1.4　作业区域应清理干净，彻底清理装配件上的杂物。

3.2　材料及机具准备

3.2.1　辅助材料：机油、煤油、白布、润滑脂、红丹粉、铅丝等。

3.2.2　施工机械与工具：空压机、自制三脚架、手动葫芦、锤子、锉刀、油光锉、三角刮刀等。

3.2.3　监视测量设备：游标卡尺、内径千分尺、外径千分尺、塞尺等。

4　操作工艺

4.1　工艺流程

清洗 → 检测 → 轴承座安装与校正 → 轴套装配或轴瓦装配与刮研 →

连接紧固件紧固

4.2　清洗

4.2.1　用煤油清洗滑动轴承，用白布擦干。

4.3　检测

4.3.1　检查滑动轴承巴氏合金表面、精度，有否损伤痕迹。

4.3.2　检查轴承与轴承配合的轴、轴承座孔、端盖端面等，是否有毛刺、锈蚀、凹陷等缺陷，并清洗洁净。

4.3.3　滑动轴承装配前，应检查轴瓦的合金层与瓦背必须牢固紧密的结合，不得有分层、脱壳现象。合金层表面及两半轴瓦的中分面应光滑、平整，不允许有裂纹、气孔、重皮、夹渣及碰伤等缺陷。

4.4　轴承座安装与校正

轴承座安装。对开轴瓦、轴承座、轴承盖安装时应使轴瓦背与轴承座孔接触良好，如不符合要求应以轴承座孔为基准刮研厚壁轴瓦，轴瓦剖分面应比轴承座剖分面高出 0.05～0.1mm。

4.5　轴套装配

4.5.1　装配前，要检查轴套和轴承座的配合过盈量是否符合设备技术文件的规定。将配合面的毛刺或锈蚀用刮刀或油石打磨光。

4.5.2　装配前，先将轴套表面涂一层薄薄的机器油，以减少摩擦阻力，使易于装入轴承座内，轴套装配时，压入速度不宜过快，以利于导正，不致压偏。

4.5.3　使用大锤打入轴套时，必须使用导向轴，导向芯轴与轴套及轴承座的孔径均为动配合，装配时，在轴套的端部垫一软质金属板。

4.5.4　轴套装配完后，以防止轴套发生滑动，需加止动螺钉，螺钉的两旁用冲子打出两个小孔，以防其再运动时松脱。

4.5.5　轴套装配后，用着色法检查，使轴套与轴颈之间的间隙、接触弧面和单位面积内的接触点数符合设备技术文件的规定，否则应进行刮研。

4.5.6　含油轴套装入轴承座时，轴套段应均匀受力，并不得敲打轴套。轴套与轴颈的间隙宜为轴颈直径的 1%～2%。含油轴套装入轴承座时，其清洗油宜与轴套内润滑油相同，不得使用能溶解轴套内润滑油的任何溶剂。

4.5.7　装配尼轮轴承，应先调整或研配好间隙，可采用经加工后的铸铁棒与金刚砂、玻璃粉、机油混合的研磨剂进行研磨。

4.6　轴瓦装配

4.6.1　上、下两轴瓦的瓦背与轴承座孔应接触良好，其接触要求应符合随机技术文件的规定；当无规定时，其接触面积要求应符合表 2-1 的规定，必要时进行刮研。

上、下轴瓦的瓦背与轴承孔的接触要求 表 2-1

项目		接触要求		简图
		上轴瓦	下轴瓦	
接触角	稀油润滑	130°±5°	150°±5°	
	油脂润滑	120°±5°	140°±5°	
接触角内接触率		≥60%	≥70%	
瓦侧间隙		D≤200mm 时，0.05mm 塞尺不得塞入 D>200mm 时，0.10mm 塞尺不得塞入		

注：D 为轴的公称直径，a 为接触角，b 为瓦侧间隙。

4.6.2 上、下轴瓦的接合面应接触良好，未拧紧螺栓时，应用 0.05mm 的塞尺从外侧检查，任何部位塞入深度均不应大于接合面宽度的 1/3。

4.6.3 动压轴承的顶间隙，宜按表 2-2 的规定调整。

动压轴承的顶间隙（mm） 表 2-2

轴承直径	最小间隙	平均间隙	最大间隙	轴承直径	最小间隙	平均间隙	最大间隙
>30~50	0.025	0.050	0.075	340	0.30	0.34	0.38
>50~80	0.030	0.060	0.090	360	0.32	0.36	0.40
>80~120	0.072	0.117	0.161	380	0.34	0.38	0.42
130	0.085	0.137	0.188	400	0.36	0.40	0.44
140	0.085	0.137	0.188	420	0.38	0.42	0.46
150	0.12	0.15	0.19	450	0.41	0.45	0.49
160	0.13	0.16	0.20	480	0.44	0.48	0.52
180	0.15	0.18	0.21	500	0.46	0.50	0.54
200	0.17	0.20	0.23	530	0.49	0.53	0.57
220	0.19	0.22	0.25	560	0.52	0.56	0.60
240	0.21	0.24	0.27	600	0.56	0.60	0.64
250	0.22	0.25	0.28	630	0.59	0.63	0.67
260	0.23	0.26	0.29	670	0.62	0.67	0.72
280	0.25	0.28	0.31	710	0.66	0.71	0.76
300	0.27	0.30	0.33	750	0.70	0.75	0.80
320	0.28	0.32	0.36	800	0.75	0.80	0.85

注：本表适用于活塞式发动机轴承、油膜轴承、轴颈最大圆周速度为 10m/s，润滑油黏度不大于 16°E。

4.6.4 轴瓦的翻边或直口与轴承座之间，不应有轴向间隙，必须配合紧密，防止轴瓦在轴承座内产生轴向滑动。

4.6.5 轴瓦在轴承座内必须呈紧密配合，即轴承盖必须紧压轴瓦，压紧的力称为轴承紧力（一般轴瓦的过盈量是 0.02~0.06mm）。

测量轴承紧力可用压铅法。将铅丝放在轴瓦壳上及轴承盖的接合面上，如图

2-1，压完后测量铅丝厚度，计算出轴瓦紧力。

$$A = (b_1 + b_2) \div 2 - a \qquad (式 2-1)$$

式中　A——轴瓦紧力（弹性变形量）（mm）；

　　　b_1、b_2——各轴承盖间软铅丝的厚度（mm）；

　　　a——上轴瓦盖上软铅丝厚度（mm）。

如经测量，轴瓦紧力不符合技术要求时，可调整轴承盖接合处垫片的厚度。

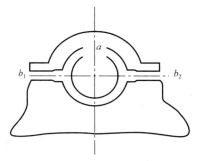

图 2-1　测量轴瓦的紧力

4.6.6　轴瓦与轴颈的接触状况用着色法检查，其接触角和接触面积应符合技术文件的规定，无规定时，不应低于表 2-3 的规定。

上、下轴瓦内孔与轴颈的接触点数　　　表 2-3

轴承直径（mm）	机床或精密机械主轴轴承			锻压设备、通用机械和动力机械的轴承		冶金设备和建筑工程机械的轴承	
	高精度	精密	普通	重要	一般	重要	一般
	每 25mm×25mm 内的接触点数						
≤120	20	16	12	12	8	8	5
>120	16	12	10	8	6	5～6	2～3

4.6.7　薄壁轴瓦轴承的装配。

1　薄壁轴承装配时，应采用加热轴承体或冷却轴套的方法，如轴承体较大，加热困难，可采用冷却轴套的办法进行装配。

2　薄壁瓦与轴颈的配合间隙及接触状况，是靠机械加工精度保证的，其接触面一般不进行刮研，如沿轴向接触不均匀，可略加修整。薄壁轴瓦顶间隙，应符合随机技术文件的规定；当无规定时，宜符合表 2-4 的规定。

薄壁轴瓦顶间隙　　　表 2-4

转速（r/min）	<1500	1500～3000	>3000
顶间隙（mm）	$(0.8～1.2)\,d/1000$	$(1.2～1.5)\,d/1000$	$(1.5～2.0)\,d/1000$

注：d 为轴颈直径（mm）

3　瓦背与轴承座应紧密均匀贴合，可用着色法检查，且轴瓦内径小于 180mm 时，其接触面积不应少于 85%；轴瓦内径大于或等于 180mm 时，其接触面积不应少于 70%。

4　装配后，应在中分面处用 0.02mm 的塞尺检查，不应塞入。

4.6.8　轴瓦与轴颈间的间隙，应用下列方法检查：

1　高转速设备的轴承，其顶间隙可用标准垫片检查并调整，对多片式倾斜瓦，可用刮轴法和测量法检测顶间隙值。

2　一般设备的轴承顶间隙可用压铅法测量，如图 2-1，并按公式（2-2）计算

$$s = \frac{b_1 + b_2}{2} - \frac{a_1 + a_2 + a_3 + a_4}{4}$$
（式 2-2）

式中　s——轴承的平顶间隙（mm）；

b_1、b_2——轴颈上各段软铅丝压扁后的厚度（mm）；

a_1、a_2、a_3、a_4——轴瓦合缝处接合面上各段软铅丝压扁后的厚度（mm）。

侧间隙可用塞尺沿着圆弧方向测量。油楔最大尺寸应符合表 2-5 的规定。

上、下轴瓦的油楔最大尺寸　　　　　　　　　　　　表 2-5

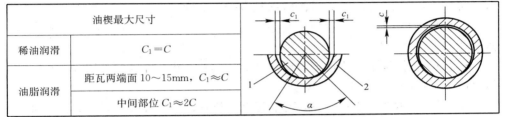

油楔最大尺寸	
稀油润滑	$C_1 = C$
油脂润滑	距瓦两端面 10~15mm，$C_1 \approx C$
	中间部位 $C_1 \approx 2C$

注：1 为轴，2 为上、下轴瓦，C 为轴瓦的最大配合间隙，C_1 为油楔最大尺寸，α 为上、下轴瓦内孔与轴颈接触角。

4.6.9　开油槽及质量要求

1　上、下轴瓦的结合处应开出一凹槽，称为集渣槽，以便清除油垢。下轴瓦受力部分不能开油槽，并尽量避免开轴向油槽。

2　轴承的进油孔，应开在轴颈旋转方向的前方。

3　较长的轴套（整体式轴瓦），润滑油供给比较困难，可用开成螺旋式的油槽。

4.6.10　轴瓦与轴套刮研

1　刮研轴瓦时，应先刮接触点，同时刮研接触角，最后再刮研侧间隙。刮研时做到接触部分与非接触部分的交界处，不应有明显的界限，应刮成光滑过渡。

2　上、下瓦之间垫有垫片的轴瓦，应该上、下瓦同时刮研，最后用垫片调整轴承的顶间隙。

3　上、下瓦之间没有调整垫片时，应先刮下瓦，上瓦可直接从轴承里取出，放在轴颈上检查刮研，刮研时应先刮上瓦顶间隙，再刮侧间隙、接触角和接触点。

4　轴套（整体瓦）的刮研，是安装前按轴颈实际尺寸和要求的间隙值进行刮研，装入轴承座后，用内径千分尺复测轴套内径，对装配时出现的微量偏差进

11

行修复刮研，使之符合要求。

5 质量标准

5.1 主控项目

5.1.1 滑动轴承必须符合设计要求。

5.1.2 滑动轴承质量满足要求。

5.2 一般项目

5.2.1 轴瓦瓦背与轴承座应紧密地均匀贴合，用着色法检查，接触面积应不少于50%，若为薄壁瓦，瓦内径小于180mm的，其接触面积不少于85%，若内径大于或等于180mm时，其接触面积应少于70%。

5.2.2 轴瓦装配后，在中分面处不得有间隙，用0.02mm塞尺检查，不得塞入。

5.2.3 止推轴承与止推盘应均匀接触，接触面积应不少于75%，止推轴承间隙，应符合设备技术文件的规定。

5.2.4 轴承在工作状况下，若上瓦也承载时，其接触状况应和下瓦相同。

5.2.5 在上下结合面处，用垫片调整间隙或紧力的轴承，垫片应符合下列要求：

1 两组垫片的厚度应相等；

2 垫片不应与轴相接触，距轴瓦内径一般应在0.5mm以内；

3 垫片不允许有卷边、皱折、毛刺等缺陷。

6 成品保护

6.0.1 轴承安装后在端盖未封闭时要用白布包裹，防止落入异物。

6.0.2 轴瓦在安装过程中要妥善放置，防止合金层损坏。

7 注意事项

7.1 应注意的质量问题

7.1.1 要避免滑动轴承沾染灰尘、污染物和湿气—污染物对滑动轴承的运转和使用寿命有不良影响。

7.1.2 检查滑动轴承座孔和轴上的配合面的：几何和尺寸精度及清洁度。

7.1.3 给滑动轴承套圈的配合面涂上少许油或少许脂。

7.1.4 确保轴和滑动轴承座孔有一个10°～15°的引导倒角。

7.1.5 不要过分冷却滑动轴承：冷凝产生的水分可导致滑动轴承及滑动轴承的配合面锈蚀。

7.1.6　安装之后：给滑动轴承装填润滑剂，检查滑动轴承配置是否运转正常。

7.2　应注意的安全问题

7.2.1　作业现场应健全防火制度，完善消防设施，消除火灾隐患，洞口临边要采取防护措施。

7.2.2　人员要穿工作服、手套和防护透明面罩。

7.3　应注意的绿色施工问题

7.3.1　轴承包装物严禁乱扔，清洗油料严禁随意倾倒，要回收存放，加热油料妥善保管。

7.3.2　装配现场应尽可能保持清洁，没有灰尘。

8　质量记录

8.0.1　轴承出厂合格证。

8.0.2　轴瓦的顶间隙、侧间隙记录。

8.0.3　上、下轴瓦的瓦背与轴承座的接触记录。

8.0.4　封闭验收记录。

第3章 螺 纹 连 接

本工艺标准适用于设备安装工程中螺纹连接安装。

1 引用文件

《机械设备安装工程施工及验收通用规范》GB 50231—2009

2 术语

螺纹是一种在固体外表面或内表面的截面上，有均匀螺旋线凸起的形状。

3 施工准备

3.1 作业条件

3.1.1 提前测量好装配机件的螺母内径和螺纹外径；

3.1.2 高强螺栓提前进行抽样复检；

3.1.3 备好适量的机油，以及白布、扳手、测量工具、加热工具等；

3.1.4 作业区域应清理干净，彻底清理装配件上的杂物。

3.2 材料及机具准备

3.2.1 辅助材料：机油、煤油、白布、润滑脂、油漆、硅酸铝保温毡等。

3.2.2 施工机械与工具：梅花扳手、活口扳手、扭力扳手、电动扳手、锉刀、油光锉、加热带等。

3.2.3 监视测量设备：螺纹塞规、螺纹环规、螺纹千分尺、塞尺、角尺等。

4 操作工艺

4.1 工艺流程

检查 → 安装螺栓 → 初紧 → 紧固

4.2 检查

4.2.1 检查紧固件外表精度和有否损伤痕迹。

4.2.2 检查紧固件是否有毛刺、锈蚀、凹陷等缺陷，并清洗洁净。

4.2.3 检查紧固件规格尺寸、材质。

4.3　安装螺栓

4.3.1　双头螺栓连接

1　装配前应检查螺栓与孔的直径，双头螺栓的紧固端一般采用过渡配合，配合后的中径有一定的过盈量。也有的最后几圈螺纹深度较浅，使配合紧固。

2　双头螺栓装配时，要防止螺孔中产生空气受压缩的张力，因而螺栓直径较大者，在配合端上，沿轴向需铣出浅槽。

3　双头螺栓装配时，其轴心线必须与机体表面垂直，可用角尺进行测量。

4　双头螺栓装配时，必须涂上润滑材料，以免旋入时，产生咬住现象，同时便于日后拆卸。

4.3.2　螺母和螺钉的装配

1　螺钉与螺母和零部件贴合面的表面应光洁、平整，贴合处的表面应当经过加工。

2　按接触表面应清洁，螺钉、螺母应在机油中洗净，螺孔内的赃物应用压缩空气吹净。

3　为防止螺栓和螺母松动，必须有防松装置，防松装置有开口销、带槽螺母、止动垫圈、串联钢丝、弹簧垫圈及锁紧螺母等。

4.3.3　埋头螺钉装配

埋头螺钉连接，要求连接稳定、紧密，为了保证紧密连接，应在被拧入零件的端面，衬以垫圈（铅垫、橡皮圈）等。

4.3.4　组成螺栓装配

1　成组的螺栓装配时，必须按一定的顺序来拧紧螺母。

2　圆形件上装配螺栓时，应首先将全部螺栓拧入后，再十字交叉地拧紧螺母，不准沿圆周逐个拧紧，如图 3-1 所示。

3　方形件上装配螺栓时，应首先将全部螺栓拧入后，再十字交叉地拧紧螺母，不准沿圆周逐个拧紧，如图 3-2 所示。

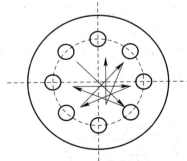

图 3-1　圆形件上螺母紧固顺序

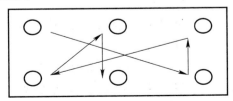

图 3-2　方形件上螺母紧固次序

4 条件上装配螺栓时，将全部螺栓拧入后，一般情况下由中间向两端拧紧，如图 3-3 所示。

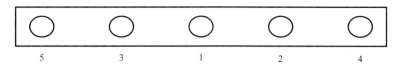

图 3-3 条形件上螺母紧固次序

5 在任何情况下，不得把螺母一次完全拧紧，否则会使螺母受到过载荷而发生变形，因此在拧紧螺母时候，除了按照一定的顺序拧紧螺母外，还必须分成几次来紧固。

4.3.5 螺栓、螺母热装配工艺及规定

1 加热前应将被加热段附近的油脂清除干净，加热装配后，再涂上油脂。

2 对加热段附近的其他机件，应按具体情况，采取适当的隔热措施。加热温度视设计要求而定，整个加热段应均匀受热。

3 用火焰加热时，加热段与螺纹部分的距离应大于 150mm。

4 螺柱（螺栓）加热伸长到规定尺寸后，方可拧紧螺母，并应正确拧至预先规定位置。

5 加热装配时，对角的两根螺柱或螺栓应同时进行，确有困难的，可分别进行，但必须连续装完，不得中断。

6 螺栓（螺柱）加热时，不得使螺纹部分受热而膨胀，以免妨碍螺母的装配。如用热油加热小型螺栓或短螺栓时，螺纹无法避免受热，应将螺母套在螺栓上，一起加热。

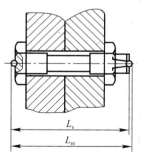

图 3-4 紧固后的螺栓
L_m—螺栓的紧固后的长度；
L_s—螺栓与被联接件间隙为
零时的原始长度

7 加热较大的螺柱（螺栓）时，宜用电加热，较小的螺栓可采用油槽加热方法，油的规格、品种和闪点等，应正确选择。

8 紧配螺母加热时，应将螺母加热至规定温度范围后，立即将螺母装配螺栓上，并以最快的速度拧紧，不得中断。

4.3.6 螺栓紧固时有预紧力要求时，可采用下列方法控制：

1 可利用专用力矩扳手；

2 可控制螺栓紧固后的长度（图 3-4），螺栓紧固后的长度可按式（3-1）计算：

$$L_m = L_S + \frac{P_o}{C_L} \qquad \text{（式 3-1）}$$

式中　L_m——螺栓紧固后的长度（mm）；

　　　L_S——螺栓与被联接件间隙为零时的原始长度（mm）；

　　　P_0——预紧力（N）；

　　　C_L——螺栓刚度（N/mm），可按规范《机械设备安装工程施工及验收通用规范》GB 50231—2009 的附录 F 的规定计算。

3　大直径的螺栓可采用液压拉伸法进行紧固，螺栓紧固后的长度值可按下式计算：

$$L_m = L_s + P_o \left(\frac{1}{C_L} + \frac{1}{C_F} \right) \qquad \text{（式 3-2）}$$

式中　C_F——连接件刚度（N/mm），可按规范《机械设备安装工程施工及验收通用规范》GB 50231—2009 的附录 F 的规定计算。

4　大直径的螺栓也可采用加热伸长法控制螺栓紧固，螺检紧固后的长度可按规范《机械设备安装工程施工及验收通用规范》GB 50231—2009 式（5.2.4-2）计算，钢制螺栓加热温度不得超过 400℃。

5　采用螺母转角法紧固时（图 3-5），其螺母转角法的角度可按（式 3-3）计算：

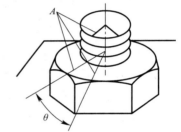

图 3-5　螺母转角法

θ—螺母转角法的角度值；A—转角标记

$$\theta = \frac{360}{t} \cdot \frac{P_o}{C_L} \qquad \text{（式 3-3）}$$

式中　θ——螺母转角法的角度值（°）；

　　　t——螺距（mm）。

4.3.7　高强度螺栓的装配，应符合下列要求：

1　高强度螺栓在装配前，应按设计要求检查和处理被联接件的接合面；装配时，接合面应保持干燥，严禁在雨中进行装配；

2　不得用高强度螺栓兼做临时螺栓；

3　安装高强度螺栓时，不得强行穿入螺栓孔；当不能自由穿入时，该孔应用铰刀修整，铰孔前应将四周螺栓全部拧紧，修整后孔的最大直径应小于螺栓直径的 1.2 倍；

4　组装螺栓联接副时，垫圈有倒角的一侧应朝向螺母支撑面；

5　高强度螺栓的初拧、复拧和终拧应在同一天内完成。

17

4.3.8 大六角头高强度螺栓装配除应符合 4.3.7 条要求外，尚应符合下列要求：

1 大六角头高强度螺栓的终拧扭矩值，宜按（式 3-4）计算：

$$T_C = KP_c d \qquad （式 3-4）$$

式中　T_C——拧扭矩值（N·m）；

　　　P_c——施工预紧力（kN），按规范《机械设备安装工程施工及验收通用规范》GB 50231—2009 附录 F 的规定确定；

　　　K——扭矩系数，取 0.11～0.15；

　　　d——螺栓公称直径（mm）。

2 施工所用的扭矩扳手，每次使用前必须校正，其扭矩偏差不得大于 ±5%，并应在合格后使用；校正用的扭矩扳手，其扭矩允许偏差为 ±3%；

3 大六角头高强度螺栓的拧紧应分为初拧和终拧；对于大型节点应分为初拧、复拧和终拧；初拧扭矩应为终拧扭矩值的 50% 复拧扭矩应等于初拧扭矩，初拧或复拧后的高强度螺栓应在螺母上涂上标记，然后按终拧扭矩值进行终拧，终拧后的螺栓应用另一种颜色在螺母上涂上标记；

4 螺栓拧紧时，应只准在螺母上施加扭矩。

4.3.9 扭剪型高强度螺栓装配，应符合本工艺第 4.3.7 条和第 4.3.8 条的要求；终拧时，应拧掉螺栓尾部的梅花头。对于个别不能用专用扳手终拧的螺栓，其终拧扭矩值计算时，扭矩系数宜取 0.13。

5　质量标准

5.1　主控项目

5.1.1 紧固件规格、型号、材质应符合设计、标准要求。

5.1.2 螺纹连接前，应检查螺纹配合精度，松紧程度不合适者，不得使用。

5.1.3 设备技术文件中对螺栓、螺母材质有要求的，不得用普通螺栓或螺母代用。

5.1.4 技术文件和图纸中规定的螺栓防松装置不得遗漏或任意代用，拧紧后按规定锁紧，用螺母锁紧时，薄螺母应在厚螺母的下边，采用弹簧垫圈时，只能在每个螺栓上使用一个。

5.2　一般项目

5.2.1 螺栓与螺母拧紧后，螺栓应露出 2～3 个螺距，其支承面应与被紧固零件贴合；沉头螺钉紧固后，沉头应埋入机件内，不得外露；

5.2.2 螺栓紧固时，宜采用呆扳手，不得使用打击法和超过螺栓的许用应力；

5.2.3 多只螺栓或螺钉联接同一装配件紧固时，各螺栓或螺钉应交叉、对称和均匀地拧紧。当有定位销时应从靠近该销的螺栓或螺钉开始均匀拧紧；

5.2.4 螺栓头、螺母与被连接件的接触应紧密；对接触面积和接触间隙有特殊要求时，尚应按规定的要求进行检验；

5.2.5 有锁紧要求的螺栓，拧紧后应按其规定进行锁紧；用双螺母锁紧时，应先装薄螺母后装厚螺母；每个螺母下面不得用两个相同的垫圈。

6 成品保护

6.0.1 已经拧紧螺栓应作好标记。

6.0.2 已经终拧的节点和摩擦面应保持清洁整齐，防止油、尘土污染，并进行刷油防腐。

6.0.3 已经终拧的节点应避免过大的局部撞击和氧—乙炔烘烤。

6.0.4 拧紧后螺纹要进行保护，防止损伤螺纹。

6.0.5 螺栓、螺母要堆放整齐，不准随意乱扔。

7 注意事项

7.1 应注意的质量问题

7.1.1 高强度螺栓的安装施工应避免在雨雪天气进行，以免影响施工质量。

7.1.2 大六角头高强度螺栓连接到应该当天使用当天从库房中领出，最好用多少领多少，当天未用完的高强度螺栓不能堆放在露天，应该如数退回库房，以备第二天继续使用。

7.1.3 高强度螺栓在安装过程中如需要扩孔时，一定要注意防止金属碎屑夹在摩擦面之间，一定要清理干净后才能安装。

7.1.4 连接板变形，间隙大，应校正处理后再使用。

7.1.5 螺栓应自由穿入螺孔，不准许强行打入。

7.1.6 应定期标定扳手的扭矩值，其偏差不大于5%，严格按紧固顺序操作。

7.2 应注意的安全问题

7.2.1 作业现场应健全防火制度，完善消防设施，消除火灾隐患，洞口临边要采取防护措施。

7.2.2 人员要穿工作服、手套和防护透明面罩。

7.2.3 高空作业要搭设脚手架，系好安全带。

7.2.4 使用板子时要防止滑脱。

7.2.5 电加热或采用其他方法要注意防止触电和火灾。

7.3 应注意的绿色施工问题

7.3.1 螺栓包装物严禁乱扔，清洗油料严禁随意倾倒，要回收存放，加热油料妥善保管。

7.3.2 装配现场应尽可能保持清洁，没有灰尘。

8 质量记录

8.0.1 螺栓出厂合格证。

8.0.2 高强螺栓的安装记录。

第4章 齿轮传动机构安装

本工艺标准适用于设备安装工程中齿轮传动安装。

1 引用文件

《机械设备安装工程施工及验收通用规范》GB 50231—2009

2 术语

2.0.1 齿轮的定义：齿轮是能互相啮合的有齿的机械零件。

3 施工准备

3.1 作业条件

3.1.1 在安装前，装配人员必须对图纸、安装手册等相关技术资料进行详细阅读，了解齿轮的结构形式和装配技术，对其部件进行严格检查。

3.1.2 按齿轮的装配位置、结构形式、转动方向和润滑方式等，正确选定装配方法，准备装配的工、机具。

3.1.3 备好适量的机油，以及白布、木板、锤子、刮刀和必要的测量工具等。

3.1.4 作业区域应清理干净，彻底清理装配件上的杂物。

3.2 材料及机具

3.2.1 辅助材料：机油、煤油、白布、润滑脂、樟丹粉、铅丝等。

3.2.2 机具：自制三脚架、手动葫芦、锤子、锉刀、油光锉等。

3.2.3 主要监视测量设备：游标卡尺、内径千分尺、外径千分尺、塞尺等。

4 操作工艺

4.1 工艺流程

清洗 → 检查 → 齿轮安装 → 间隙、啮合情况测量 → 调整

4.2 清洗

使用煤油或其他清洗剂对齿轮表面的油脂进行清理。

4.3 检查

4.3.1 装配前，应按齿轮和轴进行检查，如发现有问题时，应采取措施修

正后，方可进行装配。

4.3.2 检查齿轮的模数、齿距、外径、节圆直径，以及涡轮与蜗杆的倾斜度等。

4.3.3 检查齿轮孔与轴颈的配合，键与键槽的配合，应符合有关规定。

4.4 齿轮传动机构安装

4.4.1 齿轮的装配

1 齿轮装到轴上时，一般为键连接，齿轮轴孔与轴的配合通常有微量间隙，按配合间隙采用压装和锤击装入。

2 齿轮装于轴上后，应使齿轮的中心线和轴的中心线相重合，齿的端面与轴的中心线成垂直。

3 支持轴的轴承为滚动轴承时，按滚动轴承安装中的有关规定装入轴上。

4 已装好齿轮的轴装入传动装置时，应先从转速最低的一根轴装起，装好后应检查两啮合齿轮的中心距、两轴平行度、啮合间隙与接触情况等，应符合设计要求。

4.4.2 圆锥齿轮传动的装配

1 齿轮与轴的装配按 4.4.1 的 1～3 项进行装配。

2 装配时要使圆锥齿轮的外端面在同一平面上，齿轮工作面的侧间隙符合要求。

3 圆锥齿轮装配到轴上除应用键配合外，还应用螺钉与紧固圈进行固定。

4 圆锥齿轮的校正方法是先固定好其中一个圆锥齿轮，再将另一个圆锥齿轮顺轴向进行调节，达到准确的啮合传动后，将位置固定。

4.4.3 涡轮传动装配

1 涡轮与轴，蜗杆与轴一般出厂时已装配好，在安装时可不拆卸，如需现场装配，应按设备技术文件的规定进行装配。

2 涡轮与蜗杆装配时，应达到下列要求：

1) 蜗杆和涡轮的轴心线，应具有一定的相对位置，即中心距离准确，且呈垂直状态。

2) 蜗杆的螺纹与涡轮的齿轮间，应具有均匀的侧间隙。

3) 传动的工作面，有符合要求的接触面，并应正确分布。

4.5 齿轮装配时的检测

4.5.1 齿轮（或涡轮）装于轴上后，应检查其径向和端面偏差，检查时，将齿轮以及划针盘，百分表等固定在支承架上，转动齿轮测量其偏差值，如图 4-1。

4.5.2 每对齿轮（或涡轮）装配后，应按下列方法检查装配间隙：

1 用塞尺检查两齿轮啮合的侧间隙时，将小齿轮转向一侧，使两齿紧密接

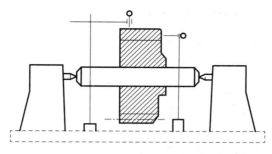

图 4-1 用百分表检查齿轮的径向和端面偏差

触，然后用塞尺在两齿的未接触面间测量。检查顶间隙时，应使一齿顶与另一齿根相互对正后再进行测量。

2 用压铅法检查齿轮的顶间隙和侧间隙时，齿面的两端各放一根铅丝，用油脂贴在齿面上。齿宽较大的齿轮，沿齿宽方向应均匀放置三根铅丝，取出铅丝用千分尺测量被压铅丝厚度。铅丝直径不宜超过间隙的 3 倍，铅丝的长度不应小于 5 个齿距，沿齿宽方向应均匀放置不少于 2 根铅条。

4.5.3 相互啮合的圆柱齿轮副的轴向错位，应符合下列规定：

1 齿宽小于等于 100mm 时，轴向错位应小于等于齿宽的 5%；

2 齿宽大于 100mm 时，轴向错位应小于等于 5mm。

4.5.4 用着色法检查齿轮啮合的接触情况

1 将颜色涂在小齿轮上（主动齿轮）或蜗杆上，在轻微制动下，用小齿轮驱动大齿轮，使大齿轮转动 3～4 转。对可逆转齿轮传动，齿轮的两侧面均应检查。

2 用着色法检查转动齿轮时，不得使轴窜动。圆柱齿轮和蜗杆的接触斑点应趋于齿侧面的中部，圆锥齿轮的接触斑点，应趋于齿侧的中部并接近小端，如图 4-2。

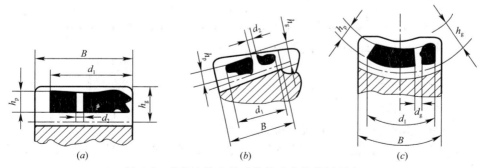

图 4-2 着色法检查传动齿轮啮合的接触斑点

(*a*) 圆柱齿轮；(*b*) 圆锥齿轮；(*c*) 蜗轮

3 接触斑点的百分数值应按下列公式计算：

$$n_1 = \frac{d_1 - d_2}{B} \times 100\%$$ （式 4-1）

$$n_2 = \frac{h_p}{h_g} \times 100\%$$ （式 4-2）

式中 n_1——齿长方向百分率（％）；

$\quad\quad n_2$——齿高方向百分率（％）；

$\quad\quad d_1$——接触痕迹极点间的距离（mm）；

$\quad\quad d_2$——超过模数值的断开距离（mm）；

$\quad\quad B$——齿全长（mm）；

$\quad\quad h_p$——圆柱齿轮和蜗轮副的接触痕迹平均高度或圆锥齿轮副的齿长中部接触痕迹的高度（mm）；

$\quad\quad h_g$——圆柱齿轮和蜗轮副齿的工作高度或圆锥齿轮副相应于 h_p 处的有效齿高（mm）。

4 接触斑点的百分率，不应小于表 4-1 的规定，宜采用透明胶带取样，并贴在坐标纸上保存、备查。

传动齿轮啮合的接触斑点的百分率（％）　　　　　　　　表 4-1

精度等级	圆柱齿轮		圆锥齿轮		涡轮	
	沿齿高	沿齿长	沿齿高	沿齿长	沿齿高	沿齿长
5	55	80	68～85	60～80	65	60
6	50	70	55～75	50～70	65	60
7	45	60	55～75	50～70	55	50
8	40	50	40～70	30～65	55	50
9	30	40	40～70	30～65	45	40
10	25	30	30～60	25～55	45	40
11	20	30	30～60	25～55	30	30

5 可逆转的齿轮副，齿的两面均应检查。

5　质量标准

5.1　主控项目

5.1.1 齿轮材质、尺寸必须符合设计要求。

5.1.2 齿轮与齿轮、蜗杆与涡轮装配后应盘动检查，其转动应平稳、灵活、无异常声响。

5.1.3 对齿轮油箱，装配前应作渗漏检查。

5.2　一般项目

5.2.1　齿轮和蜗轮装配时，其基准面端面与轴肩或定位套端面应靠紧贴合，且用 0.05mm 塞尺检查不应塞入；基准端面与轴线的垂直度应符合传动要求。

5.2.2　传动齿轮啮合的接触斑点的百分率符合表 4-1 规定。

6　成品保护

6.0.1　安装的齿轮要保持清洁，防止油、尘土污染。

6.0.2　齿轮箱在封闭前，应仔细检查和清理，其内部不得有任何异物。

7　注意事项

7.1　应注意的质量问题

7.1.1　安装过程中防止磕碰轮齿。

7.1.2　所使用的检测仪器经计量检定。

7.2　应注意的安全问题

7.2.1　作业现场应健全防火制度，完善消防设施，消除火灾隐患，洞口临边要采取防护措施。

7.2.2　人员要穿工作服、手套和防护透明面罩。

7.2.3　高空作业要搭设脚手架，系好安全带。

7.2.4　电加热或采用其他方法要注意防止触电和火灾。

7.2.5　旋转齿轮时要防止手、脚被挤伤害。

7.3　应注意的绿色施工问题

7.3.1　包装物严禁乱扔，清洗油料严禁随意倾倒，要回收存放，加热油料妥善保管。

7.3.2 装配现场应尽可能保持清洁，没有灰尘。

8　质量记录

8.0.1　齿轮出厂合格证。

8.0.2　齿轮侧间隙、接触面积记录。

8.0.3　齿轮轴中心距记录。

8.0.4　齿轮箱封闭验收记录。

第 5 章 联轴器安装

本工艺标准适用于设备安装工程中联轴器安装。

1 引用文件

《机械设备安装工程施工及验收通用规范》GB 50231—2009

2 术语

2.0.1 联轴器是用来联接不同机构中的两根轴（主动轴和从动轴）使之共同旋转以传递扭矩的机械零件。

3 施工准备

3.1 作业条件

3.1.1 在安装前，装配人员必须对图纸、安装手册等相关技术资料进行详细阅读，对联轴器的结构形式和装配技术非常了解以后，然后对部件进行严格检查。

3.1.2 备好适量的机油，以及白布、木板、锤子、刮刀和必要的测量工具，过盈量大的准备必要的热装配工具等。

3.1.3 作业区域应清理干净，彻底清理装配件上的杂物。

3.2 材料及机具

3.2.1 辅助材料：机油、煤油、白布、润滑脂、石棉手套、透明面罩等。

3.2.2 机具：自制油锅、手动葫芦、锤子、锉刀、百分表支架、灭火器、夹紧工具、翻转工具、起重工具等。

3.2.3 主要监测设备：游标卡尺、内径千分尺、外径千分尺、塞尺、百分表等。

4 操作工艺

4.1 工艺流程

清洗 → 检查 → 安装联轴器 → 找正 → 装配附件

4.2 清洗检查

4.2.1 使用煤油或其他清洗剂对联轴器表面的油脂进行清理。

4.2.2 装配前，应按联轴器和轴进行检查，如发现有问题时，应采取措施修正后，方可进行装配。

4.2.3　对轴器孔与转轴轴颈进行详细测量，键与键槽的配合，应符合有关规定。

4.2.4　在装配前，首先要对联轴器进行仔细检查，检查联轴器的加工质量是否符合要求。

4.3　联轴器安装

4.3.1　联轴器装配方法有静力压入法、动力压入法、温差装配法及液压装配法等。

1　静力压入法

根据装配时所需压入力的大小不同，采用夹钳、千斤顶、手动或机动的压力机进行，静力压入法一般用于锥形轴孔。

2　动力压入法

采用冲击工具或机械来完成装配过程，一般用于联轴器与轴之间的配合是过渡配合或过盈不大的场合。通常用手锤敲打的方法，在联轴器内套的端面上垫放木块或其他软材料作缓冲件，依靠手锤的冲击力，把联轴器敲入。这种方法适用于低速和小型联轴器的装配。

3　温差装配法

用加热的方法使联轴器受热膨胀或用冷却的方法使轴端受冷收缩，把联轴器装到轴上。这种方法适用于脆性材料制造的联轴器。温差装配法大多采用加热的方法，冷却的方法使用较少。

4.3.2　加热装配

1　加热装配采用一定的加热方法，使其直径膨胀一个配合过盈值，然后装入轴。加热采用固体燃料加热、热浸加热、喷灯加热、电加热等。

2　加热温度的确定

当工件材料确定后，最低加热温度取决于配合面的过盈量及所需装配间隙。装配间隙的大小影响装配时间，为防止联轴器冷却收缩，应当预留的装配间隙，一般由经验数据表 5-1 所示。

经验数据 表 5-1

机件重量（kg）	被加热连接件直径（mm）				
	80～120	>120～180	>180～260	>260～360	>360～500
	加热最小装配间隙（μm）				
小于 16	40～50	50～60	60～70	100～120	220～240
>16～50	60～70	80～90	90～100	20～240	300～320
>50～100	100～120	130～150	180～200	60～280	340～360

机件重量（kg）	被加热连接件直径（mm）				
	80～120	>120～180	>180～260	>260～360	>360～500
	加热最小装配间隙（μm）				
>100～500	150～170	180～200	240～250	90～310	380～400
>500～1000		210～230	250～270	30～360	
>1000			280～300		

需加热温度 $t=(i+£)/(10^3\times a\times D)+t_0$ 如表5-2。

式中　t——加热后的温度（℃）；

　　　t_0——开始加热的温度（℃）；

　　　i——过盈量（um）；

　　　$£$——能使轴自由通入孔中所需的装配间隙（mm）；

　　　D——联轴器的直径（mm）；

　　　a——原材料的线膨胀系数（1/℃）

加热温度范围　　　　　　　　　　　表5-2

材料	加热温度范围（℃）					冷却温度
	20～100	20～200	20～300	20～400	20～600	
工程用铜	16.6～17.1	17.1～17.2	17.6	18～18.1	18.6	−14
黄铜	17.8	18.8	20.9			−16
锡青铜	17.6	17.9	19.2			−15
铝青铜	17.6	17.9	19.2			
碳钢	10.6～12.2	11.3～13	12.1～13.5	12.9～13.9	13.5～14.3	−8.5
铬钢	11.2	11.8	12.4	13	13.6	
40CrSi	11.7					
30CrMnSiA	11					
3Cr₃	10.2	11.1				
1Cr18Ni9T	16.6	17				
铸铁	8.7～11.1	8.5～11.5	10.1～12.2	1.5～12.7	12.9～13.2	−8
镍铬合金	14.5					
铝合金	23					−18
镁合金	26					−21

注：碳素钢加热温度不得超过400℃

3　热套联轴器的操作步骤

1）在加热油池内加热到指定温度，并检测工件温度。

2）将联轴器取出后翻身，放入油池内继续加热。测量孔径，符合要求。

3）吊出联轴器。

4）校正联轴器的位置，使联轴器孔垂直（垂直套装时）或呈水平（水平套装时），并清扫联轴器孔，使内孔无杂物。

5）在转轴的配合面上均匀地涂上机油。

6）将联轴器平稳地移近转轴，对准轴与孔的位置，进行套装。

7）最后装上夹紧工具，防止联轴器在轴上移动，然后让其自然冷却。

4.4　联轴器找正

4.4.1　联轴器装配时，两轴心径向位移和两轴线倾斜的测量，应符合下列要求：

1　将两个半联轴器暂时互相连接，应在圆周上画出对准线或装设专用工具，其测量工具可采用塞尺直接测量、塞尺和专用工具测量或百分表和专用工具测量（图 5-1）；

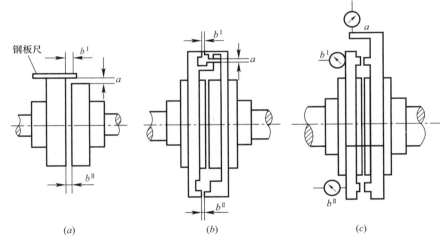

图 5-1　联轴器两轴心径向位移和两轴线倾斜测量方法

（a）用塞尺直接测量；（b）用塞尺和专用工具测量；（c）用百分表和专用工具测量

a—两轴心的径向位移；b^{I}、b^{II}—轴心测量值

2　将两个半联轴器一起转动，应每转动 90°。测量一次，并记录 5 个位置的径向位移测量值和位于同一直径两端测点的轴向测量值（图 5-2）；

3　当测量值 $a_1 = a_5$ 及 $b_1^{I} - b_1^{II} = b_5^{I} - b_5^{II}$ 时，应视为测量正确。

4.4.2　联轴器两轴向径向位移，应按（式 5-1）计算：

$$a = \sqrt{\left(\frac{a_2 - a_4}{2}\right)^2 + \left(\frac{a_1 - a_3}{2}\right)^2}$$

（式 5-1）

式中　a——测量处两轴心的实际位移（mm）；

a_1、a_2、a_3、a_4——径向位移测量值（mm）。

29

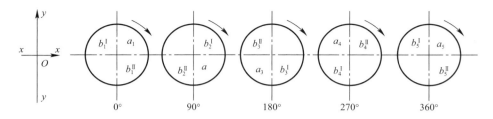

图 5-2　记录形式

$a_1 \sim a_5$—径向位移测量值；$b_1^{\mathrm{I}} \sim b_5^{\mathrm{I}}$、$b_1^{\mathrm{II}} \sim b_5^{\mathrm{II}}$—轴向测量值

4.4.3　联轴器两轴线的倾斜度应按（式 5-2）计算

$$\theta = \sqrt{\left[\dfrac{(b_2^{\mathrm{II}} + b_4^{\mathrm{II}}) - (b_2^{\mathrm{I}} + b_4^{\mathrm{I}})}{2d_4}\right]^2 + \left[\dfrac{(b_1^{\mathrm{I}} + b_3^{\mathrm{II}}) - (b_1^{\mathrm{II}} + b_3^{\mathrm{I}})}{2d_4}\right]^2} \qquad （式 5-2）$$

式中　　θ——两轴线的倾斜度；

b_1^{I}、$b_1^{\mathrm{II}} \sim b_4^{\mathrm{I}}$、$b_4^{\mathrm{II}}$——轴向测量值（mm）；

d_4——测点处的直径（mm）。

5　质量标准

5.1　主控项目

5.1.1　当测量联轴器端面间隙时，应使两轴的轴向窜动至端面间隙为最小的位置上，再测量其端面间隙值。

5.1.2　齿轮联轴器的内、外齿的啮合应良好，并在油浴内工作，不得有漏油现象。

5.1.3　联轴器表面光滑、平整，并应无裂纹等缺陷，半联轴器及中间轴应无裂纹、缩孔、气泡、夹渣等缺陷。

5.2　一般项目

5.2.1　凸缘联轴器装配，应使两个半联轴器的端面紧密接触，两轴心的径向和轴向位移不应大于 0.03mm。

5.2.2　夹壳联轴器装配的允许偏差，应符合表 5-3 的规定。

夹壳联轴器装配的允许偏差　　　　　　　　　　　　　　　表 5-3

轴的转速（r/min）	≤500	>500～750	>750～1500	>1500～3000
轴向及径向允许偏差（mm）	0.15	0.10	0.08	0.06

5.2.3　滑块联轴器装配的允许偏差，应符合表 5-4 的规定。

滑块联轴器装配的允许偏差　　　　　　　　　　表 5-4

联轴器外形最大直径（mm）	两轴心径向位移（mm）	两轴线倾斜	端面间隙（mm）
≤190	0.05	0.3/1000	0.5～1.0
250～330	0.10	1.0/1000	1.0～2.0

5.2.4　齿式联轴器装配的允许偏差，应符合表 5-5 的规定

齿式联轴器装配的允许偏差　　　　　　　　　　表 5-5

联轴器外形最大直径（mm）	两轴心径向位移（mm）	两轴线倾斜	端面间隙（mm）
170～185	0.30	0.5/1000	2～4
220～250	0.45	0.5/1000	2～4
290～430	0.65	1.0/1000	5～7
490～590	0.90	1.5/1000	5～7
680～780	1.20	1.5/1000	7～10

5.2.5　滚子链联轴器装配的允许偏差，应符合表 5-6 的规定。

滚子链联轴器装配的允许偏差　　　　　　　　　　表 5-6

联轴器外形最大直径（mm）	两轴心径向位移（mm）	两轴线倾斜	端面间隙（mm）
51.06，57.08	0.04	0.5/1000	4.9
68.88，76.91	0.06		6.7
94.46，116.57	0.06		9.2
127.78	0.06		10.9
154.33，186.50	0.10		14.3
213.02	0.12		17.8
231.49	0.14		21.5
270.08	0.16		24.9
340.80，405.22	0.20		28.6
466.25	0.25		35.6

5.2.6　十字轴式万向联轴器装配，应符合下列要求：

1　法兰的结合面应平整、光洁，不得有毛刺、伤痕等缺陷。

2　半圆滑块与叉头的虎口面或扁头平面的接触应均匀，接触面积应大于60%。

3　十字头的轴向间隙调整垫片，应按实测尺寸选配；轴向总间隙值应符合产品标准或随机技术文件的规定；无规定时，应符合表 5-7 的规定；当联轴器可逆转时，间隙应取小值。

十字头的轴向总间隙值   表 5-7

联轴器形式	轴向总间隙值（mm）
整体叉头式	0.10～0.15
整体轴承座式	0.12～0.20
部分轴承座式	0.10～0.20

4 花键轴叉头与花键套叉头的轴心线应位于同一平面内，其偏差不得超过 1°。

5 中间轴与主、从动轴的轴线倾角应相等；中间轴两端的叉头应在同一平面内；主、从动轴与中间轴的中心线应在同一面内；联接螺栓的预紧力应符合随机技术文件的规定。

6 万向节应转动灵活，无卡滞现象；联轴器组装后，花键轴应伸缩灵活，无卡滞现象。

7 轴承和花键组装时，涂抹用的润滑脂，宜按现行国家标准《通用锂基润滑脂》GB/T 7324 的有关规定选用；组装完成后，应从油咀充满相同润滑脂。

5.2.7 蛇形弹簧联轴器装配的允许偏差，应符合表 5-8 的规定；联轴器安装后，应注入润滑脂或润滑油，润滑脂应符合现行国家标准《通用锂基润滑脂》GB/T 7324 的有关规定，润滑油应符合现行国家标准《L-AN 全损耗系统用油》GB 443—1989 的有关规定。

蛇形弹簧联轴器装配的允许偏差   表 5-8

联轴器外形最大直径（mm）	两轴心径向位移（mm）	两轴线倾斜	端面间隙（mm）
≤200	0.1	1.0/1000	1.0～4.0
>200～400	0.2		1.5～6.0
>400～700	0.3	1.5/1000	2.0～8.0
>700～1350	0.5		2.5～10.0
>1350～2500	0.7	2.0/1000	3.0～12.0

5.2.8 膜片联轴器装配应符合下列要求：

1 膜片表面应光滑、平整，并应无裂纹等缺陷，半联轴器及中间轴应无裂纹、缩孔、气泡、夹渣等缺陷；

2 膜片联轴器的允许偏差应符合随机技术文件的规定；无规定时应符合表 5-9 的规定。

膜片联轴器的允许偏差   表 5-9

型号	JMⅠ1～JMⅠ6	JMⅠ7～JMⅠ10	JMⅠ11～JMⅠ19	JMⅡ1～JMⅡ8	JMⅡ9～JMⅡ17	JMⅡ18～JMⅡ26	JMⅡ27～JMⅡ30
轴向（mm）	0.3	0.5	0.6	0.3	0.8	1.3	2.0
两轴线倾斜	1/1000		0.5/1000	1/1000			

型号	JMⅠ1~ JMⅠ6	JMⅠ7~ JMⅠ10	JMⅠ11~ JMⅠ12	JMⅡ1~ JMⅡ8	JMⅡ9~ JMⅡ17	JMⅡ18~ JMⅡ26	JMⅡ27~ JMⅡ42
轴向（mm）	0.6	1.0	1.2	0.6	1.6	2.6	4.0
两轴线倾斜	2/1000		1/1000	2/1000			

5.2.9　弹性套柱销联轴器装配的允许偏差，应符合表 5-10 的规定。

弹性套柱销联轴器装配的允许偏差　　　　表 5-10

联轴器外形最大直径（mm）	两轴心径向位移（mm）	两轴线倾斜	端面间隙（mm）
71	0.1	0.2/1000	2~4
80			
95			
106			
130	0.15		3~5
160			
190			
224	0.2		4~6
250			
315			
400	0.25		
475			5~7
600	0.3		

5.2.10　弹性柱销联轴器装配的允许偏差，应符合表 5-11 的要求。

弹性柱销联轴器装配的允许偏差　　　　表 5-11

联轴器外形最大直径（mm）	两轴心径向位移（mm）	两轴线倾斜	端面间隙（mm）
90~160	0.05	0.2/1000	2.0~3.0
195~200			2.5~4.0
280~320	0.08		3.0~5.0
360~410			4.0~6.0
480			5.0~7.0
540	0.10		6.0~8.0
630			

5.2.11　梅花形弹性联轴器装配的允许偏差，应符合表 5-12 的要求。

梅花形弹性联轴器装配的允许偏差 表 5-12

联轴器外形最大直径（mm）	两轴心径向位移（mm）	两轴线倾斜	端面间隙（mm）
50	0.10		2~4
70~105	0.15	1.0/1000	
125~170	0.20		3~6
200~230	0.30		
260	0.30		6~8
300~400	0.35	0.5/1000	7~9

6 成品保护

6.0.1 联轴器安装后在端盖未封闭时要用白布包裹，防止落入异物。

6.0.2 将联轴器的附件可靠存放防止丢失。

7 注意事项

7.1 应注意的质量问题

7.1.1 装配前，应用内、外径千分尺检查联轴器的内径及轴的直径，其配合精度，必须符合设计要求。

7.1.2 当在主轴上事先已安装好轴承、机械密封等精密部件时禁止用力打击和撞击联轴器，以防损伤或损坏精密部件。

7.1.3 联轴器之间的螺栓不能任意互换，如果要更换联轴器联接螺栓的某一个，必须使它的重量与原有的联接螺栓重量一致。

7.1.4 在拧紧联轴器的联接螺栓时，应对称、逐步拧紧，使每一联接螺栓上的锁紧力基本一致，有条件的可采用力矩扳手。

7.1.5 对于刚性可移式联轴器，在装配完后应检查联轴器的刚性可移动件能否进行少量的移动，有无卡涩的现象。

7.2 应注意的安全问题

7.2.1 作业现场应健全防火制度，完善消防设施，消除火灾隐患，洞口临边要采取防护措施。

7.2.2 大型轴承吊装时吊装机具要进行检查，确保吊装安全。

7.2.3 人员使用锤子时，要防止锤子滑脱。

7.2.4 热装轴承时人员要穿工作服、带石棉手套和防护透明面罩。

7.3 应注意的绿色施工问题

7.3.1 轴承包装物严禁乱扔，清洗油料严禁随意倾倒，要回收存放，加热油料妥善保管。

7.3.2　加热严禁采用木材直接加热，防止污染环境。

8　质量记录

8.0.1　联轴器出厂合格证。

8.0.2　联轴器径向位移和轴线倾斜测量记录。

第6章　离心泵施工

适用于通用离心泵的安装。

1　引用文件

《工业安装工程施工质量验收统一标准》GB 50252—2010
《机械设备安装工程施工及验收通用规范》GB 50231—2009
《风机、压缩机、泵安装工程施工及验收规范》GB 50275—2010
《石油化工泵组施工及验收规范》SH/T 3541—2007
《电力建设施工技术规范　第3部分：汽轮发电机组》DL 5190.3—2012

2　术语

2.0.1　离心泵：利用泵体内的工作叶轮，带动流体以超高速旋转产生离心力，来吸入并压出液体的泵类设备。

2.0.2　泵组：石油化工用泵及其驱动机、底座、附属设备、管道的总成。

2.0.3　大型水泵：出口高压公称直径大于400mm的高压离心泵，以及入口直径大于700mm的低压泵。

2.0.4　流量 Q：单位时间内泵所输送的液体体积，单位以 m^3/h 表示。

2.0.5　扬程 H：扬程又称压头，是指单位重量流体经泵所获得的能量，单位以 m 表示。低压泵，总水头压力＜2MPa；中压泵，总水头压力 2～6MPa；高压泵，总水头压力 6MPa 以上。

2.0.6　水平度：某一平面相对于水平面（静止的水平面）的倾斜程度。

2.0.7　轴对中：又称联轴器找正，指调整轴线相对于基准线的径向位移和轴向倾斜符合规定要求。

3　施工准备

3.1　安装技术准备

3.1.1　施工技术人员及操作工人应熟悉有关技术文件和施工图纸，了解设备技术性能和安装工艺、质量技术要求。

3.1.2 土建基础画线验收完毕，经业主及监理验收合格并办理交接手续后方可施工。

3.1.3 厂家设备到货齐全，经业主（或厂家）、监理、施工各方共同验收合格。

3.1.4 图纸会审完毕，施工方案已编制审批完毕。

3.2　施工现场

3.2.1 场地平整，道路通畅，具备安装条件。

3.2.2 安全设施及消防设施等应具备使用条件。

3.3　材料及机具

3.3.1　材料

1 垫铁：根据图纸、规范及设备要求加工所需的平垫铁和斜垫铁。

2 灌浆料：高强无收缩灌浆料，用于地脚螺栓孔灌浆和二次灌浆。

3 辅料见表6-1。

辅料一览表　　　　　　　　　　　表6-1

序号	名称	规格	用途
1	棉纱、白布		设备清洗
2	洗油		设备清洗
3	薄钢板	0.5~5mm	调整设备标高

3.3.2　机具（见表6-2）

施工机械　　　　　　　　　　　　表6-2

序号	名称	规格型号	用途
1	叉车	根据具体情况而定	设备就位
2	汽车吊	根据具体情况而定	设备就位
3	倒链	3~10t	设备就位
4	磨光机	$\phi100$	基础处理、垫铁打磨
5	交流焊机	BX1-250	垫铁点焊
6	液压千斤顶	5t~10t	找平找正
7	撬杠		找平找正

3.3.3 主要监视测量设备（见表6-3）。

主要监视测量设备　　　　　　　　表6-3

序号	名称	规格型号	用途
1	百分表	0~3mm	测量联轴器同心度
2	便携式测振仪		测量设备振动

序号	名称	规格型号	用途
3	红外测温仪	$-25\sim260℃$	测量轴承温度
4	外径千分尺	0.02mm	测量轴类外径
5	钢卷尺	5m，50m	测量线性尺寸
6	水准仪	0.5mm	测量标高
7	水平仪	0.02mm	测量设备水平
8	线坠		测量设备纵横向中心
9	塞尺	$L=300mm$　$0.02\sim1mm$	垫铁接触间隙

4　操作工艺

4.1　工艺流程

设备开箱检查 → 基础放线验收 → 垫铁布置 → 设备找正精平 → 二次灌浆 → 设备复测 → 管道安装 → 试运转

4.2　设备开箱检查

4.2.1　设备开箱应有建设单位、监理单位、施工单位、设备制造厂家相关代表参加。

4.2.2　开箱检查应符合下列要求：

1　根据装箱单清点泵的零件和部件、附件和专用工具，应无缺件；防锈包装完好，无损坏和锈蚀；管口保护物和堵盖应完好。

2　核对泵的主要安装尺寸，并与工程设计相符。

3　核对输送特殊介质的主要零件、密封件以及垫片的品种和规格。

4.2.3　开箱检验后，应对零部件、备品备件采取适当的防护措施，并妥善保管。

4.3　基础放线验收

4.3.1　基础移交时，土建单位应提供基础质量合格证明文件。基础上应标出标高基准线、中心线，参照物标高基准点和坐标点。应有基础测量记录并办理中间交接手续。

4.3.2　对基础进行外观检查，混凝土基础不得有裂纹、蜂窝、空洞、漏筋等现象。

4.3.3　按照基础设计文件和设备技术文件，复测基础位置和几何尺寸，混凝土基础允许尺寸偏差、钢结构基础允许偏差都应符合规范要求。

4.3.4　混凝土基础应做如下处理：

1 铲出麻面，麻点深度宜不小于 10mm，密度以每平方分米内有 3～5 点为宜，表面不应有油污或疏松层。

2 放置垫铁或支持调整螺钉用的支撑板处（至周边约 50mm）的基础表面应铲平。

3 地脚螺栓孔内的碎石、泥土等杂物和积水，必须清除干净。

4.3.5 预埋地脚螺栓的螺纹和螺母表面应清理干净，并对螺栓进行妥善保护。

4.4　垫铁布置

4.4.1 找正调平用的垫铁应符合随机技术文件的规定；无规定时，应符合规范要求。

4.4.2 垫铁组的安放应符合下列要求：

1 每个地脚螺栓的旁边应至少有一组垫铁。

2 垫铁组在能放稳和不影响灌浆的条件下，应放在靠近地脚螺栓和底座主要受力部位下方。

3 相邻两组垫铁间的距离，宜为 500～1000mm。

4 设备底座有接缝处的两侧，应各安放一组垫铁。

5 每一组垫铁的面积，应符合（式 6-1）的要求：

$$A \geqslant C\frac{100(Q_1 + Q_2)}{nR} \qquad (式 6\text{-}1)$$

式中　A——每组垫铁的面积（mm^2）。

　　　Q_1——设备等加在垫铁组上的荷载（N）。

　　　Q_2——地脚螺栓拧紧时在垫铁组上产生的荷载（N）。

　　　R——基础或地坪混凝土的抗压强度（MPa），可取混凝土的设计强度。

　　　n——垫铁组的组数。

　　　C——安全系数，宜取 1.5～3。

6 地脚螺栓拧紧时，在垫铁组上产生的荷载可按（式 6-2）计算：

$$Q_2 = 0.785d^2[\sigma]n_1 \qquad (式 6\text{-}2)$$

式中　d——地脚螺栓直径（mm）。

　　　n_1——地脚螺栓数量。

　　　$[\sigma]$——地脚螺栓材料的许用应力（MPa）。

4.4.3 每一组垫铁应放置整齐平稳，并接触良好。设备调平后，每组垫铁应压紧，并应用手锤逐组轻击听音检查。对高速泵的垫铁组，当采用 0.05mm 塞尺检查垫铁之间和垫铁与设备底座面之间的间隙时，在垫铁同一断面两侧塞入的长度之和不应大于垫铁长度或宽度的 1/3。

4.4.4 设备调平后，垫铁端面应露出设备底面外缘；平垫铁宜露出 10～

30mm；斜垫铁宜露出 10～50mm。垫铁伸入设备底座的长度应超过设备地脚螺栓的中心。

4.4.5 对于整体安装泵组垫铁安装还可采用压浆法。

1 压浆法施工见图 6-1。

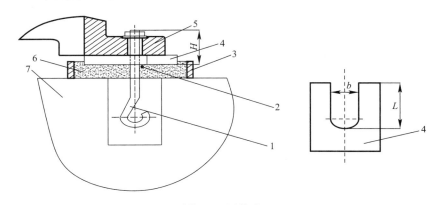

图 6-1 压浆法

H ——小圆钢点焊位置距地脚螺栓顶端的长度；

L ——开口垫铁开口长度，大于设备底座地脚螺栓孔至设备内边长度；

b ——开口垫铁开口宽度，大于地脚螺栓直径＋4mm。

1—地脚螺栓；2—支撑垫铁用小圆钢；3—压浆模板；
4—开口垫铁；5—设备底座；6—压浆层；7—基础或地坪

2 在地脚螺栓上点焊一根小圆钢；小圆钢点焊位置距地脚螺栓顶端长度，应根据设备底座、垫铁厚度、地脚螺栓螺母、垫片厚度、地脚螺栓露出螺母的累加长度计算；点焊位置应在小圆钢下方；点焊的牢固程度应在轻拧地脚螺栓螺母时自行胀落。

3 焊有小圆钢的地脚螺栓，应穿入设备底座地脚螺栓孔内。

4 设备应用临时垫铁初步找正和调平。

5 将开口垫铁放置在地脚螺栓的小圆钢上，将地脚螺栓的螺母稍微拧紧，使垫铁与设备底面紧密接触，拧紧过程中防止小圆钢脱落。

6 灌浆时，应先灌满地脚螺栓孔，待灌浆料强度达到规定强度 75％以后，再灌垫铁下面的压浆层，压浆层厚度宜为 30～50mm。

7 压浆层达到初凝期后，用手指掀压还能略有凹印时，应均匀加力拧紧地脚螺栓，胀落小圆钢，使垫铁与压浆层和垫铁与设备底面均接触紧密。

8 压浆层达到规定的强度 75％以后，拆除临时垫铁，进行设备的最后找正和调平。

4.4.6　对于大、中型泵组垫铁安装还可采用埋置垫铁施工。

1　埋置垫铁施工如图 6-2。

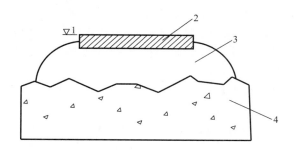

图 6-2　坐浆法

1—设定标高；2—预埋垫铁；3—无收缩灌浆料；4—基础凿毛面

2　沿纵、横轴线埋设的垫铁标高应符合设备制造厂技术文件的规定，标高允许偏差为 2mm。

3　垫铁的厚度宜大于 20mm，纵向有扬度要求时，每块垫铁的扬度应与轴系扬度一致。

4　垫铁底部与基础凿毛面的灌浆层厚度应为 20～50mm，灌浆材料使用无收缩灌浆料，并制作同条件试块。

4.5　找正精平

4.5.1　整体安装的泵纵、横向平面位置找正采用在泵进、出口法兰中心吊线坠方法找正，定位基准线与平面安装基准线的距离，其允许偏差为±10mm；安装标高用水准仪在泵法兰口处测量，其允许偏差为+20mm，−10mm；安装水平应在泵的进、出口法兰或其他水平面用水平仪进行检测，纵向安装水平偏差不应大于 0.10/1000，横向安装水平偏差不应大于 0.20/1000。如图 6-3。

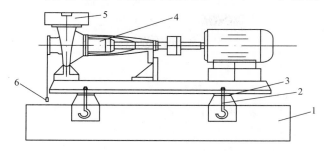

图 6-3　整体小型泵安装图

1—基础；2—地脚螺栓；3—开口垫铁；4—泵；5—水平仪；6—线坠

注：找正工作应配合垫铁布置工作同步进行。

4.5.2 解体出厂泵的清洗和检查

1 泵安装前清洗和检查时，应符合下列规定：

1）铸件应无残留的铸砂、重皮、气孔、裂纹等缺陷。

2）各部件组合面应无毛刺、无伤痕、无锈污，精加工面应光洁。

3）壳体上通往轴封和平衡盘等处的各个孔洞和通道应畅通无堵塞，堵头应严密。

4）泵体支脚和底座应接触密实。

5）滑销和销槽应平滑无毛刺，滑销间隙应符合制造厂要求，总间隙宜为 $0.05\sim0.08$mm。

6）泵轴与叶轮、轴套、轴承等互相配合的精加工面应无缺陷和损伤，配合应符合图纸要求。

7）泵轮组装时泵轴和各配合件的配装面应擦粉剂涂料或润滑剂。

8）测量转子叶轮，轴套、叶轮密封环、平衡盘、轴颈处的径向晃动应符合规范要求。

9）使用平衡盘的泵，平衡盘的端面瓢偏应小于 0.02mm，且表面光洁。

10）叶轮与轴套的端面应与轴线垂直并接触严密。

11）密封环应光洁、无变形、无裂纹。

12）泵壳垂直中分面不宜拆卸和清洗。

2 水路和油路应正确，内部应清洁无杂物，水室和油室不得相互串通。

4.5.3 泵组的安装水平，应在泵进、出口法兰放置水平仪进行检测，纵向为 $0.05/1000$，横向为 $0.10/1000$。

4.5.4 大、中型泵机组的找正、调平，应符合下列要求：

1 应以基准轴（中间轴）为基准。依次找正、找平。机组轴系纵向安装水平的方向应使轴系形成平滑的曲线，横向安装水平方向不宜相反。

2 滑动轴承轴瓦背面与轴瓦座应紧密贴合，其过盈值应为 $0.02\sim0.04$mm；轴瓦与轴颈的顶间隙和侧间隙应符合技术文件的规定。滚动轴承与轴和轴承座的配合公差、滚动轴承与端盖间的轴向间隙，以及介质温度引起的轴向膨胀间隙、向心推力轴承的径向游隙及其预紧力，应符合技术文件的规定，无规定时，应符合现行国家标准《机械设备安装工程施工及验收通用规范》GB 50231 的有关规定。

3 大型电动机的转子与定子的磁力中心线应吻合。

4 联轴器的径向位移、轴向倾斜和端面间隙，应符合随机技术文件的规定；无规定时，应符合现行国家标准《机械设备安装工程施工及验收通用规范》GB 50231 的有关规定；联轴器应设置护罩，护罩应能罩住联轴器的所有旋转零件；弹性套柱销联轴器装配允许偏差、弹性柱销联轴器装配允许偏差都应符合规范要求。

1）整体安装泵组联轴器同轴度可用塞尺直接测量，见图 6-4；

2）大、中型泵机组联轴器同轴度采用三表法测量，见图 6-5；

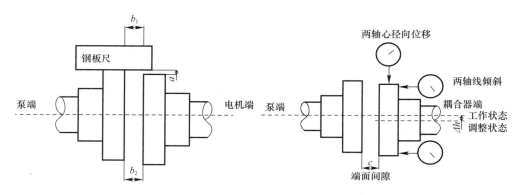

图 6-4 用塞尺直接测量

a—两轴心径向位移；b_1，b_2—端面间隙

图 6-5 三表法测量

注：Δh 值应符合耦合器制造厂家技术文件要求。

5 液力耦合器与电动机及泵的联轴器找中心，应考虑运行中各设备部件热态膨胀引起的中心变化及主动齿轮与从动齿轮受力方向不同引起的上抬值，按制造厂的要求预留相应的校正值。耦合器联轴器与泵、电机的联轴器的端面间隙应符合技术文件要求。

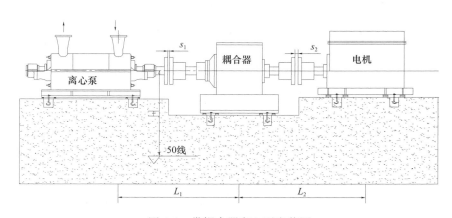

图 6-6 带耦合器离心泵安装图

S_1—离心泵与耦合器联轴器端面间隙；S_2—耦合器与电机联轴器端面间隙

6 汽轮机驱动，输出为高温或低温介质和常温泵轴系在静态下找正、调平时，应按实际规定预留其高温、低温下温度变化的补偿值和动态温度下温度变化的补偿值。

7 轴密封组件组装后，盘动转子的转动应灵活；转子的轴向窜动量，应符合技术文件的规定。

4.6 二次灌浆

4.6.1 检查、点焊垫铁，填写《隐蔽工程记录》，通知监理旁站。

4.6.2 灌浆层厚度不应小于 25mm。

4.6.3 灌浆前敷设外模板，外模板至设备底座边缘距离不宜小于 60mm。

4.6.4 二次灌浆层应振捣密实，拆除模板后，表面应进行抹面处理。

4.6.5 灌浆层强度未达到 70％以上时，不得进行配管工作。

4.7 设备复测

二次灌浆强度达到 70％以上，正式配管前，复测泵组水平度，联轴器同轴度。通过在泵组底座加减垫片的方式调整。合格后方可成进行正式配管工作。

4.8 管道安装

4.8.1 管道的安装应符合国家现行标准《工业金属管道工程施工规范》GB 50235 的有关规定。

4.8.2 管道配管尚应符合下列要求：

1 管子内部和管端应清洗洁净，并应清除杂物；密封面和螺纹不应损伤。

2 泵的进、出口管道应有各自的支架，泵不得直接承受管道等的重量。

3 相互连接的法兰端面应平行；螺纹管接头轴线应对中，不应借法兰螺栓或管接头强行连接，泵体不得受外力而产生变形。

4 密封的内部管路和外部管路，应按设计规定和标记进行组装；其进、出口和密封介质的流动方向，严禁发生错乱。

5 管道与泵连接后，应复查泵的找正精度是否发生变化；当发现管道连接引起偏差时，应调整管道。

4.9 试运转

4.9.1 泵试运转前的检查，应符合下列要求：

1 润滑、密封、冷却和液压等系统应清洗洁净并保持通畅，其受压部分应进行严密性试验。

2 润滑部位加注的润滑剂的规格和数量应符合随机技术文件的规定，有预润滑、预热和预冷要求的泵应按随机技术文件的规定进行。

3 泵的各附属系统应单独试验调整合格，并应运行正常。

4 泵体、泵盖、连杆和其他连接螺栓与螺母应按规定力矩拧紧，并应无松动；联轴器及其他外露的旋转部分均应有保护罩，并应固定牢固。

5 泵的安全报警和停机连锁装置经模拟实验，其动作应灵敏、正确和可靠。

6 经控制系统联合试验各种仪表显示、声讯和光电信号等，应灵敏、正确、可靠，并应符合机组运行的要求。

7　盘动转子，其转动应灵活、无摩擦和阻滞。

4.9.2　高温泵在高温条件下试运转前，除符合 4.9.1 条的规定，尚应符合下列要求：

1　试运转前应进行泵体预热，温度应均匀上升，每小时温升不应超过 50℃；泵体表面与工艺介质进口的工艺管道的温差，不应超过 40℃。

2　预热时应每隔 10min 盘车半圈，温度超过 150℃时，应每隔 5min 盘车半圈。

3　泵体机座滑动端螺栓处和导向键处的膨胀间隙，应符合随机技术文件的规定。

4　轴承部位和填料函的冷却液应接通。

5　应开启入口阀门和放空阀门，并应排除泵内气体；应在预热到规定温度后，再关闭放空阀门。

4.9.3　低温泵在低温介质下试运转前，除应符合 4.9.1 条规定外，尚应符合下列要求：

1　预冷前应打开旁通管路。

2　管道和蜗室内应按工艺要求进行除湿处理。

3　预冷时应全部打开放空阀门，宜先用低温气体进行冷却，然后再用低温液体冷却，缓慢均匀地冷却到运转温度，直到放空阀口流出液体，再将放空阀门关闭。

4　应放出机械密封腔内空气。

4.9.4　离心泵启动时，应符合下列要求：

1　离心泵应打开吸入管路阀门，并应关闭排出管路阀门；高温泵和低温泵应符合随机技术文件的规定。

2　泵的平衡盘冷却水管路应畅通；吸入管路应充满输送液体，并应排尽空气，不得在无液情况下启动。

3　泵启动后应快速通过喘振区。

4　转速正常后应打开出口管路阀门，出口管路阀门的开启不宜超过 3min，并应将泵调节到设计工况，不得在性能曲线驼峰处运转。

4.9.5　泵试运转应符合下列要求：

1　试运转的介质宜采用清水；当泵输送介质不是清水时，应按介质的密度、比重折算为清水进行试运转，流量不应小于额定值的 20%；电流不得超过电动机的额定电流；用有毒、有害、易燃、易爆、颗粒等介质进行试运转的泵，其试运转应符合随机技术文件的规定；低温泵不得在节流情况下试运转。

2　润滑油不得有渗漏和雾状喷油；轴承、轴承箱和油池润滑油的温升不应超过环境温度的 40℃，滑动轴承的温度不应大于 70℃；滚动轴承的温度不应大于 80℃。

3 泵试运转时，各固定连接部位不应有松动；各运动部件运转应正常，无异常声响和摩擦；附属系统的运转应正常；管道连接牢固、无渗漏。

4 轴承的振动速度有效值应在额定转速、最高排出压力和无气蚀条件下检测，测量部位，单级离心泵应在悬架或托架的轴承座部位测量，多级离心泵应在两端轴承座上测量，且每个位置应在垂直、水平、轴向三个方向测量，检测及其限制应符合随机技术文件或规范的规定。

5 泵的静密封应无泄漏；机械密封的泄漏量不应大于 5mL/h，高压锅炉给水泵机械密封的泄漏量不应大于 10mL/h；填料函泄漏量技术文件或规范的规定，且温升应正常；杂质泵及输送有毒、有害、易燃、易爆等介质的泵，密封泄漏量不应大于设计的规定值。见表 6-4。

填料密封的泄漏量 表 6-4

设计流量（m³/h）	≤50	>50～100	>100～300	>300～1000	>1000
泄漏量（mL/min）	15	20	30	40	60

6 润滑、液压、加热和冷却系统工作应无异常现象。

7 泵的安全保护和电控装置及各部分仪表应灵敏、正确、可靠。

8 泵在额定工况下连续运转时间应符合随机技术文件或规范的规定。

9 系统试运转中应检查下列各项，并应做好记录：

1）润滑油的压力、温度和各部分供油情况。

2）吸入和排出介质的温度、压力。

3）冷却水的供水情况。

4）各轴承的温度、振动。

5）电动机的电流、电压、温度。

4.9.6 泵停止试运转后，应符合下列要求：

1 离心泵应关闭泵的入口阀门，待泵冷却后再依次关闭附属系统的阀门。

2 高温泵的停机操作应符合随机技术文件的规定；停机后应每隔 20～30min 盘车半圈，并应直到泵体温度降至 50℃ 为止。

3 低温泵停机，当无特殊要求时，泵内应经常充满液体；吸入阀和排出阀应保持常开状态；采用双端面机械密封的低温泵，液位控制器和泵密封腔内的密封液应保持为泵的灌泵压力。

4 输送易结晶、凝固、沉淀等介质的泵，停泵后，应防止堵塞，并应及时用清水或其他介质冲洗泵和管道。

5 应放净泵内积存的液体。

5 质量标准

5.1 主控项目

5.1.1 整体安装泵水平度偏差，纵向不大于 0.1/1000，横向不大于 0.2/1000。

5.1.2 解体安装的泵水平度偏差，纵向、横向不大于 0.05/1000。

5.1.3 联轴器的同心度应符合要求。

5.1.4 离心泵试运转：

1 各固定连接部位不得有松动。

2 转子及各运动部件运转正常，不得有异常声响和摩擦声。

3 附属系统运行正常；润滑油液、密封液、冷却水温度正常。

4 润滑油不得有渗漏和雾状喷油；轴承、轴承箱和油池润滑油的温升不应超过环境温度的 40℃，滑动轴承的温度不应大于 70℃；滚动轴承的温度不应大于 80℃。

5 泵的安全保护和电控装置及各部分仪表应灵敏、正确、可靠。

6 泵的静密封应无泄漏；机械密封的泄漏量不应大于 5mL/h，高压锅炉给水泵机械密封的泄漏量不应大于 10mL/h；填料函泄漏量不应大于表 6-4 的规定，且温升应正常；杂质泵及输送有毒、有害、易燃、易爆等介质的泵，密封泄漏量不应大于设计的规定值。

5.2 一般项目

5.2.1 地脚螺栓应垂直，螺母应拧紧，扭力矩一致；螺母与垫圈和垫圈与设备底座的接触应紧密。

5.2.2 垫铁组应放置平稳，位置正确，接触紧密。

5.2.3 填料函应对准水封管；填料函压盖与泵轴的间隙应均匀，不应有相互摩擦。

5.2.4 安装基准线与建筑物轴线距离允许偏差±20mm；与设备平面位置允许偏差±10mm，标高允许偏差＋20mm，－10mm。

6 成品保护措施

6.0.1 所有设备到现场后，排放整齐，各种不同的设备不能混放，同时做好标识；各种精密仪器及易损伤的设备与材料应单独放置并妥善保管。

6.0.2 离心泵润滑系统油杯、油窗、丝堵等易损件在设备搬运、安装过程中应采取可靠的防护措施防止损坏。

6.0.3 泵进出口、法兰处在正式配管前，应封闭，防止掉入杂物；泵进出口配管时，不得强力对口，防止设备同心发生变化。

6.0.4 管道配管时，电焊机地线不得直接与设备搭接，防止损伤设备。

6.0.5 交叉施工时，应搭设安全防护棚。

6.0.6 泵试运转完毕后，应及时放净泵内液体，防止锈蚀和冻裂。

7 注意事项

7.1 应注意的质量问题

7.1.1 离心泵施工过程中，应按照自检、互检和专检相结合的原则，对每道工序进行检查和记录。

7.1.2 隐蔽工程必须在工程隐蔽前检验合格，作出记录。

7.1.3 联轴器的同轴度检测，必须使用经过鉴定合格的计量器具，严格按照施工规范的规定测量检验。

7.1.4 管道安装

1 所有与泵连接管道应具有独立支架。

2 吸入和排除管路的直径不应小于泵的入口和出口直径。

3 吸入前直管段的长度，不应小于 3 倍的吸入管直径，且宜减少弯头；不应有窝存气体的地方；水平吸入管道应向泵的吸入口方向倾斜，斜度不应小于 5‰。

4 当采用变径管时，其变径管的长度不应小于大小管径之差的 5～7 倍。

5 当泵安装位置高于吸入液面，泵的入口直径小于 350mm 时，泵应设置底阀；入口直径大于等于 350mm 时，应设置真空引水装置。

6 高温管路应设置膨胀节，防止热膨胀产生的力完全作用于泵上。

7 两台及两台以上的泵并联时，每台泵的出口均应安装止回阀。

7.1.5 泵体上油、水进出管口，若安装不正确，会影响水泵的正常工作。

7.2 应注意的安全问题

7.2.1 土建与安装交叉施工时，可视实际情况双方制订出交叉施工的技术安全措施。

7.2.2 参加离心泵安装的人员，要熟知本工种安全技术操作规程。

7.2.3 拆卸设备部件，应注意稳固；装配式，严禁手插入连接面或螺栓孔；取放垫铁时，手应放置在垫铁的左右两侧。

7.2.4 设备清洗、脱脂场地，要通风良好，严禁烟火，配备足够的消防器材；用过的棉纱、清洗油应收集在金属垃圾桶内。

7.2.5 设备试运转应有专项方案，方案中应明确安全技术措施；试运转时，不得擦洗和修理；严禁将头、手伸入、触碰设备转动部位。

7.3 应注意的绿色施工问题

7.3.1 现场噪声控制应按《建筑施工场界环境噪声排放标准》GB 12523 执行

7.3.2 临时用电线路应合理布置、安全，宜选用节能灯具。

7.3.3 设备安装过程中产生的废料应按可回收、不可回收、有害分类处置。

7.3.4 周转材料应定期维护保养，提倡使用节能环保的施工设备和机具，并提高使用率。

7.3.5 材料宜按施工计划顺序进场，限额领料、合理用料、工完料净、减少废料。

7.3.6 抑制扬尘宜控制水量，试验用水宜回收利用。

7.3.7 应避免设备安装过程中放射源的射线伤害，减少电弧光污染。

8 质量记录

8.0.1 基础中间交接记录。

8.0.2 设备开箱记录。

8.0.3 材料、构配件及设备报验记录。

8.0.4 隐蔽工程记录。

8.0.5 安装记录。

8.0.6 质量验评记录。

8.0.7 试运转记录。

8.0.8 其他有关资料记录。

第7章 离心风机施工

适用于通用离心风机的安装。

1 引用文件

《工业安装工程施工质量验收统一标准》GB 50252—2010
《机械设备安装工程施工及验收通用规范》GB 50231—2009
《风机、压缩机、泵安装工程施工及验收规范》GB 50275—2010
《混凝土结构工程施工质量验收规范》GB 50204—2015
《吊装工艺计算近似公式及应用》（化学工业出版社　蔡裕民　著）

2 术语

2.0.1 通风机：通常进气压力为常压，介质通常为空气的离心风机。

2.0.2 引风机：通常进气压力低于大气压，介质为各种气体的离心风机。

2.0.3 叶轮：由叶片、曲线型前盘和平板后盘组成，产生压头，传递能量。

2.0.4 机壳：由钢板制成坚固可靠，可分为整体式和半开式，半开式便于检修。收集从叶轮出来的气体引向排出口，把气流的部分动能转变为压力能。

2.0.5 集流器：由钢板焊接而成的圆弧形筒体，在损失最小的情况下，使气流均匀的充满叶轮进口断面。

2.0.6 轴承箱：装置轴承，填补润滑液。

3 施工准备

3.1 作业条件

3.1.1 施工技术人员及操作工人应熟悉有关技术文件和施工图纸、规范，了解设备技术性能、规范和安装工艺。

3.1.2 施工图纸会审完毕，施工方案编制完成并经有关部门审核。

3.1.3 安装用材料、工机具准备齐全，测量器具检定合格。

3.1.4 风机设备基础施工完毕，基础周围回填夯实，运输通道通畅。

3.1.5 安全设施及消防设施等应具备使用条件。

3.2　材料及机具

3.2.1　材料

1　垫铁：根据规范、图纸及设备要求加工所需平垫铁和斜垫铁。

2　灌浆料：高强无收缩灌浆料，用于地脚螺栓孔灌浆和二次灌浆。

3　辅料见表7-1。

辅料一览表　　　　　　　　　　　　　　　　　表7-1

序号	名称	规格	用途
1	耐油石棉板	$\delta 1mm$	轴承箱密封垫片
2	石棉绳	$\phi 11\sim\phi 25$	机壳、人孔门密封
3	棉纱、白布		轴承箱清理
4	洗油		轴承箱清理

3.2.2　机械与工具（见表7-2）

机械与工具　　　　　　　　　　　　　　　　　表7-2

序号	名称	规格型号	用途
1	叉车	根据具体情况而定	中、低压风机就位
2	汽车吊	根据具体情况而定	高压风机就位
3	倒链	3～10t	散装风机转子吊装
4	磨光机	$\phi 100$	基础处理、垫铁打磨
5	交流焊机	BX1-250	垫铁电焊
6	液压千斤顶	5t～10t	找平找正
7	撬杠		找平找正

3.2.3　主要监视测量设备（见表7-3）

主要监视测量设备　　　　　　　　　　　　　　表7-3

序号	名称	规格型号	用途
1	百分表	0～5mm	靠背轮找同心
2	塞尺	$L=100mm$	测量安装间隙
3	内卡钳	$L=300mm$	机壳与叶轮径向间隙
4	便携式测振仪		测量转动设备的振动
5	红外测温仪	$-25\sim260℃$	轴承温度
6	外径千分尺	0.02mm	测量轴类外径
7	钢卷尺	5m，50m	测量线性尺寸
8	水准仪	0.5mm	测量标高
9	水平仪	0.02mm	测量设备水平

4 操作工艺

4.1 工艺流程

设备开箱检查 → 基础放线验收 → 垫铁布置 → 风机安装 → 耦合器安装 →

电机安装 → 二次灌浆 → 试运转

4.2 设备开箱检查

4.2.1 开箱依据

1 风机安装图纸。

2 建设单位或制造厂提供的设备到货清单。

4.2.2 参加人员

设备开箱工作应由建设单位、制造厂代表、监理单位、施工单位共同进行。

4.2.3 开箱检查内容

1 按照装箱单清点风机的零件、部件、配套件和随机技术文件。

2 按照设计图纸使用外径千分尺、钢卷尺核对叶轮、机壳和其他部位的主要安装尺寸。

3 风机型号、输送介质、进出口方向和压力应与设计图纸相符；叶轮旋转方向应符合随机技术文件规定。

4 风机外露部分各加工面应无锈蚀，转子的叶轮和轴颈无碰伤和明显变形。

5 整体出厂的风机，进气口和排气口应有盖板遮盖，且内部无杂物。

6 开箱后的零部件应妥善保管，避免损坏丢失。

7 风机备品备件交由建设单位统一保管。

4.3 基础放线验收

4.3.1 基础验收

1 基础外观质量不得有露筋、蜂窝、孔洞、夹渣、疏松、裂纹、连接部位缺陷基础外观质量不应有严重缺陷。

2 基础尺寸允许偏差应符合规范要求。

3 土建基础画线验收完毕，经建设、监理、施工单位验收合格并办理交接手续后方可施工。

4.3.2 具备的条件

1 基础周围环境整洁，基础表面、地脚螺栓孔清理干净。

2 建筑基础纵、横中心线、标高线（50线）、地脚螺栓孔十字线放线完毕。

4.3.3 基础放线

1 中心线

根据安装图纸和建筑物轴线，复测机组纵横向安装尺寸，横向定位以轴承座为基准，注意耦合器与轴承箱、电机间膨胀尺寸 S_1、S_2 必须符合产品说明书要求。

2　标高

安装专业根据土建 50 线结合安装图纸确定轴承箱标高 H，根据 H 确定风机、耦合器、电机标高，计算二次灌浆层厚度以大于 25mm 为宜。

3　风机安装示意图（图 7-1、图 7-2）

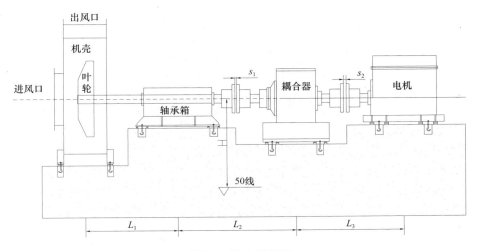

图 7-1　离心通风机

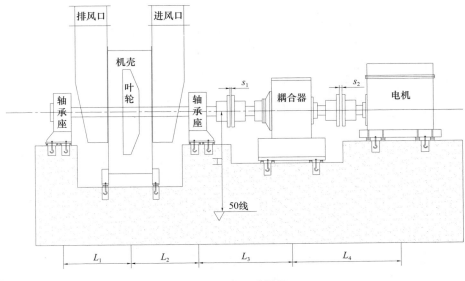

图 7-2　离心引风机

53

4.4 垫铁布置

每个地脚螺栓旁边至少应有一组垫铁，每组垫铁数量不得超过 5 块（斜垫铁一组算 2 块），垫铁应放置时，厚的宜放在下面，薄的宜放在中间，且接触紧密。垫铁布置位置应符合技术文件要求，技术文件无要求时，相邻两垫铁组间的距离，宜为 500～1000mm，垫铁数量及面积应满足规范要求。

4.5 风机安装

4.5.1 轴承箱及底座安装

1 轴承箱与底座应紧密结合。

2 整体安装的轴承箱，应在轴承箱中分面测量安装水平，纵、横向安装水平偏差均不应大于 0.10/1000。

3 左、右分开式轴承箱的纵、横向安装水平，以及轴承孔对主轴轴线在水平面的对称度，应符合下列要求：

1）在每个轴承箱中分面测量，纵向水平偏差不大于 0.04/1000，横向水平不大于 0.08/1000。

2）在主轴轴颈处的安装水平偏差不应大于 0.04/1000。

3）轴承孔对主轴轴线在水平面内的对称度偏差不应大于 0.06mm；可测量轴承箱两侧密封径向间隙之差不应大于 0.06mm。

4）具有滑动轴承的离心风机除应符合上述条件外，其轴瓦与轴颈的接触弧度及轴向接触长度、轴承间隙和压盖过盈量，应符合随机技术文件的规定；当不符合规定时，应进行修刮和调整；无规定时，应符合现行国家标准《机械设备安装工程施工及验收通用规范》GB 50231 的有关规定。

5）风机轴承座冷却水室水压试验合格。

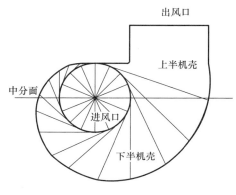

图 7-3 离心通风机机壳

4.5.2 下半机壳安装

1 安装前应再次确认风机旋向，保证出入口的方位和角度正确。见图 7-3、图 7-4。

2 吊装

1）荷载

$$Q_{\mathrm{j}} = K_1 K_2 Q \qquad \text{（式 7-1）}$$

式中　Q_{j}——计算荷载；

　　　Q——设备及吊索具重量的总和；

K_1——动载系数1.1；

K_2——不均衡系数1.1～1.2。

2）钢丝绳（吊索选用 $6\times37+1$ 型）选用

（1）单根钢丝绳受力分析

$$S = Q_j/nC \qquad （式7-2）$$

式中　S——单根钢丝绳受力；

Q_j——计算荷载；

n——钢丝根数；

C——角度系数，见表7-4。

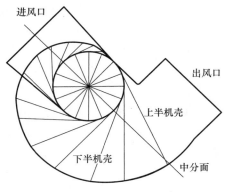

图 7-4　离心引风机机壳

角度系数　　　　　　　　　　　表 7-4

吊索顶角 α	$\leqslant30°$	$\leqslant60°$	$\leqslant90°$	$\leqslant120°$
角度系数 C	1.03	1.15	1.41	2

（2）钢丝绳破断拉力计算

$$P_p = SK \qquad （式7-3）$$

式中　P_p——钢丝绳破断拉力；

S——单根钢丝绳受力；

K——安全系数，取8。

（3）钢丝绳直径计算

$$d = \sqrt{P_P/0.3\sigma} \qquad （式7-4）$$

式中　d——钢丝绳直径；

P_p——钢丝绳破断拉力；

σ——钢丝绳许用抗拉强度；

d——钢丝绳长度计算。

根据设备外形尺寸，吊装角度计算钢丝绳长度。

3）吊装机具选择

（1）室外根据回转半径、起升高度和荷载查吊车性能表，选择合适吊车。

（2）室内根据荷载，选择合适手拉葫芦。

（3）吊装时，钢丝绳与倒链配合，保持设备底座水平。

3　初步找平找正

1）调整机壳纵、横中心时，吊车或行车和手拉葫芦配合，钢丝绳受力以撬杠能轻松撬动机壳为准，吊线坠，调整纵、横中心线位置偏差不大于2mm。

2）调整垫铁，风机机壳中心高度 H 偏差不大于±1mm。

4.5.3　风机转子安装

1　吊装计算参照下半机壳安装。

2　应确保叶轮的旋转方向、叶片的弯曲方向以及机壳进出口位置和角度应符合设计和设备技术文件的规定。

3　转子吊装需要倒链调节风机轴的水平。

4　清理干净轴承箱，转子放入轴承座后，检查主轴颈处的安装水平偏差应符合要求，检查轴承孔对主轴轴线在水平面内的对称度偏差应符合要求。

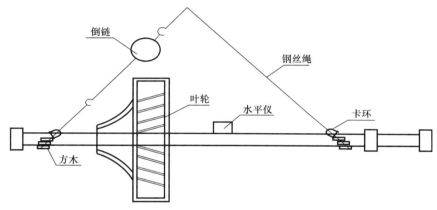

图 7-5　转子吊装

5　检查轴瓦与轴颈的接触弧度及轴向接触长度、轴承间隙和压盖过盈量，应符合随机技术文件的规定。

6　符合要求后轴承座扣盖，盘动转子，无杂音，转动轻松。

7　以转子为基准，调整机壳位置。

1）风机转子安装合格后，风机上半机壳扣盖，吊装方式同转子吊装；机壳吊装前应检查配套法兰螺栓孔孔距是否符合要求，密封垫片应无断裂。

2）上、下机壳连接，螺栓拧紧后，安装机壳进风口集流器或密封圈，集流器或密封圈与叶轮进口圈重叠度（轴向间隙）、径向间隙应符合设备说明书或规范要求，并且机壳后侧板轴孔与主轴同轴，不得碰刮。间隙超差时，修正集流器尺寸。见图 7-6。

8　轴与机壳的密封间隙应符合设备技术文件的规定。

4.5.4　调节挡板的安装

1　调节挡板的叶片板的开启方向应使气流顺着风机转向而进入，不得装反。叶片板固定牢靠，与外壳留有适当的膨胀间隙（如介质温度超过室温时）。

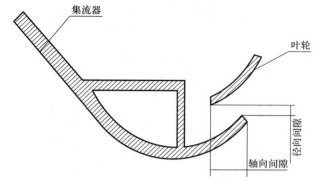

图 7-6 机壳进风口集流器或密封圈与叶轮进口圈之间的安装

2 挡板开启关闭灵活正确，各叶片的开启和关闭角度应一致，开关的终端位置应符合厂家技术文件的规定，且挡板应有与实际相符的开关刻度指示。

4.5.5 地脚螺栓孔灌浆

1 风机各部分间隙调整检查合格后，填写隐蔽《隐蔽工程记录》，通知监理旁站。

2 地脚螺栓孔清理干净，浸润孔壁。

3 计算灌浆料用量，根据使用说明书搅拌灌浆料，使用溜槽将拌合好的灌浆料灌入地脚螺栓孔，灌浆结束后不得调整螺栓；24h 后可进行下步工作。

4.6 耦合器安装

4.6.1 以风机为基准，找平、找正耦合器。

4.6.2 联轴器找同心（图 7-7）

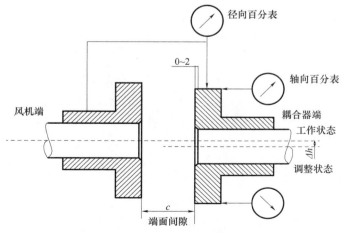

图 7-7 三表法联轴器同心

57

1 冷态下调整联轴器径向偏差不大于 0.05mm，轴向偏差不大于 0.05mm，端面间隙符合设备说明书要求。

2 根据设备说明书要求，增减垫片，调整 Δh 值。

3 地脚螺栓孔灌浆同风机。

4.7 电机安装

以耦合器为基准，找正电机位置，其余与耦合器安装相同。

4.8 二次灌浆

4.8.1 检查、点焊垫铁，填写《隐蔽工程记录》，通知监理旁站。

4.8.2 灌浆层厚度不应小于 25mm。

4.8.3 灌浆前敷设外模板，外模板至设备底座边缘距离不宜小于 60mm。

4.8.4 二次灌浆层应振捣密实；拆除模板后，表面应进行抹面处理。

4.8.5 灌浆层强度未达到 70% 以上时，不得进行配管工作。

4.9 试运转

4.9.1 具备的条件

1 进、出口风管按照施工图纸安装合格。

2 耦合器按照设备说明书调试合格。

3 电机调试合格。

4 仪表安全和连锁报警系统调试合格。

5 润滑、冷却水系统工作正常。

6 安装资料齐全，签字盖章无遗漏。

7 试车组织机构健全，人员分工明确。

8 试车环境整洁。

4.9.2 单机试运转

1 轴承箱清理干净，检查合格，按照设备说明书加注油品。

2 盘动风机转子，不得有摩擦和碰刮。

3 关闭进气调节门。

4 检查耦合器执行机构在远传位置，点动电机，旋向正确。

5 启动电机，调节耦合器执行机构，使风机达到额定转速，升速速度不宜过快，通常控制在 25s 内。

6 风机达到正常转速后，应调节阀门开度为 0°～5° 时进行小负荷试运转，持续时间参照厂家说明书。

7 小负荷试运转正常后，逐渐打开调节阀门，电动机电流不得超过额定值，直至规定的负荷，轴承达到稳定温度后，连续运转时间不应少于 20min。

8 试运转过程中，轴承表面温度不得高于环境温度 40℃，轴承振动不得超过技术文件或规范的要求。

5　质量标准

5.1　主控项目

5.1.1　轴承箱中分面，纵向安装水平偏差不应大于 0.04/1000。

5.1.2　轴承箱中分面，横向安装水平偏差不应大于 0.08/1000。

5.1.3　主轴轴颈处安装水平偏差不应大于 0.04/1000。

5.1.4　机壳进风口集流器或密封圈与叶轮圈的轴向重叠长度和径向间隙应符合厂家说明书要求。

5.1.5　冷态下调整联轴器径向偏差不大于 0.05mm，轴向偏差不大于 0.05mm，端面间隙符合设备说明书要求。

5.1.6　试运转时各部位应无异常现象和摩擦声，轴承温度、振动值应符合要求。

5.2　一般项目

5.2.1　地脚螺栓应垂直，螺母应拧紧，扭力矩一致，螺母与垫圈和垫圈与设备底座的接触应紧密。

5.2.2　垫铁组应放置平稳，位置正确，接触紧密，符合要求。

5.2.3　安装基准线偏差符合规范要求。

5.2.4　润滑系统和轴承应清洗干净。

6　成品保护措施

6.0.1　吊装过程中，设备与钢丝绳接触部位要垫木板或橡胶板保护。

6.0.2　设备安装过程中，仪表附件应拆除并妥善保管，安装结束后恢复，过程中管口应封堵严密。

6.0.3　风机机壳上严禁焊接打火，焊接支架。

6.0.4　设备不得作为地锚使用。

6.0.5　与其他专业交叉施工时，设备应覆盖或搭设防护棚。

6.0.6　按设备技术文件的要求做好维护和保养。

7　注意事项

7.1　应注意的质量问题

7.1.1　垫铁与基础和设备底座、垫铁间应接触紧密，地脚螺栓应拧紧。

7.1.2　联轴器找同心时，应检测联轴器的制造精度。

7.1.3 风机进、出口风管应设单独支架，风机不得受力。

7.1.4 风机进、出口应设置膨胀节。

7.1.5 施工过程中，各种检测数据要有专人记录保管。

7.2 应注意的安全问题

7.2.1 开工前对参加施工人员做好上岗技术培训和各级安全教育工作。施工前，应识别出设备安装过程中存在的危险源，编制有针对性的安全技术交底方案以及安全应急预案。做好上岗人员的安全考核和体检检查，禁止不符合安全要求的施工人员进入现场。

7.2.2 强制性条文应严格按要求执行。

7.2.3 吊装

1 吊装前，应仔细检查吊装机具、索具，工况性能应符合吊装要求。

2 吊点选择合理，捆绑牢固。

7.2.4 清洗

1 轴承箱清洗过程中严禁烟火，并配备灭火器。

2 清洗后的煤油应集中回收处理。

7.2.5 试运转

1 设备周围应设置警戒线，无关人员不得进入。

2 参加试运转人员分工明确，加强巡回检查，不得脱岗。

7.3 应注意的绿色施工问题

7.3.1 必须采取相应措施以使施工噪声符合《建筑施工场界环境噪声排放标准》GB 12523。

7.3.2 临时用电线路应布置合理、安全，宜选用节能灯。

7.3.3 对施工期间的固体废弃物应分类定点堆放，分类处理。

7.3.4 现场清洗废油要回收处理，现场存放油料应防止油料泄漏。

7.3.5 施工期间产生的废钢材、木材、塑料等固体废料应回收利用。

7.3.6 在安装施工中，使用有毒有害物质时，如烯料、各种胶等，设置专门地点储存，要有密封防泄露措施。尽量减少挥发，严禁遗洒。

7.3.7 应避免设备安装过程中放射源的射线伤害，减少电弧光污染。

8 质量记录

8.0.1 基础中间交接记录。

8.0.2 设备开箱记录。

8.0.3 设备缺陷情况记录及处理情况记录。

8.0.4 设计变更和隐蔽工程记录。

8.0.5　安装检查记录。

8.0.6　质量验评记录。

8.0.7　设备试运前检查及试运转记录。

8.0.8　其他有关资料记录。

第8章 离心式压缩机

本工艺标准适用于化工行业离心式压缩机组现场组装或整体安装。

1 引用文件

《风机、压缩机、泵安装工程施工及验收规范》GB 50275—2010

《石油化工离心式压缩机组施工及验收规范》SH/T 3539—2007

《石油化工机器设备安装工程施工及验收通用规范》SH/T 3538—2017

《化工机器安装工程施工及验收规范（通用规定）》HG/T 20203—2017

《化工机器安装工程施工及验收规范（离心式压缩机）》HG/T 20205—2017

《石油化工安装工程施工质量验收统一标准》SH/T 3508—2011

《石油化工建设工程项目施工过程技术文件规定》SH/T 3543—2017

2 术语

2.0.1 轴对中：又称联轴器找正，指调整轴线相对于基准轴线的径向位移和轴向倾斜符合规定的要求。

2.0.2 水平度：设备水平面与绝对水平面之间的夹角。

2.0.3 垂直度：垂直于基准平面且距离最远的两个包含被测平面上的点的平面之间的距离。

2.0.4 平行度：两平面或者两直线平行的程度，指一平面（边）相对于另一平面（边）平行的误差最大允许值。

2.0.5 圆柱度：指任一垂直截面最大尺寸与最小尺寸差为圆柱度。

2.0.6 挠度：构件等在弯矩作用下因挠曲引起的垂直于轴线的线位移。

2.0.7 一次灌浆：机器经过初找平、找正合格后，对地脚螺栓预留孔的灌浆。

2.0.8 二次灌浆：机器经过按规定找平、找正合格后，对机器的基础与底座面之间的灌浆。

3 施工准备

3.1 作业条件

3.1.1 主辅设备基础浇灌完毕，模板拆除，混凝土达到设计强度的 75% 以上，并经验收合格。基础附近的地下工程及地坪应完成，运输、消防道路应畅通。

3.1.2 机房外墙砌筑完毕，门窗齐全，房顶不漏雨水，挡风避雨措施齐全。

3.1.3 行车安装完毕，进行负荷试验并经过有关部门验收。

3.1.4 基础具有清晰准确的中心线，厂房0m层与运转层具有标高线。

3.1.5 机房内通道、楼梯、栏杆具备施工条件，各孔、洞和尚未完工和尚有敞口的部位具有可靠的防范措施。

3.1.6 机房内配有足够的消防器材，消防设施验收合格。

3.1.7 厂房照明或临时照明通电，临时配电箱安装完毕并通电。

3.1.8 备好施工机具、专用工具等，并有专门堆放精密零部件的货架。

3.2 技术准备

3.2.1 安装前应具备下列技术文件：

1 设计文件，包括平面布置图、安装图、机器基础图及相关专业的施工图。

2 产品技术文件，包括出厂合格证书、材料质量证明文件、质量检查记录、机组试验报告及使用说明书、机组总装配图、主要部件图、易损件图及装箱清单等。

3 施工技术文件。

3.2.2 施工技术文件应经有关单位、部门审查批准。

3.3 材料及机具

3.3.1 材料：煤油、汽轮机油、红丹粉、白布、垫铁、耐油密封胶、不锈钢皮（0.03～0.50mm）、酸洗液、不锈钢滤网（120～200目）等。

3.3.2 机械与工具

1 机械工具根据施工现场实际情况可选用汽车吊、手拉葫芦、卷扬机、滚杠、尼龙吊绳、钢丝绳等。

2 角向磨光机、电焊机、气焊工具、刮刀、磁力表架、电动试压泵、滤油机、0.6m³空压机、重型套筒扳手、套筒扳手、梅花扳手、内六角扳手等。

3.3.3 主要监视测量设备（表8-1）

主要监视测量设备 表8-1

序号	名称	规格	单位	数量
1	水准仪	Ⅱ级以上	台	1
2	合像水平仪	150mm，0.01mm/m	块	2
3	框式水平仪	100×100，0.02mm/m	块	2
4	百分表	0～3mm	块	3
5	激光对中仪		套	1

序号	名称	规格	单位	数量
6	外径千分尺	依据主轴定	套	1
7	外径千分尺	0～25mm	个	1
8	塞尺	100mm	把	2
9	塞尺	200mm	把	2
10	游标卡尺	150mm	把	1
11	研磨平台	600mm×600mm	台	1

4 操作工艺

4.1 工艺流程

设备开箱检查清点 → 基础验收及处理 → 机组底座安装 → 压缩机组安装 →

机组定轴端距 → 机组初对中和一次灌浆 → 机组联轴器精对中 →

机组二次灌浆 → 系统管路的安装 → 系统油循环 → 机组最终对中 →

机组试运行

4.2 设备开箱清点及检查

4.2.1 设备开箱工作应由建设单位、制造厂代表、监理单位、施工单位共同按订货合同及装箱清单开列的数量、品种、规格进行清点检查，并应做好记录，经各方代表确认签字认可。

4.2.2 按装箱清单逐箱清点零部件、备品备件、材料、专用工具等，核对数量、规格，外观检查有否缺陷、损坏、锈蚀等并作好记录，妥善保管。经开箱清点过的精密零、部件应按技术文件要求存放在适宜库房内的货架上。

4.2.3 随机技术资料、专用工具及计量器具，应清点造册，妥善保管，保证使用，对随机专用器具，应由施工单位向甲方办理借用手续后无偿使用，当工程结束时，一次性如数归还。

4.2.4 与压缩机组配套的电气、仪表等设备及配件应由相应专业人员检验。

4.3 基础验收及处理

4.3.1 基础外观质量不得有裂纹、蜂窝、空洞、露筋等缺陷。

4.3.2 基础使用前必须办理中间交接手续，基础移交时必须同时提供施工质量合格及中心、标高、外形尺寸实测记录及沉降观测记录。

4.3.3 基础的中心线、标高线、沉降点等标记应齐全、清晰。基础贯穿地脚螺栓预留孔应垂直且下表面应平整。

4.3.4　机器基础尺寸及位置的允许偏差应符合规范及技术文件要求。

4.3.5　机组安装前应对基础作如下处理：

1　二次灌浆的基础表面，应铲出麻面，麻点深度不应小于 10mm，密度以每平方分米内 3～5 点为宜，表面不得有疏松层或有油污。

2　放置支撑块和临时垫铁处的基础表面应铲平，其水平度偏差不应大于 2mm/m，标高允许偏差为±5mm，埋设支承顶丝的平垫铁的水泥砂浆应高于基础强度。锚板与基础表面应均匀接触，接触面积不得少于 50%。

4.4　底座安装

4.4.1　离心式压缩机一般采用无垫铁安装

1　若机器底座上设有安装用顶丝时，支持顶丝用的钢板顶面水平度允许偏差为 2mm/m。

2　压缩机底座安装形式如图 8-1。

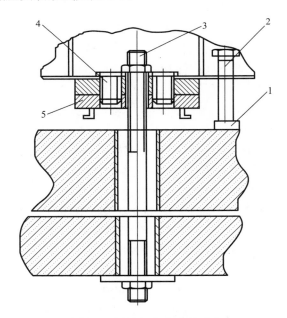

图 8-1　压缩机底座安装形式

1—支撑块；2—调整螺栓；3—地脚螺栓；4—螺栓；5—底脚板

4.4.2　地脚螺栓应符合下列要求：

1　地脚螺栓在预留孔中应垂直，地脚螺栓上任一部分离孔壁应不小于 15mm。

2　地脚螺栓螺帽与垫圈间，垫圈与设备底座接触应均匀。

3　地脚螺栓的预埋套管高出基础的部分应割平，套管的上口应用盖板盖住，防止异物落入管内。

4 地脚螺栓拧紧后，螺栓螺纹应露出螺母 2～3 个螺距。

4.5 压缩机组安装

4.5.1 整体压缩机及驱动器就位找正

1 对压缩机组共同底座下部和地脚螺栓进行清洁、除去锈蚀、杂物和油污，并在底座上标记纵横中心线。

2 按吊装方案将机组吊运至基础上方，将顶丝旋入机组底座，使其伸出机组底座底部的长度与顶丝垫板标高相符，缓慢放下机组在基础上。

3 用千斤顶或临时垫铁调整机组位置，使机组底座上的纵横中心线标记与基础上的纵横基准线一致，误差≤5mm；通过调整顶丝和临时垫铁使机组轴中心标高达到设计标高，误差≤3mm。

4 机组在吊装时，应按照制造厂提供的吊点绑扎，机组应呈水平状态，平稳地落于基础上。

5 蒸汽透平机组就位前应先将汽轮机凝汽器就位（如果是凝汽式汽轮机拖动的机组）。

6 压缩机及其驱动器与底座接触面间的局部间隙，用 0.05mm 的塞尺检查，塞入深度应不超过接触面宽度的 1/4；与底座间的调整垫片宜选用整条不锈钢垫片，总厚度宜为 1～5 mm；压缩机的横向水平度偏差应不大于 0.10 mm/m，纵向水平度应满足冷态对中曲线要求。

7 整体压缩机组初平以厂家技术说明书提供的基准零点。一般以增速机或汽轮机后轴为基准水平点。再按照厂家提供的冷态对中曲线图，往两侧延伸对中。

8 调整顶丝或斜垫铁初步找平压缩机，在轴承中分面（或技术文件规定的找平基准点）上分别检测纵（轴）横向水平，满足技术文件规定。

9 检查确认压缩机各缸和透平机各猫爪螺栓位于螺栓孔中间，猫爪与支脚间有调整垫片，以增速机或蒸汽透平机为基准，调整压缩机，满足制造技术文件对中数据（包括轴端距）要求。

10 紧固压缩机的其中一条支腿与支撑板螺栓。其余各支腿支百分表并逐一紧固百分表应无变化，说明机器很平稳，否则就要通过调节底座上的调整螺栓。

4.5.2 齿轮箱安装

1 齿轮箱找平应在下箱体水平剖分面上或制造厂提供的特定位置进行，横向水平度在齿轮箱的轴承座孔两侧测量，允许偏差为 0.10mm/m，纵向水平度在轴承座孔上用水平仪测量，允许偏差为 0.05mm/m。

2 散装或制造厂允许解体检查的齿轮箱应符合下列要求：

1）齿轮箱体应无渗漏，机壳内应清洁无异物。

2）轴承紧力、间隙应符合产品技术文件要求，顶间隙可用压铅法检查，铅丝直径应为轴承顶间隙的 1.5 倍，止推轴承与止推盘的接触面积用着色法检查，应达 75％以上，止推轴承的轴向间隙用百分表检查，应符合产品技术文件规定。

3）齿面啮合斑迹用着色法检查，齿轮啮合间隙应用压铅法或百分表检查，其数值应符合产品技术文件规定，齿轮的中心距、交叉度和平行度应符合产品技术文件规定。

4.5.3　水平剖分式压缩机安装

1　水平剖分式压缩机下机体安装前应对压缩机底座水平度进行复测，将下机体就位初步拧紧下机体与底座的连接螺栓，调整好与其他机器之间的相对位置，将水平仪放在下机体水平剖分面的四角处，测量下机体横向水平度，横向水平度的允许偏差为 0.10mm/m。

2　上、下机体连接的双头螺栓和螺母的螺纹应光洁无毛刺，螺母支承面应平整、光洁、无毛刺；用手能将螺母自由拧到底。有匹配标志的双头螺栓与螺母不得任意调换。

3　支承滑销系统的检查与调整应符合制造厂说明书要求。

4　隔板装进机壳时，应自由地落入槽中，无卡涩现象，两半隔板结合面应接触良好，结合面的局部间隙不应大于 0.08 mm。

5　压缩机转子安装水平度允许偏差为 0.05mm/m，扬度应符合产品技术文件或设计文件的规定。转子轴颈的圆柱度，允许偏差为 0.01mm。推力盘的端面跳动允许偏差为 0.015mm。其余各部分跳动量应符合设计说明书的要求。转子就位后，应测量总窜量值，并按产品技术文件要求调整轴向位置，装好下部推力瓦块等轴承部件。

6　用压铅法测量支撑轴承的过盈量或间隙值，应符合产品技术文件的规定，推力瓦块的接触面应均匀。推力盘承力面与推力瓦块的接触面积应不小于瓦块总面积与油楔面积之差的 75％。

7　水平剖分式压缩机干气密封安装：

1）安装前应进行检查并符合下列要求：

（1）动静环之间应能自由转动。

（2）弹簧无缺陷且弹性正常。

（3）干气系统管道已施工完并清洁，无杂质、油污。

（4）密封经过的腔体及轴的边缘无倒角、毛刺及划痕等缺陷。

（5）检查 O 形圈外观，不得有断裂、划痕等缺陷。

2）安装应符合下列要求：

（1）检查干气密封组件，方向正确。

（2）用专用工具将密封装到轴上，确保密封、转子上的两条参考线在同一铅垂面内。

（3）转子两端不得同时安装干气密封。

（4）待密封装到位后拆去螺杆、安装板、安装盘及卡环。

（5）将锁紧螺母装入轴端并旋紧。

（6）用专用工具安装且不能见油。

8 水平剖分式压缩机扣大盖

1）上、下机体正式闭合前应经建设、监理单位确认下列内容并填写封闭记录：

（1）机体内部清洁无异物，机体内的紧固件已拧紧并锁牢。

（2）上、下机体连接的双头螺栓和螺母的螺纹光洁无毛刺，螺母支承面平整、光洁、无毛刺；用手能将螺母自由拧到底，螺纹部位涂抹防咬合剂。

（3）有匹配标识的双头螺栓与螺母标识应吻合。

（4）拧紧均布的 1/3 机体螺栓，用 0.05mm 塞尺检查上、下机体水平剖分面间隙，塞入部分不得超过水平剖分面上有效密封面宽度的 1/3。

（5）转子与机体间的轴向和径向装配间隙。

（6）底座、机壳和支座各导向键的最终间隙。

2）上、下机体试闭合还应符合下列要求：

（1）上、下机体吊装时，应使剖分面保持水平，当上机体降至离下机体的水平剖分面 200～250mm 时，在剖分面上涂密封胶。

（2）上机体距离下机体约 3mm 时，将定位销涂上防咬合剂后打入机体销孔内，上、下机体闭合后打紧定位销。

（3）用专用扭矩扳手按规定顺序紧固压缩机上、下机体连接螺栓。

3）机体闭合后手动盘车检查应无异常声响。支座部位连接螺栓的垫圈应能用手推动，滑动自如，支座与底座结合面之间的间隙应符合产品技术文件要求。

4.5.4 驱动机安装

1 汽轮机的安装及整体压缩机组中汽轮机的解体检查按照中小型汽轮机施工工艺标准执行。

2 汽轮机排汽接管应在机组就位前与汽轮机先连接上，垫片两面涂抹汽缸密封胶，螺栓涂抹二硫化钼，螺栓紧固时从中间到两边分几遍进行，做到一次成功，一旦漏气重新返工难度极大。

3 汽轮机前、后轴瓦一般为可倾式轴瓦，严禁对轴瓦进行修刮，如接触不合格通知厂家予以处理，轴瓦间隙可采用抬轴法检测。

4 汽轮机盘车装置安装时应注意挂钩是否安装到位。

5 如驱动机为电机，电动机和增速机按照制造厂要求一般不得进行解体。

4.6　机组定轴端距

4.6.1　机组定轴端距应以基准机器轴端面为基准，应在半联轴器组装后进行。

4.6.2　机组定轴端距时各轴的轴向位置应符合下列要求：

1　齿轮箱：

1）齿型为斜齿的低速轴止推盘应紧贴副止推瓦块。

2）齿型为其他齿的低速轴止推盘应放在中间位置。

3）高速轴端面与箱体加工面间距离应符合产品技术文件的要求。

2　压缩机及汽轮机的止推盘应紧贴主止推瓦块。

3　电动机的转子应处于磁力中心线位置。

4.6.3　轴端距允许偏差应符合下列要求：

1　齿式联轴器为 0～0.3mm。

2　膜片联轴器应符合表 8-2 的规定。

膜片联轴器轴端距允许偏差 表 8-2

膜片联轴器	允许偏差值（mm）
四螺栓	±0.50
六螺栓	±0.38
八螺栓及以上	±0.25

4.7　机组初对中及一次灌浆

4.7.1　机组对中应按技术文件提供的冷态对中曲线进行。

4.7.2　冷态对中测量可采用表测法和激光找正法。表测法的表架应有足够的刚度，表架挠度值应标在表架明显部位。

4.7.3　一次对中（初对中）应在机体闭合状态下进行。

4.7.4　汽轮机单独驱动的压缩机组对中应符合下列规定：

1　单缸压缩机组应以汽轮机为基准，进行压缩机与汽轮机的对中。

2　多缸压缩机组应按产品技术文件中规定，确定各缸对中次序，依次将各缸逐一进行对中调整。

4.7.5　由汽轮机直接驱动的压缩机组应以汽轮机为基准对中。

4.7.6　由电动机单独驱动的压缩机组应以齿轮箱为基准对中。

4.7.7　机组初对中结束后应核对轴端距，并进行地脚螺栓孔灌浆（一次灌浆）。

4.7.8　机组一次灌浆符合下列要求：

1　地脚螺栓预留孔的灌浆，应在初对中后进行。

2 预留孔在灌浆前应进行清理，并用水润湿 12h 以上后清除积水及异物，并不得有油污。

3 地脚螺栓埋入混凝土中的部位不得有锈蚀、油漆及油渍。

4 带锚板的地脚螺栓，其预留孔的上、下各 100 mm 处灌浆应采用符合技术说明的浆料，中间部位应填充干砂，螺杆与干砂接触部位应涂刷防锈漆。

5 地脚螺栓孔内灌浆的混凝土，终凝后 4h 内开始养护复查机组纵横中心线和标高符合要求后，对机组预留地脚螺栓孔进行灌浆（一次灌浆）。注意：保证地脚螺栓在机组底座螺栓孔中间。

6 当一次灌浆养护坚固后，紧固地脚螺栓，调整顶丝或斜垫铁精平机组；用框式水平仪在轴承中分面（或技术文件规定的找平基准点）上检测纵（轴）横向水平，满足技术文件规定。

4.8 联轴器精对中

4.8.1 离心压缩机联轴器对中采用"三表找正法"即径向一块百分表，轴向二块百分表，以汽轮机为基准进行压缩机的对中调整，对中应进行零对零对中，然后通过增减压缩机 4 个支腿下面的垫片厚度来调整，水平面上的轴向和径向偏差的校准，通过压缩机 4 个支腿处的水平方向调整顶丝水平移动压缩机来调整。反复调整直到百分表数据符合制造厂提供的对中曲线图。水平方向调整时注意压缩机底部定位应磨开，保持活动，等最终对中后点焊。

4.8.2 有的生产厂家随机带专用工具为单表法找中方法为只测定联轴器的径向读数，不测量端面的轴向读数，测量操作时仅用一个百分表，故称单表法，如图 8-2：

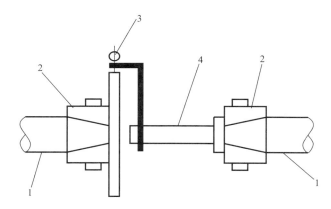

图 8-2　单表法找中示意图

1—轴；2—半联轴器；3—百分表；4—支架

1　此种方法用一块百分表就能判断两轴的相对位置并可计算出轴向和径向的偏差值。也可以根据百分表上的读数用图解法求得调整量。

2　单表测量的操作方法是，在两个半联轴器的轮毂外圆面上各作相隔 90°的四等分标志点 1a、2a、3a、4a 与 1b、2b、3b、4b。先在"B"联轴器上架设百分表，使百分表的触头接触在"A"联轴器的外圆面上的 1a 点处，然后将表盘对到"0"位，按轴运转方向盘动"B"联轴器，分别测得"A"联轴器上的 1a、2a、3a、4a 的读数（其中 1a＝0），为准确可靠可复测几次。为了避免"A"联轴器外圆面与轴不同心给测量带来误差，可同时盘动"B"与"A"联轴器。然后再将百分表架设在"A"联轴器上，以同样方法测得"B"联轴器上 1b、2b、3b、4b 的读数（其中 1b＝0）。

3　测出偏差值后，利用图 8-3 所示的偏差分析示意图分析方法，可得出"A"与"B"两半联轴器在垂直方向和水平方向两轴空间相对位置的各种情况，如表 8-3、表 8-4 所示：

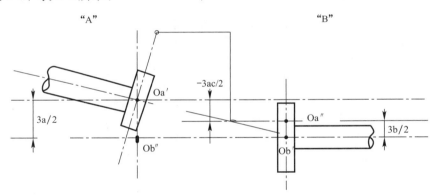

图 8-3　偏差值分析示意图

垂直方向两轴相对位置分析　　　　　　　　　　　　　表 8-3

序号	3a 数值	3b 数值	3ac 数值	两轴空间位置
1	3a＜0	3b＞0	3ac＜0	A ⟋⟍ B
2	3a＞0	3b＜0	3ac＜0	A ⟍⟋ B
3	3a＜0	3b＞0	3ac＞0	A ⟋ B
4	3a＞0	3b＜0	3ac＞0	A ⟋ B

71

续表

序号	3a 数值	3b 数值	3ac 数值	两轴空间位置
5	3a>0	3b>0	3ac>0	A　　　　　　　　　B
6	3a<0	3b<0	3ac<0	A　　　　　　　　　B
7	3a<0	3b>0	3ac=0	A　　　　　　　　　B
8	3a>0	3b<0	3ac=0	A　　　　　　　　　B
9	3a=0	3b<0	3ac<0	A　　　　　　　　　B
10	3a=0	3b>0	3ac>0	A　　　　　　　　　B

注：3ac=3a+3b（代数和）。

水平方向两轴相对位置分析 表 8-4

序号	2a′数值	2b′数值	2ac 数值	两轴空间位置
1	2a′<0	2b′>0	2ac<0	A　　　　　　　　　B
2	2a′>0	2b′<0	2ac<0	A　　　　　　　　　B
3	2a′<0	2b′>0	2ac>0	A　　　　　　　　　B
4	2a′>0	2b′<0	2ac>0	A　　　　　　　　　B
5	2a′>0	2b′>0	2ac>0	A　　　　　　　　　B
6	2a′<0	2b′<0	2ac<0	A　　　　　　　　　B
7	2a′>0	2b′<0	2ac=0	A　　　　　　　　　B
8	2a′<0	2b′>0	2ac=0	A　　　　　　　　　B
9	2a′=0	2b′<0	2ac<0	A　　　　　　　　　B
10	2a′=0	2b′>0	2ac>0	A　　　　　　　　　B

注：2a′=2a-4a，2b′=2b-4b，2ac=2a+2b（代数和）。

4 测量完联轴器的对中情况之后，根据记录图上的读数值可分析出两轴空间相对位置情况。按偏差值作适当的调整。为使调整工作迅速，准确进行，可通过计算或作图求得各支点的调整量。

计算前，后两支点的调整量如图 8-4 所示。

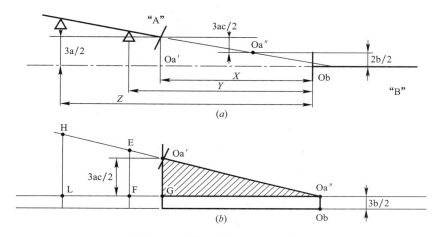

图 8-4　计算两支点调整量示意图

以"B"轴作基准轴，调整"A"轴时应先测定 X，Y，Z 之值（图 8-4（a）），若以 δy 与 δz 分别表示前后支点的调整量，从图 8-4（b）可推导出：

$$\delta y = EF + 3b/2 = Y/X \times 3ac/2 + 3b/2 \tag{式 8-1}$$

$$\delta z = HI + 3b/2 = Z/X \times 3ac/2 + 3b/2 \tag{式 8-2}$$

δy 及 δz 为正值，则要求增加垫片厚度；若为负值，则减少垫片厚度，水平方向计算调整量为支点的左右移动量，而不需增减垫片厚。

4.8.3 还可以通过激光对中仪时钟法进行对中：

1 固定测量单元，S 测量单元固定在基准端（压缩机）设备上，M 测量单元固定在调整端（电机）设备上，从调整端看基准端左边为 9 点钟位置，右边为 3 点钟位置，竖直方向是 12 点钟位置。

2 按下电源开关键开机，在测量程序菜单选择测量程序。

3 在 12 点钟位置调整测量单元发射的激光，是两个探测器发射的激光都能打到对面探测器的靶心位置。

4 按提示输入测量时需要输入的各种距离值，按确认键确认。

5 按水平仪指示转动两轴到 9 点钟位置，打开目标靶，记录第一个测量值，确认无误按确认键确认，以此记录 12 点、3 点钟位置测量值，按确认键显示测量结果。

6 仪器显示调整设备的水平方向和垂直方向的位移偏差、张口及调整值。如图 8-5 根据显示数值调整或在线调整。

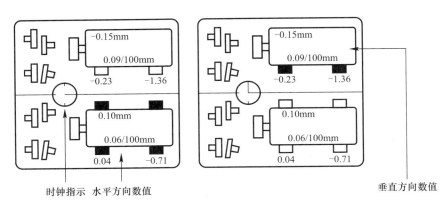

图 8-5　激光对中仪测量值显示

7 在测量过程中，要保证 9-12-3 点钟 3 个位置激光都照射在接收靶心区域内，激光不可在测量过程中调整。各位置是否到位，要根据探测器上的水平仪判断。

4.8.4 上述方法是将两轴中心线调成一条直线（冷态联轴器对中），然后根据各转轴支点处的热膨胀量大小撤去相应厚度的垫片，以达到冷态找正的要求。调整工作必须分成两步走：先将两转轴中心线调成一条直线，再按热膨胀量大小在支点处撤去相应厚度的垫片。

4.9　机组二次灌浆

4.9.1 灌浆前 12h，清扫基础，清除油污，用水充分湿润基础。

4.9.2 按技术文件规定配比拌和浆料。

4.9.3 灌浆时要分层充分捣固、捣实（特别是死角位置），要连续不断，直到机组底板全部灌完。

4.9.4 二次灌浆养护达到一定强度后，松开顶丝，紧固地脚螺栓，在此过程中机组底座下沉，应不超过有关规定。

4.10　系统管路的安装

4.10.1 工艺管安装：不得从机组管口开始配管，管道重量不得吊（压）在机组上；严禁强制对口连接，接管法兰与机组管口法兰连接前，两法兰的不平行度≤0.1/1000，两法兰的径向位移≤0.2/1000；连接管道时，引起机组的对中变化≤0.03mm。

4.10.2　油管安装：焊接接头必须氩弧焊打底；回油管保证流向坡度；安装前将管道内部清理干净。

4.11　系统油循环

4.11.1　根据机组实际情况编制专门油洗技术方案，按规定程序审核批准。

4.11.2　根据技术文件要求是否进行酸洗油系统管道，油冷器抽芯、试压等检查。

4.11.3　一次油洗：将机组部件（如轴承、调速装置等）进排油管口用临时管道（也要酸洗合格）连接，使洗油不进入部件；清洗油箱，用滤油机（或滤网）加注洗油；拆除油过滤器滤芯；在油箱回油总管口前加临时滤网；启动油泵进行油循环，循环时间分别为 5～15s、1min、3min、5min、30min、1h、2h、4h，在前一循环时间结束后检查临时滤网上脏物已较少，方可进行下一时间循环，以后每隔 4h 检查清洗一次临时滤网。在油循环过程中，可采用升降油温、加气鼓泡、木槌敲打等方式加快油洗，也可用油系统中阀门调节油量和切换油冲洗系统。当连续循环 4h 后临时滤网上无硬质异物，且很小的软质异物也极少时，在机组部件进油管和临时管间加滤网（180～200 目），每循环 4h 检查一次滤网，连续检查三次都仅有很小的软质异物 1～2 点，则一次油洗合格。

4.11.4　二次油洗：抽出洗油，清洗油箱，用滤油机（或滤网）加注合格的机组用油；清洗检查轴承室、轴承等部件，拆除轴承上瓦；拆除临时管道，全面恢复油系统，并在机组轴承进油口加滤网；启动油泵，按正常流程每循环 4h 检查一次滤网，连续三次检查合格后，拆除滤网，安装油过滤器滤芯，启动油泵，连续油循环 24h，油过滤器前后压差增值≤0.01～0.015MPa，油洗合格。

4.12　机组最终对中

4.12.1　进行机组最终对中在工艺管试压、吹扫、复位后再复查机组对中。

4.12.2　对中前清洗轴承室，最终装配轴承及仪表元件；检测记录各轴承间隙。

4.12.3　检测、调整、记录各猫爪螺栓间隙和滑销间隙；需定位的，则应铰孔安装定位销。

4.12.4　使用单表法或激光对中仪进行最终对中达到技术文件要求。

4.13　机组试运行

4.13.1　压缩机的无负荷试运转

1　试运转的条件和准备工作

1）编制试车方案，按规定程序审核批准。

2）彻底打扫压缩机及周围环境卫生，试车区域设置警戒线。

3）试车组织机构已经建立，试车方案已批准，试车安全预案已批准，电气安装已完毕，电气具备送电条件，电机或汽轮机单体试车完毕，与压缩机联轴节已连接，仪表工作已经结束，试车技术交底工作已完成。

4）全面复查运动部件的紧固件，确认已紧固和锁紧。

5）对中数据符合设备技术要求。

6）仪表、电器设备调整正确，仪表指示灵敏，转向与压缩机制造技术文件的转向相符。

7）工艺管线清洁畅通，冷却水质量符合设计要求，润滑脂充填符合设备技术文件的规定，冷却水系统，润滑脂系统已试运完毕符合要求。

8）安全阀定压准确，动作灵敏，可靠。

9）盘车装置手动盘车数转，压缩机灵活无阻滞现象。

2 启动盘车装置，按技术要求先对汽轮机进行暖机，待汽轮机温度符合要求后缓慢打开主汽门，低速转动压缩机，确认各部件有无异常情况，润滑油情况正常，确认转动方向正确。

3 确认盘车装置已经与压缩机脱开，处于开车位置，按要求提高汽轮机转速，检查机组的运转情况，填写好运动部件的温升、润滑、振动、转速情况，压缩机组在运转过程中无异响。

4 运转压缩机组 2h 后，停车检查各部件紧固件的锁紧情况，填好试车记录，运转过程中油压，油温，各摩擦部位的温度均应符合设备技术要求。

5 压缩机空负荷试运转一切正常后，转入压缩机空气负荷试车。

4.13.2 压缩机的空气负荷试运转

1 再次确认工艺条件处在正常工作状态。

2 用空气作介质试运转时，各级排气压力应符合设备随机技术资料的规定。安全阀应预先按有关规定进行整定。

3 同压缩机空负荷试运转启动压缩机组，当转速正常及达到设计操作压力后打开出口阀门，使出口压力稳定在操作压力情况下运转，出口阀门的开启时间不超过 3min。

4 运转中认真做好试运转记录，值班人员坚守岗位，定时观察，监听压缩机运转情况，发现异常及时停车，故障排除后继续开车，计算运转时间重新计时，运转时间不得少于 2h。

5 压缩机负荷试运转时，应检查下述项目：

1）润滑油压力，温度和各部件的供油情况。

2）各级进，排水温度，压力和冷却水供应情况。

3）压缩机组垂直、水平、轴向振动值。

4）压缩机转速。

5）压缩机组基础振动值。

6）运动部件有无异常情况。

7）连接阀门，阀兰的工艺管线，仪表接头有无泄漏现象。

8）连接部位的螺栓有无松动现象。

9）阀门开关灵活，自动控制装置灵敏可靠，数据准确。

10）各附属设备连接处无泄漏，设备正常。

4.13.3　试车后检查

1　离心压缩机由空气负荷运转后，清洗油过滤器和更换试车用油，检查各运动部件的紧固情况，检查轴承接触情况，对在试运转中温度较高的轴承进行检查，发现故障及时处理。

2　根据试运转记录情况，对有异常现象的部件进行处理。

5　质量标准

5.1　主控项目

5.1.1　支撑轴承乌金瓦接触角度、接触面、径向间隙。

5.1.2　推力瓦接触面积，推力间隙。

5.1.3　基础灌浆。

5.1.4　轴端距与联轴器同心度。

5.1.5　油箱及轴承箱内部的清洁。

5.1.6　轴承温升应符合规范要求。

5.2　一般项目

5.2.1　机组水平度。

5.2.2　增速机大小齿轮的检查及安装。

5.2.3　油系统设备及油管道的安装。

6　成品保护

6.0.1　主机、辅机、材料开箱检验后，应恢复包装箱，运入仓库或厂房内妥善保管，如露天堆放，必须下垫上盖，严防受潮。

6.0.2　所有备品备件及设备的裸露表面必须涂油防腐，再用塑料布包扎，严防受潮。

6.0.3　放置在露天的设备应切实垫好，与地面保持一定的高度，堆放场地排水应畅通，并不得堆叠过高。并采用临时遮盖，以保证机器不受太阳直射和雨雪的侵蚀。

6.0.4 主机及辅机的进出口均应用盲板封住,精密部件应存放在货架上,或按要求放置在保温库内。

6.0.5 设备在安装过程中设备的精密加工面不得用扁铲、锉刀除锈,不得用火焰除油;轴颈和轴瓦严禁踩踏,施工中必须采取保护措施。

6.0.6 禁止任意在设备上打火或点焊。严禁以设备搭接地线。

6.0.7 设备安装完毕后安装人员应负责彻底检查清理。

7 注意事项

7.1 应注意的质量问题

7.1.1 在机组找平、找正工作中,让临时垫铁承受机组重量,在机组移动时不会损坏调整螺栓,机组就位准确后再让调整螺栓受力。

7.1.2 有的汽轮机在厂家已试车,不允许解体,现场为整体安装,精平时只打开前后轴承端盖进行找平工作。

7.1.3 工艺配管完毕后再进行机组二次灌浆,防止配管时造成机组水平同心度破坏无法调整。

7.1.4 管道与机组的配对法兰在自由状态下,应平行且同心,法兰之间的间距应以在自由状态下能顺利插入垫片的最小距离。

7.1.5 零部件的清洗除应符合《石油化工安装工程施工质量验收统一标准》SH/T 3538 的规定外,还应符合下列要求:

1 不得使用汽油清洗。

2 精密零件不得用蒸汽吹洗。

3 机组的转动和滑动部件在防锈油脂未清理前不得转动和滑动。

4 采用低压蒸汽吹洗的零部件,吹洗后应进行干燥处理,并应涂防锈油或润滑脂。

5 清洗干净的零部件应妥善放置,不得堆压。

7.1.6 底座、机器及零部件的吊装应符合下列要求:

1 零部件吊装索具宜采用尼龙吊带;当采用钢索具时,钢索具不得直接绑扎在加工面上,绑扎部位应垫以软质衬垫或将索具用软材料包裹。

2 吊装底座时应防止变形。

3 吊装转子时,宜使用专用工具,吊装过程应保持轴向水平。

7.2 应注意的安全问题

7.2.1 施工前全体施工人员认真接受安全、技术交底,并在交底书上签字。

7.2.2 不得擅自拆除安全设施或移做其他用途。

7.2.3 起重吊装必须确保吊点牢靠,吊件要绑扎牢固,起重指挥时,口令要清晰一致；起重作业半径内严禁任何闲杂人员进出，吊物下方严禁站人。

7.2.4 施工现场孔洞应用盖板盖好，或搭设安全栏杆，挂上安全网，严防高空落物和高空坠落事故发生。

7.2.5 设备油循环区域应挂警示牌或用警戒带围好，无关人员，严禁进入。清洗用废机油、废棉纱等施工废料不得随地乱倒，集中堆放，统一处理。

7.2.6 强制性条款一定要按要求严格执行。

7.2.7 设备试运行，成立试车领导小组，由建设单位、制造厂、监理单位、施工单位共同参加。由领导小组统一指挥，防止发生设备或人身安全事故。

7.3 应注意的绿色施工问题

7.3.1 必须采取相应措施以使施工噪声符合《建筑施工场界环境噪声排放标准》GB 12523。

7.3.2 在可供选择的施工方案中尽可能选用噪声小的施工工艺和施工机械。

7.3.3 配备相应的洒水设备，及时洒水，减少扬尘污染。

7.3.4 临时用电线路应布置合理、安全，宜选用节能灯；试验用水宜回收利用。

7.3.5 对施工期间的固体废料应分类定点堆放，分类处理，能够利用的应予回收利用。

7.3.6 现场清洗废油要回收处理，现场存放油料应防止油料泄漏。

7.3.7 现场设置带油废弃物回收垃圾箱，回收后的带油废弃物要放到指定地点，沾染了油、油脂的手套，擦拭油污的棉纱、破布等及时回收。

7.3.8 油系统油循环完成后，清理滤油器，油要用容器接住，绝不能污染地面。

7.3.9 在安装施工中，使用有毒有害物质时，如烯料、各种胶等，设置专门地点储存，要有密封防泄露措施。尽量减少挥发，严禁遗洒。

7.3.10 应避免设备安装过程中放射源的射线伤害，减少电弧光污染。

7.3.11 对重要的环境因素，如设备注油、油循环等制定专门的措施，并严格执行，减少对环境的不良影响。

8 质量记录

8.0.1 施工质量管理检查记录。

8.0.2 基础沉降观测记录。

8.0.3 施工记录、施工签证记录（隐蔽工程施工记录）。

8.0.4 设备缺陷情况记录及处理签证记录。

8.0.5 设备、设计变更签证记录。

8.0.6 检验批、分项、分部、单位/子单位工程质量验收记录。

8.0.7 工程感观质量验收记录。

8.0.8 设备试运前检查签证记录。

8.0.9 设备试运签证记录。

8.0.10 其他有关资料记录。

第9章 活塞式压缩机安装

本工艺标准适用于最终排气压力不大于 31.5MPa 的容积式的卧式活塞式压缩机组现场组装或整体安装。

1 引用文件

《风机、压缩机、泵安装工程施工及验收规范》GB 50275—2010

《机械设备安装工程施工及验收通用规范》GB 50231—2009

《石油化工对置式往复压缩机组施工及验收规范》SH/T 3544—2009

《石油化工机器设备安装工程施工及验收通用规范》SH/T 3538—2017

《化工机器安装工程施工及验收规范（通用规定）》HG/T 20203—2017

《化工机器安装工程施工及验收规范（中小型活塞式压缩机）》HG/T 20206—2017

《石油化工安装工程施工质量验收统一标准》SH/T 3508—2011

《石油化工建设工程项目施工过程技术文件规定》SH/T 3543—2017

2 术语

2.0.1 垂直度：表示要求垂直的轴线与平面或两平面之间所形成的角度与直角之差。

2.0.2 同轴度：同轴度就是定位公差，理论正确位置即为基准轴线。由于被测轴线对基准轴线的不同点可能在空间各个方向上出现，故其公差带为一以基准轴线为轴线的圆柱体，公差值为该圆柱体的直径，在公差值前总加注符号"φ"。

2.0.3 水平度：表示要求安装在同一水平面的物体，其相互间水平之差的程度，一般用水平尺、水平仪等测得各点之间的绝对差值。

2.0.4 轴对中：又称联轴器找正，指调整轴线相对于基准轴线的径向位移和轴向倾斜符合规定的要求。

2.0.5 平整度：基础表面并不会绝对平整，所不平与绝对水平之间，所差数据，就是平整度。

2.0.6 圆柱度：指任一垂直截面最大尺寸与最小尺寸差为圆柱度。

2.0.7 列：压缩机气缸中心线标志，列数即气缸中心数。

2.0.8 级：被压缩气体压缩到预定压力升压次数的标志。

3 施工准备

3.1 作业条件

3.1.1 主辅设备基础、基础浇灌完毕，模板拆除，混凝土达到设计强度的75％以上，并经验收合格。

3.1.2 机房外墙砌筑完毕，门窗齐全，房顶不漏雨水，挡风避雨措施齐全。

3.1.3 基础具有清晰准确的中心线，厂房0m层与运转层具有标高线。

3.1.4 机房内通道，楼梯，栏杆具备施工条件，各孔、洞和尚未完工和尚有敞口的部位具有可靠的防范措施。

3.1.5 机房内配有足够的消防器材，消防设施经验收合格。

3.1.6 厂房照明或临时照明通电，临时配电箱安装完毕并通电。

3.1.7 施工现场设置机具室，备好施工机具、专用工具等，并有专门堆放精密零部件的货架。

3.2 材料及机具

3.2.1 材料

煤油、机油、红丹粉、保险丝（5A）、白布、垫铁、焊条、环氧树脂浆料、515平面密封胶、Y-150厌氧胶、不锈钢皮（0.03～0.30mm）、酸洗液、不锈钢滤网（120～200目）等。

3.2.2 机械与工具

1 运输工具根据施工现场实际情况可选用汽车吊、铲车、平板车、人力推车、手拉葫芦或卷扬机、滚杠、索具、麻绳、吊装带、钢丝绳等。

2 电钻、角向磨光机、电焊机、气焊工具、刮刀、磁力表架、电动试压泵、滤油机、0.6m³ 空压机、重型套筒扳手、套筒扳手、梅花扳手、内六角扳手、线架、重锤、钢丝、耳机等。

3.2.3 主要监视测量设备（表9-1）

主要监视测量设备　　　　　　　　　　　　　　　　表9-1

序号	名称	规格	单位	数量
1	水准仪	Ⅱ级以上	台	1
2	条式水准仪	150mm，0.02mm/m	块	2
3	框式水平仪	200×200，0.02mm/m	台	2
4	百分表	0～3mm	块	3

续表

序号	名称	规格	单位	数量
5	内径千分尺	50～1000mm（依据气缸内径定）	套	1
6	外径千分尺	0～450mm（依据主轴定）	套	1
7	塞尺	100mm　300mm	把	4
8	游标卡尺	150mm	把	1
9	研磨平台	600mm×600mm	台	1
10	压力表	1.6MPa	块	2
11	力矩扳手	100～6000Nm（依据机组螺栓紧固力矩）	套	1

4 操作工艺

4.1 工艺流程

设备开箱检查清点 → 基础验收和表面修凿 → 机身安装 → 主轴安装与调整 →

气缸安装与调整 → 机身及气缸二次灌浆 → 十字头和连杆安装与调整 →

刮油器和填料函的安装 → 活塞组件的安装与调整 → 吸排气阀的清洗与安装 →

电动机的就位安装 → 机组联轴器对中及电机二次灌浆 → 油系统的安装 →

系统油循环 → 机组试运行

4.2 设备开箱清点及检查

4.2.1 设备开箱工作应由建设单位、制造厂代表、监理单位、施工单位共同按订货合同及装箱清单开列的数量、品种、规格进行清点检查，并应做好记录，经各方代表确认签字认可，如有问题由监理单位会同建设单位向制造厂交涉，并及时解决。

4.2.2 经开箱清点过的零、部件，由施工单位负责归口保管，备品、备件应交建设单位负责保管，当工程需要时，另办出库手续领用。

4.2.3 开箱后的设备应采取保护措施，对精密易变形和易丢失的零、部件应进行登记编号，并在专门的房间或工地班组仓库妥善保管。

4.2.4 对随机专用器具，应由施工单位向建设单位办理借用手续后无偿使用，当工程结束时，一次性如数归还。

4.3 基础验收

4.3.1 基础验收由监理、建设、土建、设计、安装等单位共同做好验收工作，并做好记录。

4.3.2 基础表面应标出清晰的纵、横中心线和标高线，基础沉降应按相关规范的要求进行检测，并做好记录。

4.3.3 基础贯穿地脚螺栓预留孔的下表面应平整，灌浆时不得漏浆。

4.3.4 机器基础尺寸及位置的允许偏差应符合规范及技术文件要求。

4.3.5 垫铁、地脚螺栓

1 垫铁的布置应符合下列要求：

1）负荷集中的地方。

2）底座地脚螺栓的两侧。

3）底座的四角处。

4）底座的加强筋处应适当地增设垫铁。

5）相邻两组垫铁的间距一般为 500～1000mm。

2 垫铁窝应经凿平，放置平垫铁后用不低于 0.1mm/m 的水平找平，垫铁与基础应接触均匀，其接触面积不应小于 50％且四角不准翘动。

3 垫铁每组不得超过四块且只允许有一对斜垫铁，垫铁组的高度以 50～70mm 为宜。

4 垫铁之间及垫铁与设备间应接触密实，载荷应均匀。当紧好地脚螺栓后，用 0.25～0.5kg 手锤敲打听音检查时，声音应清脆。用 0.05mm 塞尺检查时，插入深度不得超过垫铁总长（宽）的 1/3，两块垫铁错开的面积不应超过该垫铁面积的 25％。垫铁在二次灌浆前，垫铁层与层之间用电焊点焊固定，垫铁与机器底座之间不得点焊。

5 采用环氧树脂浆料粘结垫铁：

1）接触环氧灌浆料的混凝土表面，须凿除其表层浮浆并露出坚实基层，保证灌浆面清洁、干燥、无油脂。混凝土接合面外边缘磨出 25mm 厚倒角边，以增大边缘处灌浆料与基础粘合面积。

2）环氧灌浆料施工时，环境温度包括混凝土基础及空气温度。施工时环境温度控制 5～32℃，20℃最为适宜。夏季施工避免中午高温，必要时应搭建遮阳棚；冬季气温较低时，应在灌浆区域搭建暖棚，保证施工环境温度大于 5℃，施工宜选择中午。

3）安放好框模把环氧灌浆料灌浆灌入框模；单次灌浆层厚度控制在 25～35mm。用木槌将平垫铁打入砂浆里，垫板埋入砂浆的深度应超过其本身厚度的一半以上，并用水准仪和标尺使各平垫铁平面的标高符合确定的值，平垫铁平面每个方向的水平度用框式水平仪找正，偏差不超过 0.10mm/m。

6 无垫铁安装：

1）利用安装用的小型千斤顶或临时垫铁或机器上已有的安装用顶丝来找平机器，用膨胀水泥或无收缩水泥或灌浆料灌料灌浆，并随时捣实二次灌浆层，待二次灌浆层达到设计要求强度 75％以上时，取出调整用的手段用具，并复测水平度。

2）若机器底座上设有安装用顶丝时，支持顶丝用的钢板顶面水平度允许偏差为 2mm/m。相邻支撑板的顶面标高允许偏差宜为±5mm。

3）无垫铁安装的两种常见形式如图 9-1 所示。

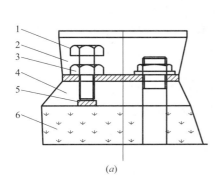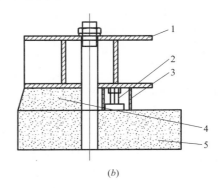

1—顶丝；2—机器底座；3—固定螺母；　　　1—机器底座；2—千斤顶（垫铁）；
4—二次灌浆层；5—支撑板；6—基础　　　　3—模板；4—二次灌浆层；5—基础

图 9-1　无垫铁安装的两种常见形式
（a）调整顶丝形式；（b）临时支撑形式

7　地脚螺栓应符合下列要求：

1）地脚螺栓在预留孔中应垂直。

2）地脚螺栓不应碰孔底，螺栓上的任一部位离孔壁的距离不得小于 15mm。

3）地脚螺栓螺帽与垫圈间，垫圈与设备底座接触应均匀。

4）地脚螺栓的预埋套管高出基础的部分应割平，以便使垫铁尽量靠近地脚螺栓，套管的上口应用盖板盖住，防止异物落入管内。

5）地脚螺栓上的油污应清理干净，但螺纹部分应涂上防锈油。

6）地脚螺栓拧紧后，螺栓应露出螺母，其露出长度宜为 2～3 个螺距。

4.4　机身的安装

4.4.1　轴承孔、中体的中心线与基础的中心线间允许偏差为 5mm，标高允许偏差为±5mm。

4.4.2　机身安装的质量将是保证压缩机组安装质量的前提。其轴向水平度在机身轴承洼窝处，以两端数值为准，中间数值供参考，其偏差不应超过 0.05/1000mm，列向水平应在中体滑道前、中、后位置上测量，列向水平度倾向，在允许偏差范围内应高向气缸端，轴向水平度倾向，对于电动机采用悬挂式或单独立轴承的，在允许偏差范围内，机身宜高向驱动端。对于电动机采用双独立轴承

85

的，在规定范围内宜高向非驱动端。对机身分布在电动机两侧的压缩机组，宜以电动机为基准进行安装找正。

4.4.3　机身在吊装时，应按照制造厂提供的吊点绑扎，机身应呈水平状态，平稳地落于基础垫板上。

4.4.4　机身在吊装和找正前应将横梁按记号装上，并同时拧紧拉杆螺栓。

4.4.5　双列两机身压缩机，主轴承孔轴线的同轴度偏差不得大于 0.03mm，并保持机身轴向水平度数值不变。多列压缩机各列轴线的平行度偏差不得大于 0.10mm/m。主轴承孔轴线的同轴度可使用拉钢丝法或激光准直仪进行测量调整。

4.4.6　调整机身的水平是利用置于机身底部的螺旋千斤顶或斜垫铁组来进行的。当机身的水平达到要求时，将地脚螺栓全部均匀地拧紧。拧紧地脚螺栓时，机身水平度及各横梁与机身配合的松紧程度不应发生变化，螺栓螺纹露出螺母的长度，应大于 1.5 个螺距。拧紧力矩数值应符合制造厂技术文件。

4.5　主轴安装与调整

4.5.1　主轴安装前应先用着色法检查轴瓦外圆衬背与瓦座、瓦盖的接触面积，其接触面当轴瓦外径小于或等于 200mm 时，不应小于衬背面积的 85%；轴瓦外径大于 200mm 时，不应小于衬背面积的 70%，不贴合的表面应呈分散分布，其中最大集中面积不应大于衬背面积的 10%，且 0.02mm 塞尺塞不进为合格。

4.5.2　主轴瓦一般为薄壁瓦，轴瓦的加工精度较高，一般情况下轴瓦合金属内圆表面不宜刮研，只有在特别需要时可作少量研刮。

4.5.3　曲轴的安装

1　将曲轴清洗洁净，用专用吊梁吊平，缓缓地落入轴承上，接触面上抹上润滑油。

2　用百分表测检曲柄的开度 ΔK，分别在 0°、90°、180°、270° 四个位置测量，其偏差不得大于 0.1/1000 活塞行程值，如图 9-2。

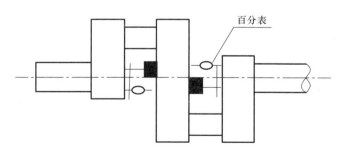

图 9-2　曲柄臂间距测量示意图

3 检查曲轴的水平度，将水平仪放置在曲轴各主轴颈上，每转 90°位置测量两次，即将水平调转 180°方向再测一次，做好记录，要求曲轴水平度偏差≤0.10mm/m，当曲轴转到上下左右四个位置时，同时检查曲柄销对主轴颈的水平度，偏差值不应大于 0.15mm/m。如图 9-3。

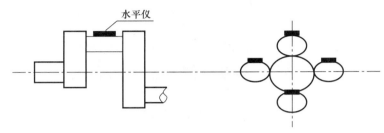

图 9-3　曲轴水平度测量示意图

4 检测主轴径与主轴瓦的接触情况，并通过用塞尺，压铅或千分尺法进行测试测量主轴承径向间隙主轴轴瓦与轴颈间的径向间隙，应符合机器技术资料的规定。无规定时，可按表 9-2 执行。

主轴轴瓦与轴颈间的径向间隙

表 9-2

瓦衬材料	铅基合金与锡基合金	铜基合金	铝基合金	锑镁铅合金
径向间隙	0.0005～0.00075D	0.00075～0.01D	0.001～0.00125D	0.0012～0.0015D

注：D—主轴或曲柄销轴直径，单位 mm，轴颈直径大的取大值，直径小的取小值。

5 对设有轴向定位的主轴承两侧，放入半圆铜环后，两侧轴向定位间隙应相等，当设备技术文件无规定时，总间隙应在 0.20～0.50mm 之间选取。

6 用拉钢丝法找正中体滑道轴线与主轴轴线的垂直度。

1）用拉钢丝法找正中体滑道轴线与主轴轴线的垂直度，钢丝直径与重锤质量的关系应符合规范规定。

2）以百分表测量主轴轴向串量，盘动曲轴至前、后位置，并用内径千分尺测量曲柄轴颈两端至钢丝线的距离，如图 9-4 所示。其数值分别为 A、B、C、D、E、F、G、H。

3）曲轴颈可在小于 180°的角度内转动，而 A 与 B、C 与 D、E 与 F、G 与 H 的差值应小于 0.02mm。但中体滑道轴线与主轴轴线的垂直度偏差，最大不得超过 0.08mm/m。

4.6　气缸的安装与调整

4.6.1 将气缸的各工作面清洗干净，并检查有无裂纹，气孔等缺陷，用内径千分尺检查测量各级气缸工作面的圆柱度，对各级气缸和气缸盖、水套应进行

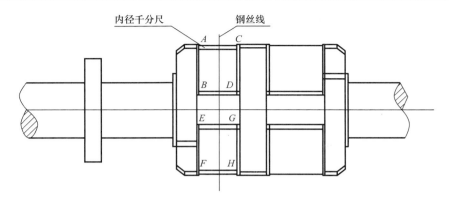

图 9-4　中体滑道轴线与主轴轴线的垂直度偏差示意图

水压试验，若制造厂已证明进行水压试验且在运输保管中未发生损坏时，可不再进行水压试验。

4.6.2　检查气缸体与中体连接止口面、气缸阀腔与阀座接触面等。

4.6.3　将气缸呈水平状态地吊起，并对准机身接筒，气缸与中体连接时，应对称均匀地拧紧连接螺栓，压缩机气缸的安装应符合表 9-3 的规定。

气缸轴线与中体十字头滑道轴线的同轴度偏差　　　　表 9-3

气缸直径（mm）	径向位移（mm）	轴向倾斜（mm/m）
＜100	≤0.05	≤0.02
＞100～300	≤0.07	≤0.02
＞300～500	≤0.10	≤0.04
＞500～1000	≤0.15	≤0.06
＞1000	≤0.20	≤0.08

4.6.4　气缸的找正

1　气缸的找正定心的工作可通过机身和气缸中心架设一根钢丝线，钢丝线通过可调整的线架，并在线架的两端配以两个相应重量的重锤将钢拉紧，然后按照机身滑道用内径千分尺结合声电法根据滑道中心给钢丝线进行定心。

2　气缸的找正还可以通过激光对中仪进行：

1）找中示意图如图 9-5 所示；

2）依据示意图支撑杆根据气缸与滑道直径的不同，可以选用不同的长度，假轴两端装有高精度的滚动轴承使之能自由旋转，支撑杆与假轴相连通过调节支撑杆，可实现假轴轴心的精调。假轴上安装了自制百分表表架，百分表打在滑道与气缸内壁上。调整时，旋转假轴，通过百分表读数判定假轴中心线与被测物

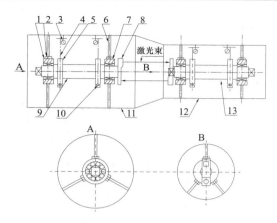

图 9-5　激光法找气缸—滑道同心度专用找正架示意图

1—高精度的滚动轴承；2、6、7—可调整支撑杆（自制）；3—百分表；

4、5、10—百分表架；8—激光对中仪；9、13—假轴；11—气缸；12—中体滑道

（气缸，滑道）中心线的实际偏差值，然后精调各支撑杆，对偏差进行修正。当旋转一周而各点的百分表读数的变化范围不超过 0.01mm 时，即认为假轴与被测物（气缸，滑道）中心线重合。此时，就可用激光对中仪的联轴器找正功能进行气缸与滑道的同心度测量与实时调整，直到达到标准。

4.6.5　气缸的轴线与中体滑道轴线的同轴度偏差应符合设备技术文件的规定，若无规定时，应按表 9-3 的规定执行，若超过规定时，应使气缸作水平或径向位移，或研刮连接止口面进行调整，不得强制用硬拉，硬顶和在止口处加偏垫的方式进行调整，纠正气缸倾斜偏差是气缸与机身接盘的接触法兰面的端面止口进行修缸如图 9-6 所示。

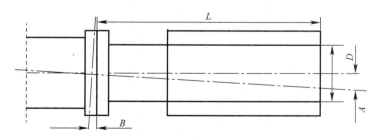

图 9-6　气缸与机身接盘法兰平面偏斜之纠正示意图

B（调整量）$\approx A$（偏差量）$\times D$（气缸内径）$/L$（气缸长度）

4.6.6　气缸水平度在气缸镜面前、中、后三点位置测量应不大于 0.05mm/m，且倾斜方向应与滑道一致（宜高向气缸端盖）。

4.7 机身及气缸的二次灌浆

4.7.1 复测机器找正，找平数值后，应在24h内进行二次灌浆；否则，应重新找正找平。

4.7.2 二次灌浆前，应将各组垫铁及小型千斤顶点焊固定，并将垫铁和小螺旋千斤顶的位置，几何尺寸，数量做好隐蔽工程记录。

4.7.3 与二次灌浆层相接触的基础表面，应清除干净、无油垢，同时进行充分湿润。

4.7.4 带锚板的地脚螺栓孔，应按设计说明书实施，如无说明按如图9-7所示，应先在锚板顶部灌入高度为100～150mm的水泥砂浆然后向孔内充砂到距基础上平面100～150mm处，再用水泥砂浆封闭。

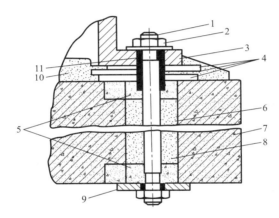

图9-7 带锚板地脚螺栓孔浇灌示意图

1—地脚螺栓；2—螺母、垫片；3—底座；4—垫铁组；5—砂浆层；
6—预留孔；7—基础；8—干沙层；9—锚板；10—二次灌浆层；11—套管

4.7.5 二次灌浆时，必须连续进行浇灌。机器底部与二次灌浆层相结合的表面，必须充满并捣实。

4.8 十字头和连杆的安装与调整

4.8.1 对于分开式和整体式十字头合金层及连杆大头瓦合金层质量应进行检查，不得有裂纹、气孔、缩松、划痕、碰伤、压伤及夹杂物等缺陷。轴瓦合金层与轴瓦衬背应粘合牢固。用着色或在轻击轴瓦衬背时，声音应清脆响亮，不得有哑声。部件出厂时一般涂抹防锈油保护，安装前应彻底清洗干净，连杆、十字头的油孔及油槽应保持畅通、清洁。

4.8.2 连杆大头瓦与曲柄轴颈的接触面积及径向间隙是靠机械加工来保证，在紧固螺栓达到拧紧力矩的条件下，其接触面积和间隙值应符合规定。一般情况下，不应刮研，如局部接触不良时，允许微量修研。

4.8.3　连杆小头轴瓦与十字头销轴应均匀接触，其接触面积应达 70％以上，且其径向间隙应符合设备技术资料的规定，连杆小头轴瓦之端面与十字头销孔内侧凸台平面的轴向间隙，应符合设备技术资料的规定。

4.8.4　十字头放入滑道后，用角尺及塞尺测量十字头在滑道前、后两端与上、下滑道的垂直度，如图 9-8 所示；十字头与上、下滑道在全行程的各个位置上的间隙，均应符合机器技术资料的规定。用着色法检查滑板分别与滑道的接触面，应均匀接触达 50％以上。需刮研时，应经常用塞尺测量滑板与滑道的间隙，避免刮偏。

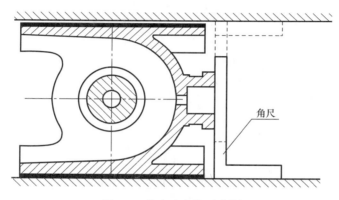

图 9-8　十字头安装示意图

4.8.5　十字头两个可拆卸的滑履下有调整垫片，由于机身两侧十字头受侧向力的反作用力，为保证十字头与活塞杆运行时的同心，一般制造厂组装时，已将受力相反的十字头与滑履间垫片数量进行调整，安装时不应随意调整和增减垫片。

4.8.6　用内径千分尺检查十字头体的滑道内的中心位置，应符合产品技术文件的规定。

4.8.7　十字头与活塞杆连接时，活塞杆应能自由地进入十字头端孔，当用余隙调整垫片连接时，调整垫片应分别与十字头凸缘内孔底面及活塞杆后端面接触均匀，当用螺纹连接时，十字头凸缘端面应与锁紧螺母的接触面相配研，并达到均匀接触，当用楔键时，应保证键的上、下面与键槽配合面紧密配合，用塞尺检查键两侧的间隙值应相等。

4.9　刮油器和填料函的安装

4.9.1　刮油器和填料函在其安装前应进行拆卸，清洗和检查等工作在拆卸时，应逐件在非工作面上作出配合标志，全部组成件应清洗干净，并检查环两端面、内孔表面及切口面不应有划伤、划痕等缺陷。

4.9.2 检查刮油器和填料函的密封元件与活塞杆的径向间隙，应符合机器技术资料的规定。少油或无油润滑压缩机中的非金属填料、密封环的组装，应符合机器技术文件的规定。

4.9.3 填料函组装时，应吹净油孔，定位销孔，油孔和定位销孔应分别对准，环的开口应相互错开，环的两端面、内孔表面及切口面不应有刮伤、划痕等缺陷，有金属箍套的开口平面非金属密封环，其金属箍套外圆表面压紧弹簧的长度应相等，弹力应均匀。

4.9.4 填料函组装后，应保证油孔，漏气回收孔，进气口及冷却水孔，组装后冷却水路用水压进行压力试验。

4.9.5 刮油环安装时，刀口应朝向机身方向，方向不得装反，轴向间隙应符合要求，刮油器的刀刃不得倒圆。

4.10 活塞组件的安装与调整

4.10.1 活塞组合件安装前应进行清洗，外观检查，包括：活塞外圆表面及活塞环槽的端面不得有缩松、锐边、凹痕和毛刺，有合金层支承的活塞，其合金不得有裂纹、孔眼、脱壳和夹渣等缺陷，活塞杆不得有裂纹、划痕、碰伤等缺陷。

4.10.2 活塞环在自由状态下的开口间隙：将活塞环放置气缸内用塞尺测量活塞环在工作状态下的开口间隙，应符合设备技术资料的规定，如开口间隙过小时，应适当地锉销活塞环的接口处，以达到规定的间隙值。

4.10.3 当用透光法检查时，活塞环与气缸体的工作表面应贴合紧密，其整个圆周漏光不应多于两处，每处漏光的弧长对应的中心角不应超过 $45°$，距开口端不应小于 $30°$，活塞环与槽端面间隙应符合技术文件要求。

4.10.4 活塞环在安装时应保证活塞环在环槽内能自由转动，压紧活塞环时，环应能全部沉入槽内，相应的活塞环开口位置应互相错开，并应避开气缸阀腔孔部位。

4.10.5 安装活塞时，同组活塞环各自开口位置应互相错开，所有开口位置应避开气缸阀腔孔部位，非金属活塞环或金属-非金属双层组合活塞环的安装，应符合机器技术资料的规定。

4.10.6 活塞杆在装入气缸前，应在活塞杆尾部套入保护套，以避免安装时碰伤填料密封环。各气缸气阀应暂不安装，便于协助观察活塞安装过程中活塞的装入情况。

4.10.7 浇有巴氏合金层的活塞与气缸镜面应均匀接触，其接触面积应大于

60％，活塞与气缸镜面的径向间隙，应符合设备技术资料的规定。

4.10.8　活塞杆与十字头连接后，测量活塞杆水平方向和垂直方向的冷态跳动，应符合设备技术文件的要求，用塞尺复测滑板与滑道的间隙应不变，气缸余隙应按设备技术文件规定的值进行调整。

4.11　吸、排气阀的清洗与安装

4.11.1　吸、排气阀在安装前应清洗阀座和阀片，检查阀座密封表面无擦伤、锈蚀等缺陷。

4.11.2　同一气阀的弹簧在弹簧孔中初始高度应相等，弹簧应自由无卡住和斜歪现象。

4.11.3　带有压叉的气阀，应保证压叉活动灵活，无卡滞现象，并能使阀片全部压下。

4.11.4　气阀连接螺栓安装时应拧紧，严禁松动。

4.11.5　组装完成的气阀组件应用煤油做严密性试验，环状阀在 5min 内允许有不连续滴状渗漏。允许渗漏滴数见表 9-4，环状阀进行试验允许渗漏滴数。网状允许在 5min 内连续滴状渗漏，但不得形成线状流淌式渗漏。

渗漏滴数　　　　　　　　　　　　　　　　表 9-4

气阀阀片圈数	1	2	3	4
渗漏滴数/5min	≤10	≤28	≤40	≤64

4.11.6　气阀装入气缸时应注意，吸排气阀在气缸中的正确位置，不得装反，顶丝和锁紧装置均应顶紧和销牢。

4.12　电动机的安装

4.12.1　电动机应在设备到达现场前考虑其吊装、进场方向及就位方案，必要时做专项施工方案。

4.12.2　电动机底座水平度，其偏差应小于 0.10mm/m；电动机与机身相应中心位置偏差，应小于 0.50mm。

4.12.3　同步电动机检查轴承座与相连接的部件之间，必须设有绝缘垫片、衬套，轴承座与底座之间的绝缘电阻应符合技术文件的规定。

4.12.4　按制造厂要求电动机一般不做解体检查。

4.12.5　电动机有磁力中心要求时，则应使定子与转子的磁力中心线相互对准。反之，应以转子串量的 1/2 机械中心位置为准。

4.12.6　油管路全部连接好后，同步电动机必须复测轴承座对地绝缘电阻应符合技术文件的规定。

4.13 机组的联轴器对中

4.13.1 联轴器的外观检查，应无毛刺，裂纹等缺陷，用百分表检查径向与端面跳动偏差值，应符合技术文件的规定。

4.13.2 轴对中可采用"三表法"进行，即：一块径向，二块轴向表测量偏差，表架应结构紧固，刚度大，安装牢固无晃动，测量出的数值应符合技术文件的规定，无规定时，刚性联轴器，径向不应大于 0.03mm，轴向倾斜不应大于 0.05mm/m。两轴端面的间隙应符合设备技术资料的规定。当采用非刚性联轴器时，其对中偏差应按《机械设备安装工程施工及验收通用规范》GB 50231—2009 标准执行。

4.13.3 通过激光对中仪时钟法进行对中：

1 固定测量单元，S 测量单元固定在基准端（压缩机）设备上，M 测量单元固定在调整端（电机）设备上，从调整端看基准端左边为 9 点钟位置，右边为 3 点钟位置，竖直方向是 12 点钟位置。

2 按下电源开关键开机，在测量程序菜单选择测量程序。

3 在 12 点钟位置调整测量单元发射的激光，是两个探测器发射的激光都能打到对面探测器的靶心位置。

4 按提示输入测量时需要输入的各种距离值，按确认键确认。

5 按水平仪指示转动两轴到 9 点钟位置，打开目标靶，记录第一个测量值，确认无误按确认键确认，以此记录 12 点、3 点钟位置测量值，按确认键显示测量结果。

6 仪器显示调整设备的水平方向和垂直方向的位移偏差、张口及调整值。如图 9-9 所示．根据显示数值调整或在线调整。

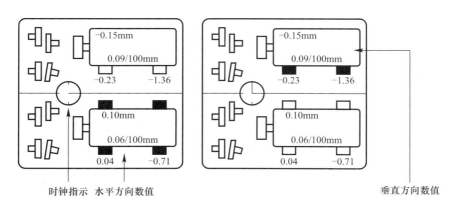

图 9-9　激光对中仪测量值显示

7　在测量过程中，要保证 9-12-3 点钟 3 个位置激光都照射在接收靶心区域内，激光不可在测量过程中调整。各位置是否到位，要根据探测器上的水平仪判断。

4.13.4　联轴器对中完毕后即对电动机进行二次灌浆，灌浆工作应符合本工艺标准第 4.7 节的有关规定。

4.14　油系统安装

4.14.1　气缸和填料函油系统的安装

1　单向阀及注油器和接头应清洗干净，油管内应用压缩空气吹净。

2　管路与注油器连接后，必须用油进行强度试验，其试验压力应为机器末级出口压力的 1.5 倍。

4.14.2　循环油系统的安装

1　曲轴箱及循环油系统的过滤器、冷却器、阀门及油箱应清洗干净。

2　管道敷设应整齐、美观。管道焊接时，应采用氩弧焊打底，DN50 以下管路宜采用全氩弧焊接。

3　水平安装的回油管路倾向油箱的坡度不应小于 25‰，管道安装后，应先试压，再用机械或化学方法除去管内的锈蚀，中和、水冲洗后用压缩空气吹干。

4　油管清洁封闭后，不得再在上面钻孔、气割或焊接；否则，必须重新清理、检查和封闭。

4.15　系统油循环

4.15.1　气缸和填料函注油系统的冲洗试运

1　注油器清洗干净后，应注入符合设备技术资料规定的压缩机油。

2　拆开气缸及填料函各供油点油管接头，用手柄盘动注油器，并检查下列各项：

1）注油器应转动灵活。

2）从滴油检视罩检查各注油点滴油应正常。

3）检查各供油管接头处出口油量及油的清洁程度。

3　注油器试运转 2h，检查其音响、温升、震动等应正常。并对各供油点进行供油量的调节试验。接上各供油管接头，启动注油器，检查接头的严密性。同时，应进行压缩机盘车，且不得少于 5min。

4.15.2　润滑油系统的冲洗试运

1　准备工作

1）压缩机组应全部安装完毕，经检查合格，安装记录填写完毕。

2）油系统设备及管道全部装好，清理干净并严密封闭，系统经压力试验检查无渗漏。

3）各油泵已送电并具备试运条件。

4）油箱清理完毕并具备注油条件，油箱加热装置已可投运。

5）轴瓦和机身滑道供油管接头拆开，临时用短管接至机身曲轴箱。

6）备有足量符合制造厂要求的并经化验符合国家标准的压缩机油。

7）机组操作现场应整洁，无易燃物，工作区域周围无明火作业，并备有相应的消防器材。

2 循环油系统的冲洗试运

1）使用滤油机向油箱注入系统的润滑油，应符合机器技术资料的规定，并经化验质量应符合国家标准的规定。

2）当环境温度低于 5℃时，应将润滑油加温至 30～35℃。

3）抽出过滤器芯，依次换上 80～120 目/英寸的金属过滤网进行冲洗，应及时切换，清洗滤网。

4）启动油泵开始进行油路冲洗直至油质化验合格。

5）轴瓦和机身滑道供油管复位后，应重新启动油泵继续冲洗，并检查各供油点，调整供油量，调试油系统联锁装置，动作应准确可靠。

6）油路冲洗至油质化验合格或检查油过滤器的工作状况，经 12h 运行后，过滤器前后压差增值不得超过 0.02MPa，停止油冲洗。

7）油系统冲洗试运行合格后，排放油箱中全部润滑油，清洗油箱、油泵、滤网和过滤器，注入合格的润滑油准备进行机组试运行。

4.16 机组的试运行

4.16.1 压缩机的无负荷试运转

1 试运转的条件和准备工作：

1）电动机单独进行试运转 2h，其转向、电压、电流、温度等应符合电动机技术资料的规定。

2）卸下各级气缸吸、排气阀及入口管道，在卸下的吸、排气阀腔口上，装上 10 目/英寸的金属过滤网，并予以固定。

3）启动注油器，检查注油点供油量是否正常。

4）盘车复测各级活塞杆跳动及气缸的余隙数值符合设备技术文件要求。

5）复查电动机、压缩机各连接件及锁紧装置是否紧固，盘车复测十字头在滑道前、中、后位置处，滑板与滑道的间隙数值。

6）启动盘车器，检查各运动部件有无异常现象。停车时活塞应避开前、后死点位置，停车后手柄应转至开车位置。

7）水系统管道逐级冲洗干净后与设备连接，冷却水压力达到操作指标，系统无泄漏，回水清洁、畅通，气缸及填料函内部不得有水渗入。

8）启动循环油泵，油压应按机器技术资料的规定进行调整或将循环油压调至 0.2MPa 以上，检查机器各供油点油量。启动注油器，检查机器各注油点油量。

2 瞬间启动电动机，检查转向是否正确，机器各运动部件有无异常现象。

3 再次启动电动机检查机器各部音响、温度及振动等。若发现异常现象，应及时处理。若运转正常，即可进入无负荷试运转，排气量小于或等于 40m³/min 的压缩机，应连续运转 4h；排气量大于 40m³/min 的压缩机，应连续运转 8h。

4 无负荷试运转时，应符合下列技术指标并检查下述项目：

1）运转中应无异常音响，压缩机运行时振动速度符合设备技术文件规定。

2）润滑油系统工作正常。

3）滑动轴承温度不应超过 60℃；滚动轴承温度不应超过 70℃。

4）各级冷却水排水温度应符合设备技术文件的规定，无规定时，各级冷却水排水温度不应高于 45℃。

5）金属填料函压盖处的温度不应超过 60℃。

6）中体滑道外壁温度不应超过 60℃。

7）电动机温升、电流不应超过铭牌规定。

8）电气、仪表设备应正常工作。

5 无负荷试运转后，应按正常步骤停机：

1）按电气操作规程停止电动机。

2）主轴停止运转后，应立即进行盘车后停止注油器供油。

3）停止盘车 5min 后，停止循环油泵供油。

4）关闭上水阀门，排净机组和管道内的积水。

6 无负荷试运转时，每隔 30min 应做一次试运转记录。

4.16.2 压缩机的空气负荷试运转

1 压缩机空气负荷试运转前应先进行压缩机附属设备和管道系统的空气吹扫工作：

1）压缩机一级入口管道人工清除干净后，其他各级管道应进行逐级吹除，吹除时进气管与设备应分开进行，与设备连接的排气管可同时进行。

2）严禁将上一级吹除的脏物吹进下一级气缸、阀门内。吹除时仪表、安全阀、止回阀调节等必须拆除，吹除合格后应依次复位。

3）吹除压力由 0.15MPa 逐级递增，但各级的吹除压力不得超过操作压力，并且最高吹除压力不得超过 3MPa，各级吹除时间不应少于 30min。

4）空气吹扫时，在排气口用白布或涂有白漆的靶板检查，5min 内其上无铁锈、尘土、水分及其他脏物即为合格。随后检查各级吸、排气阀门腔和气缸内部，应无脏物，并将拆除的仪表和阀门复位。

2 用空气作介质试运转时，各级排气压力应符合设备随机技术资料的规定。安全阀应预先按有关规定整定。

3 开启水系统全部阀门，检查系统水压和回水量。

4 启动循环油泵及注油器，检查各处油量。循环油系统压力应达 0.2MPa 以上。

5 开启气体管道全部阀门。

6 启动盘车器检查机器的运转情况。停止盘车时活塞应不在前、后死点位置。盘车器手辆应置于开车位置。

7 启动压缩机空运转 20min 后，通过控制各级放空阀门及各级卸载阀门分 3～5 次逐步加压至规定压力。

8 每次加负荷时应缓慢升压，压力稳定后应连续运转 1h 后再升压。

9 负荷试运转时，应符合下列技术指标并检查下述项目：

1）机器运动部分有无撞击声、杂音或异常振动现象。

2）滑动轴承温度宜为 60℃，其最高温度不得超过 65℃；滚动轴承温度宜为 70℃，其最高温度不得超过 75℃。

3）金属填料函压盖处温度不得超过 60℃。

4）中体滑道外壁温度不得超过 60℃。

5）各运动部件的供油量符合要求。

6）各级气缸吸入及排出气体压力与温度符合设备技术文件要求。

7）各级填料函及管道系统的密封良好。

8）各级气缸、冷却器的回水温度符合技术文件要求。

9）各级缓冲器及油水分离器排油、水情况正常。

10）电气、仪表设备应正常工作，自动控制装置应灵敏、可靠。

11）压缩机运转时的振动值应符合设备技术文件要求。

10 压缩机运转时检查附属设备及工艺管道的振动程度，如振动过大，应予加固或增设管架。

11 当各级出口压力达到规定数值后，即进入负荷试运转，排气量小于或等于 40m³/min 的压缩机，应连续运转 12h，排气量大于 40m³/min 的压缩机，应连续运转 24h。

12 负荷试运转时，每隔 30min 应做一次试运转记录。

13 压缩机试运转结束后，应从末级开始依次缓慢地开启卸载阀门及排油、水阀门，逐渐降低各级排出压力。卸载后停止电动机的运转，同时启动盘车器盘车。

14 主轴停止运转后，应立即进行盘车。当停止盘车时，应停止注油器供油。停止盘车 5min 后，应停止循环油泵供油。

15　压缩机停车后关闭供水总阀门，排净机器、设备及管道中的存水。

16　负荷试运转停机后，应抽检主轴瓦、连杆大、小头轴瓦的磨合程度及吸气、排气阀门及气缸镜面有无机械损伤。

17　检查消缺后压缩机应再进行 4～8h 负荷运转。停机后应清洗油系统，更换新油。

5　质量标准

5.1　主控项目

5.1.1　基础交接、复查，复测基础的外形尺寸、预留洞、预埋螺栓是否符合图纸要求，允许偏差是否符合规范和技术文件的要求。

5.1.2　机身安装，主轴及气缸中心线与基础线重合，水平度，主轴瓦窝的同轴度。

5.1.3　主轴轴承各部装配间隙应符合图纸和规范要求，曲柄中心与滑动中心垂直无误。

5.1.4　气缸中心与滑道中心偏差应符合规范和技术文件要求。

5.1.5　灌浆前检查机组安装标高、中心线、水平度、地脚螺栓垂直度、垫铁层数、厚度符合要求（隐蔽工程记录）。

5.1.6　检查活塞环与环槽间隙，活塞环与气缸空隙，活塞环开口间隙，活塞前后死点间隙等符合设备技术文件要求。

5.1.7　活塞杆水平及左右跳动值应符合技术文件要求。

5.1.8　循环油管路内清扫、油箱清理、油泵试运达到正常要求，循环油的清洁度符合要求。注油器油路油量调节。油系统整定值符合技术文件要求，连锁正常，各供油点的油流量的分配满足要求。

5.1.9　机组的空负荷运转的声音、振动、轴承温度、油温、油压、冷却水温度、压力、机组段间管道、辅助设备的清洁度符合要求，机组带负荷后的运转声音、振动、轴承温度、油温、油压、冷却水温度、压力，自控连锁正常。

5.2　一般项目

5.2.1　压缩机机身就位初找正。

5.2.2　气缸阀门检查阀片及阀座表面光洁度，组装后灵敏性及泄漏检查。

5.2.3　盘车装置的安装，连锁正常。

6　成品保护

6.0.1　设备开箱由施工单位验收后，如暂不安装，应存放在仓库或厂房，并应保持干燥、通风，注意防潮，避免腐蚀。

6.0.2 设备和器材应分区分类存放，存放区域应有明显的区界和消防通道，并具备可靠的消防设施和有效的照明。

6.0.3 放置在露天的设备应切实垫好，与地面保持一定的高度，堆放场地排水应畅通，并不得堆叠过高。并采用临时遮盖，以保证机器不受太阳直射和雨雪的侵蚀。

6.0.4 机器及附机的进出口均应用盲板封住，精密部件应存放在货架上，或按要求放置在保温库内。

6.0.5 特大件和超重起吊均应制订专门技术措施，经有关部门批准后进行。

6.0.6 设备在安装过程中设备的精密加工面不得用扁铲、锉刀除锈，不得用火焰除油；轴颈和轴瓦严禁踩踏，施工中必须采取保护措施。

6.0.7 拆卸和组装设备部套应根据制造厂图纸进行，首先要弄清结构情况和相互连接关系，做好对应标记，并应使用合适的专用工器具。当零件拆装受阻时应找出原因，禁止盲目敲打。

6.0.8 拆下的零部件应分别放置在专用的零件箱内或货架上，对于精密零部件应精心包装保护，不得堆压，要由专人妥善保管。

6.0.9 禁止任意在设备上打火或点焊，严禁以设备搭接地线。

6.0.10 设备安装完毕后安装人员应负责彻底检查清理。

7 注意事项

7.1 应注意的质量问题

7.1.1 图纸进行专业会审，检查图纸中的错误、现场不符的情况以及专业交叉中有问题的地方，审查施工方案中的施工方法是否符合现场实际，是否具有可行性；技术参数是否符合图纸和规范的要求。

7.1.2 在机组安装中，应注意垫铁的安装。首先，每组垫铁数目不超过3块，特殊情况也不得超过5块，而且垫铁总厚度不宜过高；其次，垫铁之间应充分接触，接触面积≥80%为宜。垫铁之间应焊牢。可用手锤敲打垫铁，可用听声法检查垫铁接触是否紧密、无松动。

7.1.3 无垫铁安装设备自重及地脚螺栓的预紧力均由二次灌浆来承担，因此二次灌浆的强度要求较高，达到设计强度要求方可使用。

7.1.4 各部位的螺母、螺栓要注意拧紧，设计图纸和文件有规定拧紧力矩的，按规定力矩拧紧；有随机工具的，用随机工具拧紧。拧紧螺栓务必用力均匀，对角均匀地拧紧。

7.1.5 电机联轴器与压缩机联轴器对中间隙应达到规定值。否则，会引起机组振动增大、轴承磨损加快，甚至会引起传动轴的变形等设备损坏问题。

7.1.6 安装过程中，要认真调试对中间隙，即要保证机件相互间的正常间隙，例如轴瓦与轴的间隙，十字头与滑道的间隙，活塞与气缸的间隙，活塞环与活塞体槽的间隙，活塞环的热胀间隙，填料密封环在填料盒内的轴向间隙等等。这些间隙的确定一般应以制造厂的设计图纸和文件为准，以达到规定的安装要求。

7.2 应注意的安全问题

7.2.1 施工中必须按施工方案要求，实行分部、分项工程安全技术交底制度，并做到交接人签字，无安全技术交底一律不得施工。

7.2.2 起重吊装必须确保吊点牢靠，吊件要绑扎牢固，起重指挥必须由有起重经验的人员担任，指挥时，口令要清晰一致；起重作业半径内严禁任何闲杂人员进出，吊物下方严禁站人。

7.2.3 施工中需搭设的脚手架应经安全员和施工员检查，确定牢固，确保安全方可使用。

7.2.4 施工现场贵重仪器、设备、设施及易燃、易爆地方或附近动火，要采取有效的保护措施。

7.2.5 施工现场易燃、易爆、有腐蚀性和有毒材料、物品要妥善保管，分别存放，并设有明显标志。

7.2.6 现场施工机械，必须经检查合格，方可使用，专人管理并操作，操作人员持证上岗。

7.2.7 设备油循环区域应挂警示牌或用警戒带围好，无关人员，严禁进入。

7.2.8 强制性条款一定要按要求严格执行。

7.2.9 设备试运行，成立试车领导小组，由施工单位、建设单位、监理单位共同参加。由领导小组统一指挥，防止发生设备或人身安全事故。

7.3 应注意的绿色施工问题

7.3.1 必须采取相应措施，以使施工噪声符合《建筑施工场界环境噪声排放标准》GB 12523。

7.3.2 在可供选择的施工方案中尽可能选用噪声小的施工工艺和施工机械。

7.3.3 配备相应的洒水设备，及时洒水，减少扬尘污染。

7.3.4 临时用电线路应布置合理、安全，宜选用节能灯；试验用水宜回收利用。

7.3.5 对施工期间的固体废弃物应分类定点堆放，分类处理。

7.3.6 施工期间产生的废钢材、木材，塑料等固体废料，应予回收利用。

7.3.7 现场清洗废油要回收处理，现场存放油料应防止油料泄漏。

7.3.8 油系统油循环完成后清理滤油器，油要用容器接住，决不能污染地面。

7.3.9 现场设置带油废弃物回收垃圾箱，回收后的带油废弃物要放到指定地点，沾染了油、油脂的手套、擦拭油污的棉纱、破布等及时回收。

7.3.10 在安装施工中，使用有毒有害物质时，如稀料、各种胶等，设置专门地点储存，要有密封防泄露措施。尽量减少挥发，严禁遗洒。

7.3.11 应避免设备安装过程中放射源的射线伤害，减少电弧光污染。

7.3.12 对重要的环境因素，如机械修理、设备注油等制定专门的措施，并严格执行，减少对环境的不良影响。

8 质量记录

8.0.1 图纸会审记录。

8.0.2 技术交底记录。

8.0.3 安全交底记录。

8.0.4 工作联系单。

8.0.5 设计变更一览表。

8.0.6 隐蔽工程记录。

8.0.7 设备开箱记录。

8.0.8 块体式设备基础允许偏差项目复测记录。

8.0.9 基础沉降观测记录。

8.0.10 卧式设备安装记录。

8.0.11 机器安装记录。

8.0.12 机器拆解及组装记录。

8.0.13 联轴器对中记录。

8.0.14 换热设备强度和严密性试验记录。

8.0.15 机器单机试车记录（一）。

8.0.16 机器单机试车记录（二）往复式压缩机。

8.0.17 活塞式压缩机组安装分项工程质量检验评定表。

8.0.18 电动机安装分项工程质量检验评定表。

8.0.19 分部工程质量评定表。

8.0.20 单位工程质量保证资料核查表。

8.0.21 单位工程质量综合评定表。

8.0.22 其他有关资料记录。

第10章 小型汽轮发电机组的安装

本工艺标准适用于25MW以下小型汽轮发电机组的安装。大于25MW以上的机组也可作为参考。

1 引用文件

《电力建设施工技术规范 第3部分：汽轮发电机组》DL 5190.3—2012

《电力建设施工质量验收及评价规程 第3部分：汽轮发电机组》DL/T 5210.3—2009

《火力发电建设工程启动试运及验收规程》DL/T 5437—2009

《电力建设安全工作规程 第1部分：火力发电》DL 5009.1—2014

2 术语

2.0.1 椭圆度：圆柱形轴或者孔在某一横剖面的不圆度，其数值为该横剖面最大直径与最小直径之差。

2.0.2 不柱度：圆柱形轴或孔通过轴中心线的轴向剖面上下平行线的偏差。其数值为该轴或孔在轴向剖面上最大与最小直径之差。要求为正圆柱体的部件，不柱度表示偏离正圆柱要求的程度。

2.0.3 锥度：圆锥、圆台形状回转面与基准面的倾斜程度。对于圆锥形状其数值为圆锥基准面直径与圆锥高度的比值，对于圆台形状其数值为上下直径之差与圆台高度的比值。

2.0.4 倾斜度/（坡度）：直线或平面与基准线或基准面相交的倾斜程度。其数值为给定的基准面或线长度内该面或线与基准面或线的最小距离与给定长度的比值。

2.0.5 平面度：实际表面偏离标准平面的程度。其数值用实际平面距离标准平面最远点的距离值表示。

2.0.6 不平行度：两个相互平行的线或面间的不平行的程度。其数值为该二要素间最大与最小垂直距离之差。

2.0.7 不垂直度：两条轴线、轴线与平面或两平面之间所形成的角度与标准直角之差。以单位长度内标准垂直线或面与所测线或面的最小距离 Δ 表示，单

位 Δ/m。

2.0.8 径向晃度：径向晃度表示测量断面所在的轴表面到轴中心线距离的偏离程度。用百分表垂直指向被测断面的轴中心线，转子轴颈在支持面上盘动，被测表面上各点读数的最大与最小值之差，为径向晃度。

2.0.9 端面瓢偏：端面瓢偏表示该端面与轴中心线不垂直的程度。在被测端面接近直径的周边部位，相对 $180°$ 位置各安放一个垂直于端面的百分表，盘动转子，两表同时指示的最大差值减去最小差值的 1/2 即为端面瓢偏值。

3 施工准备

3.1 作业条件

3.1.1 图纸会审完毕、施工方案审批完毕；厂房内通道，楼梯，栏杆具备施工条件，各孔、洞和尚未完工和尚有敞口的部位具有可靠的防范措施；基础浇灌完毕，模板拆除，混凝土达到设计强度的 70% 以上，并经验收合格。

3.1.2 厂房外墙砌筑完毕，门窗齐全，房顶不漏雨水，挡风避雨措施齐全。

3.1.3 厂房内的起重机安装完毕，经验收合格具备使用条件。

3.1.4 施工技术人员和施工负责人必须熟悉其施工范围的施工图纸、制造厂图纸及有关技术文件，并应熟悉设备的机理和构造。

3.1.5 对土建工程配合的要求：

1 由于安装工艺的需要必须密切配合土建施工工序进行时，应提前与建筑施工单位排好配合进度，并提出必要的技术要求。

2 对于预留孔洞、预埋铁件汽轮机发电机基座以及主要附属设备基础与安装有关的标高、中心线、地脚螺栓孔位置等重要支模尺寸，土建施工前，应会审土建图与安装图，取得一致。对主要设备，还应尽可能事先将施工图、制造厂图纸与设备实际尺寸核对好。

3 对于起吊重型设备需要的起吊设施的基础、生根以及为超负荷起吊而对建筑结构进行的加固方案，应在土建施工前与设计和建筑施工单位研究确定。

4 对于需预埋地脚螺栓、锚固板及阀座结构件的主机基础，应配合土建单位预制定位用的金属框架，确保各项几何尺寸的误差和累计误差在允许范围之内；框架安装及支模在浇灌混凝土过程中应反复测量，确保位置正确及在浇灌混凝土时不会产生位移。

3.2 材料及机具

3.2.1 各种消耗材料、洗油（煤油）及润滑油脂、磨料（磨片）、焊接材料、棉纱、白布、各种型号的不锈钢垫片（各种型号规格的铜垫片）、密封脂，根据具体情况选择各种规格厚度的平垫铁等。

3.2.2　机械及工具（表10-1）

主要施工机具、工具　　　　　　　　　　　　　　　表 10-1

序号	名称	规格型号	单位	数量	备注
1	行车		台	1	电站自备
2	空压机	$6m^3/min$	台	1	
3	倒链	1t、5t、10t	台	各2	
4	钻床		台	1	
5	平面刮刀		把	6	刮垫铁
6	曲面刮刀		把	6	刮瓦
7	研磨平台	600mm×600mm	台	1	
8	滤油机		台	1	油循环用
9	千斤顶		台	4	找正用
10	角向砂轮机	$\phi100$ 或 $\phi125$	台	2	
11	画线规		个	2	
12	切割机		台	1	
13	油石		块	4	
14	钳工、起重工、管工常用工具	根据施工情况具体情况而定			

3.2.3　监视检测设备（表10-2）

监视检测设备　　　　　　　　　　　　　　　表 10-2

序号	名称	规格型号	单位	数量	备注
1	水准仪		台	1	标高、找正
2	钢卷尺	3m（3个）、20m（1个）	把	1	几何尺寸
3	钢直尺		把	5	组装部件
4	直尺	1m	把	2	测间距
5	标准平板	630×400	台	1~2	研磨垫铁
6	条式水平	200mm、500mm	台	2	研磨垫铁、基础
7	框式水平	200×200	台	1~2	找水平
8	大平尺	2.5m	台	1	找水平
9	合像水平仪	0.01/1000	台	1~2	找水平
10	压力表	0~1MPa	块	2	水压试验用
11	压力表	0~2.5MPa	块	2	水压试验用
12	游标卡尺	50mm、100mm、150mm	把	1	装配机件
13	深度游标卡尺	0~150mm	把	2	装配机件
14	内径百分表	根据机组的具体情况定	套	1	
15	外径千分尺	根据施工的具体情况而定	套	1	

续表

序号	名称	规格型号	单位	数量	备注
16	百分表	0～5mm	块	4～8	找同心、检查转子
17	块规		套	1	
18	塞尺	0.03～1mm（32片）	把	5	测间隙

4 操作工艺

4.1 施工工艺流程

汽轮机本体安装 → 发电机安装 → 靠背轮找同心 → 二次灌浆 →

轴承箱扣盖和盘车装置安装 → 调节保安系统及油系统的安装 →

汽轮机本体范围内疏水管道安装

4.2 汽轮机本体安装

4.2.1 汽轮机安装的主要工序：开箱检查、基础检查验收划线及处理和垫铁刮研、台板和轴承座的检查和刮研、滑销系统检查、轴承座安装、汽缸检查和组合及安装、轴承的安装、转子的检查和安装、隔板的安装、汽封间隙检查和调整、推力轴承安装、通流部分间隙的检查和调整、靠背轮找同心、汽轮机扣大盖、二次灌浆、轴承扣盖和盘车装置的安装、调节与保安系统及油系统的安装。

4.2.2 开箱点件：安装前应根据制造厂提供的设备清单进行开箱点件，以装箱单的零部件名称、数量、规格进行认真清点，对精密零部件要妥善保管，小件入库保管以免丢失，损坏件进行修理或更换，备品备件交甲方保管，对合金钢零部件作光谱分析或硬度检查，并做好开箱检查记录与保管工作。

4.2.3 基础检查、画线、处理及垫铁刮研

1 基础检查：检查基础表面有无露筋、蜂窝、孔洞等缺陷，根据设备基础图纸及土建施工单位提供的基础中心线，检查基础的纵横中心线、标高、孔洞、预埋件等误差是否符合规范要求。用水准仪测量并记录基础实测情况，为以后基础沉降观测作好准备，按规范要求作好基础沉降观测记录（原则上设计院应参与）。

沉降观测应使用精度为二级的仪器进行。各次观测数据应记录在专用的记录簿上，对沉陷观测点应妥善保护。

当基础不均匀沉降致使汽轮机找平、找正和找中心工作隔日测量有明显变化时，不得进行设备的安装。除加强沉降观测外，并应研究处理。

2 画线：根据设备基础图和车间平面布置图，用墨线画出纵横中心线。

3 基础的处理及垫铁的刮研：根据制造厂提供的垫铁布置图核对各台板的实际尺寸和形状，垫铁位置允许做少量的位移，尽量使垫铁布置在机座立筋和四角处，应尽量靠近地脚螺栓。垫铁位置确定以后，对安放垫铁的基础表面进行凿平（或磨平），接触面积及纵、横水平度应符合规范要求，根据研好的垫铁基础面确定每组平垫铁的厚度，分别进行加工配制，并做好标记，每组垫铁之间的接触面积及间隙应达到规范要求，否则应进行刮研。垫铁与基础边距应大于10mm，每组垫铁的总高度约为80mm。垫铁正式安装完毕后，应按实际情况作出垫铁布置记录图。

4.2.4　台板、轴承座的检查及刮研

1　台板的检查及刮研：台板在安装前应检查滑动面的光滑及平整情况，核对台板地脚螺栓孔与基础预留孔是否对中，台板与垫铁接触面及台板与汽缸和轴承座的接触面积及间隙应达到图纸和规范要求，否则应进行刮研，直至达到图纸或规范要求。

2　轴承座的检查及刮研：轴承座组合前应对其进行检查将轴承座内部夹砂、夹渣清理干净，检查轴承座中分面是否与几何中分面重合；轴承座的油室及油路应清洁、畅通，内表面不得采用溶于汽轮机油的油漆，耐油油漆应无起皮。对结合面进行刮研，轴承座油室做24h灌油试验。在做轴承座油室渗油试验时，连同轴瓦和推力轴承一同做24h渗油（不做渗油时也可用着色检查），看是否有脱胎现象。

4.2.5　滑销系统检查

汽轮机滑销系统由纵销、横销、立销组成。安装时首先将滑销和销槽清理干净，然后分别用内、外径千分尺测量销子及销槽的宽度尺寸，测量时至少取两端及中间三点，三点测得的尺寸差值均不得超过0.03mm，间隙应符合制造厂图纸要求。滑销与销槽配合后，宜再用塞尺复查无疑义。猫爪横销的承力面和滑动面用涂色法检查，应接触良好。试装时用0.05mm塞尺自两端检查，除局部不规则缺陷外应无间隙。

4.2.6　轴承座安装

轴承座是与台板组合安装的，先将轴承座与下部台板组合好，并在滑动承力面上均匀地涂上一层鳞状黑铅粉。轴承座就位前先将垫铁高度初步调整好，轴承座的纵横中心线应与基础的纵横中心线重合，轴承座的中分面标高、水平度偏差均应符合规范要求（一般横向水平误差不应超过0.20mm/m，纵向水平以转子根据洼窝找中心后的轴颈扬度为准）。轴承座与台板的连接螺栓之间的间隙应符合图纸要求并能满足热膨胀的要求。汽机运行时，在产生最大热膨胀量的情况下，汽缸、轴承座各滑动面不得伸出台板边缘并应有裕量。

4.2.7 汽缸的检查、组合及安装

1 汽缸的检查

1）检查汽缸表面有无裂纹和气孔、各孔洞是否畅通，检查喷嘴有无缺陷，清扫汽室上的导汽管，检查滑销系统。

2）合上上、下汽缸，用塞尺在内、外两侧进行检查，应符合要求，否则应进行刮研。

3）汽缸水平结合面的紧固螺栓与螺栓孔之间。四周应有不小于 0.50mm 的间隙。汽缸联系螺栓与其螺栓孔的直径应能满足汽缸自由膨胀的需要。

4）当螺母在螺栓上试紧到安装位置时，螺栓丝扣应在螺母外露出 2～3 扣。罩形螺母冷紧到安装位置时，应确认其在紧固到位后，罩顶内与螺栓顶部有 2 个以上螺距的间隙。

2 汽缸的组合

1）先将下半汽缸各段组合好，组合时应注意各段汽缸的水平接合面应彼此齐平，若前后段汽缸有止口，则组合后应检查汽缸左右方向中心是否一致，其偏差应符合要求。

2）将下半汽缸支撑牢固并且找平后，开始在下汽缸上组合上汽缸。

3）合上上下汽缸对中分面进行检查，间隙不符合要求时应刮研。

3 汽缸的安装

1）将前台板、左右台板、后台板、前轴承座（后轴承座）下汽缸就位（根据具体情况而定）。

2）汽缸和轴承座横向水平的测量位置应在前后轴封洼窝或轴瓦洼窝处，用合象水平仪测量，必要时用平尺和垫尺配合测量，而且横向水平偏差应符合要求（一般横向水平允许误差为 0.20mm/m）。当汽缸水平与汽缸负荷分配矛盾时，应以保证负荷分配为主。纵向水平应在转子安装扬度调整好后，以汽缸两端轴封洼窝中心为准，对转子找中心决定汽缸的纵向水平。但在转子尚未吊装到汽缸之前，可随轴承坐标高的调整，对汽缸的纵向水平作初步调整，测量和调整汽缸纵向水平时，应考虑轴封洼窝的实际中分面与几何中分面的误差对汽缸扬度的影响。

3）汽缸负荷分配采用的方式，应按制造厂规定，制造厂无规定时应根据汽轮机的结构形式按照规范要求的方法来检查调整汽缸负荷分配情况。

4）汽缸安装结束后，必须保持各轴承座与台板、汽缸与台板、台板与垫铁各承力面间的严密接触，汽缸与台板间的联接螺栓四周应留有足够的膨胀间隙，各滑销不应有歪扭和卡涩现象。

5）地脚螺栓下端的垫板应安放平正，与基础接触应密实，螺母应点焊或锁

紧；地脚螺栓应在汽缸调好水平、标高、转子调好中心后作正式紧固，同时用 0.05mm 塞尺检查台板与轴承座、台板与汽缸间的滑动面、台板与垫铁以及各层垫铁之间的接触面均应接触密实。紧固时，不得使汽缸的负荷分配和中心位置发生变化。

6）应保护好汽缸和轴承座各滑动面接缝和滑动面油槽，防止尘土或杂物进入。

4.2.8　轴承的安装

1　轴承安装前应对轴瓦进行清洗和检查，检查轴瓦是否有裂纹、砂眼、重皮、剥落和脱胎等缺陷。轴瓦的进油孔应清洁通畅，并应与轴承座上的供油孔对正。进油孔带有节流孔板时，节流孔直径应符合图纸要求，并作记录。孔板的厚度不得妨碍垫块与洼窝的紧密接触。

2　将轴瓦放在轴承座上，用塞尺检查垫块与轴承洼窝的接触情况，看是否符合要求，否则应进行对研。

3　检查楔形油隙和油囊应符合制造厂图纸要求。

4　轴瓦球面与球面座的结合面应光滑，其接触面在每平方厘米上有接触点的面积应占整个球面的 75％以上且均匀分布，接口处用 0.03mm 塞尺检查应无间隙。球面与球面座接触不良时，应由制造厂处理。组合后的球面瓦和球面座的水平结合面不应错口。

5　轴承预检查工作完毕后，将轴瓦放入轴承座内并将转子吊入，盘动转子，检查轴与轴瓦的接触情况，看轴瓦与轴颈的接触角度、接触面积、轴瓦间隙是否符合图纸或规范要求。当接触不良或轴瓦间隙不符合图纸要求时应由制造厂处理。

4.2.9　转子的安装

1　转子开箱后，先将转子表面的防锈油用煤油清洗干净，认真检查轴颈和叶片有无碰伤、腐蚀、叶片是否松动，轴颈、推力盘、联轴节表面光洁度是否符合制造厂及规范的要求，轴颈、推力盘、联轴节、主油泵装配精度是否合格，危急遮断器有无卡涩现象。用外径千分尺初步测量并计算轴颈的不柱度（锥度）和椭圆度。椭圆度也可用百分表进行检查。轴颈椭圆度、不柱度应小于 0.02mm；测量轴的弯曲度并作记录，其数据、相位应与制造厂总装记录相符，六级以上的套装叶轮转子中部的最大弯曲度差值应小于 0.06mm；推力盘端面瓢偏应小于 0.02mm，晃动应小于 0.03mm，不合格时应由制造厂处理；刚性联轴器端面瓢偏应小于 0.02mm，半刚性及接长轴上的联轴器端面瓢偏应小于 0.03mm。联轴器外圆径向跳动的高、低点的数值和方位应分别作出记录，联轴器端面止口外圆或内圆的径向晃度应小于 0.02mm，而且两转子联轴器止口配合应符合制造厂要求。

2 汽缸初步找平找正后,将预检修过的轴瓦安装妥当,使用专用吊索将转子吊入汽缸内,起吊应由专人指挥,并在两端轴颈处测量好水平,保持转子中心线经常处于水平状态。然后,将转子落放在轴瓦上,盘动转子检查是否有卡涩、摩擦现象。

3 转子就位后,测量转子晃度、瓢偏度及大轴弯曲度,所测数据应符合规范或技术文件要求。

4 转子扬度配置是和转子按轴封洼窝找中心同时进行的,轴承座及汽缸的安装水平度应适合于转子的扬度。

5 汽缸初步找平找正后,再进行转子按轴封洼窝找中心,然后随同汽缸一起将转子扬度调整至符合要求,并注明测量位置。

6 转子按轴封洼窝找中心,可用百分表或采用特制套箍和塞尺测取轴与轴封洼窝下方和两侧间隙。在条件许可的情况下,最好采用百分表测量。

7 转子在轴瓦洼窝和油挡洼窝处的中心位置,应满足在扣好汽缸上盖后仍能顺利取出轴瓦及油挡的要求。

4.2.10 隔板的安装

1 喷嘴组组装前应将喷嘴室清扫干净,检查喷嘴片有无缺陷,正式安装前应试装。

2 喷嘴组正式安装应在扣大盖前进行,安装时应用黑铅粉及二硫化钼干擦喷嘴及槽道,然后用电焊点牢,一定要注意所用焊接材料的材质要符合要求。

3 隔板和隔板套正式安装前应做好清理和预组装工作,检查静叶片有无裂纹、碰伤、卷边、松动等缺陷。检查隔板中分面接触是否严密,否则应刮削。

4 隔板装入汽缸后,应检查隔板的轴向间隙、径向间隙,挂耳膨胀间隙应符合图纸或规范要求。

5 上下隔板接合面处的密封键,定位圆销与其对应槽孔不应松动,上下隔板应无错口,而且端面与轴线应垂直。

6 以下隔板为准,用内径千分尺(也可用塞尺块规)、压铅块(也可压肥皂块)和转子直接找同心。

4.2.11 汽封间隙检查和调整

1 先将汽封从汽封槽中拆出,如无标记时,应用钢印做好标记。检查汽封齿有无缺陷,并清扫汽封环、槽,按钢印标记装复。

2 把下半轴封、各级隔板汽封块全部装入,再将转子装入汽缸,然后用塞尺在转子左右两侧逐片测量汽封间隙,测量时用力应均匀一致;对于汽封下部和顶部的径向间隙用压胶布法检查;也可根据具体情况,在汽封齿上直接贴上适当层数的胶布，然后根据具体情况对不合格应修理调整，用同样的方法修理上汽封。其原则是：将中部隔板汽封的底部间隙适当放大，轴端汽封的上部间隙也适当放大。当转子顺时针旋转时（面对汽轮机头），左侧间隙应较大，反之则相反。总之是轴封间隙取允许值的下限，隔板间隙取允许值的上限。

3　汽封轴向间隙主要指端部轴封和平衡活塞环汽封的轴向间隙，其测量一般与调整通流部分的间隙同时进行，测量时应将转子位置按制造厂的规定确定好（一般是把转子推到推力工作面贴紧后）。当间隙不符合要求时，可调整轴向调整环；如没有调整环时，可直接对端面一侧进行修刮。

4　平衡活塞环汽封、端部的汽封轴向间隙用塞尺或楔形塞尺测量，径向间隙用塞尺测量，全实缸状态贴胶布检查。

4.2.12　推力轴承安装

1　推力轴承安装的主要要求是推力瓦块的乌金与推力盘的接触均匀，推力轴承球面座装配紧密及推力轴承间隙正确。推力瓦块研磨时应将上下推力轴承都安装好后进行研磨。

2　用百分表测量推力盘的瓢偏度应符合规范或技术文件要求，在推力盘的平面上搁上平尺，并以塞尺检验推力盘平面是否有凹痕或凸肚；推力轴承底部支持弹簧应无卡涩，弹簧的支持力，应和支撑的重量相接近，转子放进后应使其水平结合面原纵向扬度保持不变。

3　使各推力瓦块乌金均与推力盘均匀接触，否则应修刮瓦块乌金，其接触面积应占承力面积的 3/4 以上，并接触均匀。

4　测量推力瓦间隙时，应装好上下两半推力瓦、定位环和上下两半瓦套等全部部件。沿轴向往复顶动汽轮机转子。

5　推力瓦间隙不符合要求时应调整。

4.2.13　通流部分间隙的检查和调整

1　0°和 90°分别测量转子通流，轴向间隙用塞尺（塞尺加块规）或楔形塞尺测量，径向间隙用塞尺测量，全实缸状态贴胶布检查。

2　通流部分间隙的测量，应在隔板找好中心后进行，把转子推到推力工作面的位置，然后分别用塞尺及胶布测量通流部分的轴向、径向间隙。

3　轴向间隙大部分不符合要求，方向一致时，可调整推力轴承的一侧固定环，个别叶轮间隙过大或过小时，可采用移动隔板的办法。

4　叶片顶部径向间隙不符合要求时，可以把汽封片车去一些。

5　汽封块圆周膨胀间隙应符合制造厂要求。

4.2.14　汽轮机扣大盖

汽轮机扣大盖是本体安装的重要工序，这一工序完成的好坏，直接影响整个工程的质量和机组安全经济运行。扣大盖前要对以前的工序作最后一次检查，以保证扣大盖后，没有任何部件存在缺陷以及没有任何杂物留在汽缸里。

1　扣大盖工作要求

扣大盖前需将已安装在缸内的所有零部件取出，检查清扫干净，再按顺序回装且符合要求，记录齐全，甲（原则上要求厂家也应参与）乙双方检查人员、监理人员签字认可；现场清理干净，行车进行检查试验，对参加人员进行专门交底提出特殊要求，并有明确分工；由开始装到结束应连续进行，甲乙双方人员（原则上要求厂家也应参与）、监理人员始终在场监督，结束后办理签证手续。

2　扣大盖

装上导杆（导杆涂上机油），吊起上缸（保持水平）沿导杆慢慢下降，不应有卡涩现象，当距下缸中分面约 20mm 时放入定位销，当吊索不受力时把定位销轻轻装到位，盘动转子，无异常再紧 1/3 的螺栓，再盘动转子无异常，到此说明试扣成功。松去螺栓，取出定位销，吊起上缸 200mm 以上，用方木在四角垫好后，在下缸中分面上均匀涂抹 0.5mm 左右厚涂料，取出方木落下上缸，放松吊索，穿入所有中分面螺栓，从中分面间隙最大的部位（一般在汽缸中部）对称往四周依次逐个拧紧螺栓，边紧螺栓边盘动转子，直到所有螺栓紧固完，无异常为合格。如需热紧应按要求进行热紧螺栓，加热部位必须严格控制在螺丝的光杆段，切不可在螺丝扣段加热。

4.3　发电机安装

发电机安装与汽轮机是一个整体，故发电机安装与汽轮机安装应穿插进行。安装前，应对发电机的定子、转子进行外观检查，并配合电气人员做好安装前的检查与试验。

4.3.1　发电机安装的主要工序：基础验收、安放垫铁、台板和轴承座就位及找正、空气冷却系统安装、定子就位初步找正、穿转子、靠背轮找同心、调整发电机空气间隙及磁力中心、励磁机安装、靠背轮最后找正及连接、二次灌浆、空冷系统管道安装。

4.3.2　发电机基础的检查、画线及处理：因发电机基础与汽轮机基础连在一起，所以在汽轮机本体安装时一并检查、画线和处理，垫铁布置按图纸进行，处理方法同汽轮机一样。

4.3.3　台板、轴承座及轴承的安装

1　台板、轴承座及轴承的检查、刮研同汽轮机一样。

2　台板及轴承座就位后，应初步找平、找正，标高允许偏差为设计值标高的 $-5\sim-1$mm（最好根据厂家所带垫片厚度来确定）。发电机后轴承座就位时，应按要求将绝缘板垫好，安装后一律用 1kV 绝缘电阻表测量，其绝缘电阻应符

合要求，一般应≥0.5MΩ。

3　前后轴承的定位，分别以前后轴承油挡洼窝为准，用转子直接找中心，通过调整瓦枕支撑块垫片，使转子中心达到与轴承和轴承座同心的目的。轴瓦顶间隙、侧间隙、油封、油挡间隙及轴瓦紧力调整到符合要求。

4　发电机后轴承座安装完毕后，应检查绝缘状况，检查时将上瓦取下，用吊轴工具吊起励磁机侧转子，测量轴承与基础台板间的绝缘电阻，其大小应符合制造厂要求。

4.3.4　发电机定子的安装

1　运输定子时所经过的道路一定要夯实，确保定子运输的安全。

2　定子就位前，先检查风道，消除缺陷，然后把空气接管先放入冷风道，定子就位吊起一定高度，连接好风管后定子就位。

3　吊定子时，应特别注意钢丝绳的选择及捆扎，定子吊装所用索具等必须经过严格计算，吊装前先将定子吊离地面50mm，认真检查，确认无误后方可正式吊装。

4　定子就位后，应初步找平、找正。找正时，左右、前后移动，可用千斤顶，上下移动可调整薄垫片来实现。

4.3.5　穿装发电机转子

1　检查和测量转子轴颈处的锥度和椭圆度，看是否符合图纸和规范要求。

2　将发电机后轴承座和转子装配在一起，转子的另一端（前端）接长轴。

3　钢丝绳在转子上应有两个绑扎点，两点之间的距离一般不小于500～700mm。绑扎时，钢丝绳应在转子上缠绕一圈并锁紧，防止滑动。

4　将发电机转子用自制的木排或铝板绑扎好，用穿胶管的钢丝绳吊装，以防吊装时损伤转子，并在发电机定子铁芯处铺一层橡胶之类的软性材料。

5　将绳索绑扎在转子适当位置上，起吊转子，对准定子中心，使转子平稳地进入定子内。当接长轴露出定子时，将接长轴落在准备好道木墩上，移动钢丝绳绑扎点，继续使转子向定子内引申，直至穿到合适的位置为止。

6　穿转子时的注意事项

1）起吊转子时，钢丝绳不得绑扎在轴颈、风挡、油挡以及大小护环等处，并注意钢丝绳切勿与风扇、集电环等碰撞。同时，应认真检查钢丝绳及吊索具是否有损伤，确认安全时并进行试吊方可进行正式吊装。

2）穿转子前应认真检查并确认前轴承洼窝都与定子同心，转子联轴器所要通过的全部洼窝内径均应大于联轴器外径，以保证能顺利通过就位。

3）轴流式风扇叶片顶部直径大于护环直径的转子（不过一般小机组不存在这种情况，但要注意这种情况的出现），在穿入定子前，最好先将叶片拆掉，防止碰伤。叶片应做好标记，按原位装回。

4）钢丝绳绑扎不得损伤转子表面，应用软性材料缠裹钢丝绳，并在转子表面垫以硬木板条或铝板，在起吊和用转子本体支撑本身重量时，应使大齿在垂直方向。

5）转子穿入定子过程中要始终保持水平，穿入时要保持平稳。当移动钢丝绳绑扎点时，必须在转子支撑好后进行，不可将转子直接压在定子上。

6）定子内部应清扫干净，凡进入定子膛内的操作人员必须穿软底鞋和无扣衣服。

7）发电机穿转子完毕后，应立即打开后轴瓦上半，将轴瓦内临时固定用的垫片取出。

8）端盖轴承式发电机的穿转子工作，从开始起吊直至装好端盖将转子就位必须连续完成，不得终止工作。

7 发电机空气间隙和磁力中心的测量和调整

发电机空气间隙和磁力中心的测量和调整，是在汽轮发电机组靠背轮找同心后进行，如果转子的轴线与定子的中心线不重合，会使转子在运转时产生振动。此外，发电机空气间隙的不均匀还会引起轴电流，严重时会使定子线圈局部过热。为此，发电机安装时，应调整好空气间隙和磁力中心线。

1）发电机空气间隙的测量：将转子按上下左右每隔 90°的位置上做好标记，同时定子相应位置也做好标记，按运行时的旋转方向盘动转子。每当转至 90°标记时停下，使用专用或自制的测量工具，测量发电机前后两端上下左右定子与转子间的间隙。这样，转子盘动一周后，每一侧间隙可得四个数值，取其平均值，如此测得上下左右侧间隙值应均匀相等，其允许偏差应在其规范或技术文件要求范围内；否则，应通过移动定子的左右位置和薄垫片来调整。

2）发电机磁力中心偏移值的测量：根据汽轮机转子在靠背轮处的伸长量与发电机转子在正常运行时的伸长量，在安装时确定定子中心向励磁机侧偏移的量。

8 发电机端盖的安装：端盖安装时，应测量风挡间隙。若间隙不符合要求，应修锉端盖螺孔或端盖风挡进行调整。

4.3.6 励磁机的安装（有的机组不存在励磁机，而是用可控硅柜代替励磁机）

1 轴颈间隙应符合厂家要求，厂家无要求时轴颈直径小于 100mm 的轴瓦顶部间隙，一般为轴直径的 2/1000，单侧间隙为 1/1000，但均不得小于 0.10mm，塞尺插入深度为 15~20mm。

2 套装励磁机定子，当励磁机轴颈有凸缘轴肩时，电机侧轴肩与轴瓦的轴向间隙应大于轴系膨胀的最大伸长量。调整空气间隙与磁力中心线合格后，紧固螺栓定子定位。

4.3.7　空气冷却器的安装：安装前应进行清理、检查，而后进行水压试验，合格后，将空气冷却器就位，并按中心线及水平线进行校正，为防止漏风，四周封闭严密，风道内冷风道与热风道之间也应严密，防止冷热风走短路，影响冷却效果。

4.4　靠背轮找同心

汽轮发电机组靠背轮找同心，是在汽轮机本体安装后进行，先初步对靠背轮找同心，待发电机定子初步找正和发电机转子穿完之后进行正式找同心。在靠背轮找同心的同时，调整发电机，使各部安装数值符合设计要求。靠背轮找同心是一项极为重要的工作，也是安装质量好坏的关键，中心正确与否，直接关系到机组是否能够正常投入运行，靠背轮找同心是以汽轮机转子为基础，调整发电机转子，使发电机轴中心线与汽轮机轴中心线成为一根连续的曲线。

4.4.1　靠背轮找同心时采用三表法，将两靠背轮用特制的活动轴销连好，按转子转动方向盘动转子，分别与 0°、90°、270°时记录百分表的读数，再转到 360°位置，各表指针应恢复原位，否则应重新测量。根据百分表的读数，调整轴瓦洼窝内的调整垫片，变更垫片厚度，使轴瓦中心移动，达到同心。

4.4.2　对于在现场进行铰孔时铰孔或镗孔前，联轴器中心必须检查合格，二次浇灌的混凝土强度达到 70% 以上。铰孔或镗孔前应将联轴器进行临时连接，临时连接前后应测量其外圆晃度，每个测点相对变化值应不大于 0.02mm。首先，在接近直径方位铰好两个孔，穿上正式配好的两条联轴器螺栓；然后，才能盘动转子，依次镗铰其他螺孔。紧联轴器螺栓必须按联轴器直径方向对称进行。在镗铰孔的全过程中，两条正式螺栓不得抽出。

4.4.3　使用桥规测量、记录轴颈高度时，各轴承桥规与轴颈的间隙，以 0.50mm 左右为宜；桥规放置位置应在轴承座中分面上做好明显标记，桥规与轴承座的平面接触应良好；桥规的编号、方向、轴颈高度值应做好记录。

4.4.4　靠背轮找同心时，应注意以下几点：

1　百分表指针应准确、灵活，跳杆测点应光滑、平整，跳杆与被测表面应保持垂直。

2　连接两个靠背轮的销子（此销子最好用铜销子，如用铁销子应在铁销子上面最好缠绕柔性材料），应灵活、无卡涩现象。盘动转子时，应注意避免冲撞，防止因百分表振动引起误差。

3　找同心时要把止口脱出，否则可能因止口别扭造成测量误差。

4　垫块下的垫片，不得超过三层，垫片应平整无毛刺，其尺寸应布满整块垫铁，在进油孔处的垫片应注意开好进油孔。

5 汽轮机找同心时，应考虑与运行状态相适应。

6 调整发电机轴承座时，应与调整发电机转子和定子空气间隙同时进行。

7 测量端面间隙时，每次塞入间隙的塞尺不得超过四片。间隙过大时，可使用块规或精加工的垫片配合塞尺测量。

8 在联轴器找中心的同时应保持油挡洼窝和定位转子轴颈扬度等均在规定范围之内，台板应无间隙，垫铁与台板、垫铁与垫铁之间用 0.05mm 塞尺塞不进。

9 联轴器找中心时，凝汽器是否充水及其充水量应按制造厂规定。

10 当联轴器中心与转子扬度有矛盾时，应以联轴器中心为准。

4.5 二次灌浆

4.5.1 二次灌浆前，下列工序应完毕并符合要求：

1 汽缸与台板的滑销间隙、汽缸与转子轴颈的水平扬度、转子在汽封洼窝处的中心以及靠背轮中心等，全部调整完毕并符合要求。

2 发电机的磁力中心线和空气间隙调整符合要求。

3 凝汽器（或排汽装置）与汽缸连接完毕，台板、锚爪等的滑动面接触良好，检查合格后应将滑动面四周接合处用胶布贴好，以防灌浆时水及泥浆溅入。

4 在垫铁安装完毕，汽缸正式扣盖前，应在各将垫铁侧面点焊，并将地脚螺栓紧固完毕。

5 基础表面应凿毛，清除其上的油垢尘土，并用清水浸湿时间不低于 24h。

4.5.2 二次灌浆

配合土建进行二次灌浆，灌浆用混凝土配合正确，其强度应比基础的混凝土强度高一级，灌浆时振动密实，二次灌浆工作一次连续完成，不得中断。在灌浆或养护期间应特别注意发电机及励磁机不得受潮，影响绝缘。

4.6 轴承扣盖和盘车装置的安装

4.6.1 轴承扣盖

1 轴承座内部清洁、无杂物，零部件安装齐全、间隙符合要求、螺栓紧固，经汽机及热控专业共同检查，并作隐蔽签证。

2 轴承盖应严密地压住轴瓦，并有一定的紧力，检查紧力的方法用压铅丝方法检查，符合要求为止。

3 油挡在轴瓦或轴承座上应固定牢固，上下半油挡板之间的对口应严密，油挡梳齿应完整，边缘应刮尖，油挡回油孔应畅通，斜口应在外侧，油挡排油孔应排向油室。

4 用塞尺检查轴瓦和轴承座上的油挡间隙，应符合制造厂要求。

4.6.2　盘车装置的安装

1　传动齿轮的齿面应光洁、无裂纹，蜗杆、蜗轮及齿轮的啮合应接触良好，用压铅法检查齿侧和齿顶间隙，应符合要求。

2　润滑系统的油路必须畅通，喷油嘴应对准齿轮，且喷油方向正确，弹簧弹性良好。

3　盘车装置的零部件应动作灵活，用手轮转动蜗杆，应能灵活地啮合及脱开，盘车装置的外壳应无漏油现象。

4.7　调节保安系统及油系统的安装

4.7.1　调节及保安系统

1　调节及保安系统主要包括：调速器、调压器、油动机、磁力断路油门、轴向位移遮断器错油门、危急遮断器、危急遮断错油门、抽汽阀、汽轮油泵、电动油泵、自动主汽门、调节汽门等，都应进行解体清洗检查（厂家要求不解体的除外）。

2　解体检查前，必须根据图纸和说明书，了解设备结构及拆除程序后进行。

3　施工人员必须清楚测量的位置和技术要求，并能熟练使用测量工具。按照图纸仔细核对尺寸、位置，认真测量装配部套间的间隙是否正确。装配部套时，应注意孔洞相对位置的准确，滑动部分应灵活、无卡涩。

4　调速系统部件及管路拆除后应清理干净，所有油路及排气孔均应畅通，清理组装好的部件要封口，各零部件齐全，紧力合格。

4.7.2　油系统安装

1　油系统的附属设备安装

1）油箱安装前应认真检查各部开孔是否齐全、位置是否正确、油箱内部挡板及滤网是否完整和安装稳妥、各油室有无短路情况，并对油箱进行 24h 灌水试验；油箱内部应彻底清理干净，油漆无起皮或脱落现象。

2）油箱的油位计安装时须注意浮筒套管应与油箱对正，并保持垂直，浮筒应严密。

3）油箱安装应根据设计图纸进行安装。

4）注油器安装时应仔细检查扩压管尺寸，组装时应保证注油器本体内部光洁干净，注油器各段连接法兰密封应严密，还应注意注油器的进出口。

5）解体冷油器时，吊出冷油器芯子，进行检查，要求隔板平整，隔板位置装配准确，以防油流短路，且应清理干净，确保油循环顺利进行（厂家要求不解体者除外）。冷油器解体后，应进行设计压力 1.25 倍的严密性试验，保持 5min 无渗漏。

2　油管路的安装（属于管道部分）

1）油管路的安装

（1）油管不宜采用法兰接口并应尽量减少焊口，管道焊接前应经检查以确保油管内部清洁；油管路应进行预组装，组装后应横平竖直，进油管向油泵侧应有 1‰ 的坡度，回油管向油箱侧的坡度不应小于 5‰。预组装时要把所有仪表插座焊接好。

（2）油管道的法兰应采用凹凸法兰，结合面应使用质密耐油并耐热的垫料，可参见《电力建设施工技术规范　第 3 部分：汽轮发电机组》附录 C。垫片应清洁、平整、无折痕，其内径应比法兰内径大 2～3mm，外径应接近法兰结合面外缘尺寸；垫料和涂料应选用正确，各法兰面与垫片，如使用密封胶作涂料，涂抹应均薄，不使挤入管内。

（3）DN50mm 及以下油管应采用氩弧焊接，所有油管道应采用氩弧焊打底。焊缝的坡口形式、焊口间隙及焊接检验应按《火力发电厂焊接技术规程》DL/T 869—2012 和《核电厂常规岛焊接技术规程》DL/T 1118—2009 的规定进行。

（4）油系统的阀门在管道上安装时应水平或向下布置，防止运行中阀芯脱落切断油路。阀门盘根宜采用聚四氟乙烯碗形密封垫。

（5）调节油管道应无盲段或中间弓起的管段；油管道施工完毕一定要确保其严密不漏，系统启动前一定要再检查法兰螺栓是否松动。

（6）油管道对口、法兰连接，不许强力对口，法兰螺栓应对称均匀紧固。油管外壁与蒸汽管道保温层外表面应有不小于 150mm 的净距，距离不能满足时应加隔热板。运行中存有静止油的油管应有不小于 200mm 的净距，在主蒸汽管道及阀门附近的油管不宜设置法兰、活接头。

（7）大口径管道上的弯头应采用热压弯头，DN50 以下管道应采用冷弯管，不得使用灌砂热煨弯管；变径管应采用锻制式、模压式变径管，大口径变径管可采用钢板焊制；不得使用抽条工艺现场制作变径管；DN25 及以下的三通宜采用机制三通，采用配制三通时应清除焊渣、焊瘤、药皮等杂物；压力油管应使用无缝钢管；除与设备连接必需外，不宜采用活接头连接。

（8）油管内壁必须彻底清扫，不得有焊渣、锈污、纤维和水分，油管清扫封闭后，不得在上面钻孔、气割或焊接，否则应重新清理、检查并封闭。

（9）事故放油管应设两道手动阀门。事故放油门与油箱的距离应大于 5m，并应有两个以上通道。事故放油门手轮应设玻璃保护罩且有明显标识，不得上锁。

（10）阀门应为钢质明杆阀门，不得采用反向阀门且开关方向有明确标识。减压阀、溢油阀、过压阀、止回阀等特殊阀门，应按制造厂技术文件要求，检查其各部间隙、行程、尺寸并记录，阀门应做严密性检查。

（11）油箱的事故排油管应接至事故排油坑，系统注油前应安装完毕并确认畅通。

2）油管路的清理

（1）油管路的清理采用酸洗或蒸汽吹扫，酸洗清理完毕后，一定要将酸碱液冲洗干净，清洗后将各管口严密封闭。清理完毕后一定尽快充油，以防锈蚀。

（2）严禁用喷砂的清理方法进行油系统的清理。

（3）油管内壁必须彻底清扫，不得有焊渣、锈污、纤维和水分，油管清扫封闭后，不得在上面钻孔、气割或焊接，否则应重新清理、检查并封闭。

（4）除制造厂要求不得解体的设备外，油系统设备应解体复查其清洁程度，对不清洁部套应彻底清理，确保系统内部清洁。

4.8　汽轮机本体范围内疏水管道安装：

4.8.1　汽轮机本体疏水系统严禁与其他疏水系统串接。

4.8.2　疏水管、放水管、排汽管等与主管道连接时，必须选用与主管道相同等级的管座，不得将管道直接插入主管道。

4.8.3　疏水阀门应严密不漏，接入汽轮机本体疏水扩容器联箱上的接口，应按设计压力高低顺序布置，阀门布置应满足操作和管道膨胀的要求。

4.8.4　疏水联箱的底部标高，应高于凝汽器热井最高工作水位。

4.8.5　室内疏水漏斗应加盖，并远离电气设备。

5　质量标准

5.1　主控项目

执行《电力建设施工质量验收及评价规程　第 3 部分：汽轮发电机组》DL/T 5210.3—2009

5.2　一般项目

执行《电力建设施工质量验收及评价规程　第 3 部分：汽轮发电机组》DL/T5210.3—2009

6　成品保护

6.0.1　禁止在重要金属结构上任意施焊、切割，必须进行时应制定措施并经审批。

6.0.2　不得在建筑混凝土结构上使用大锤锤击、凿开保护层在内部钢筋上焊接、切割内部钢筋、任意开孔；必须进行时，应采取措施并办理审批手续。

6.0.3　设备存放时，做好保管工作，防止设备变形、变质、腐蚀，损伤和丢失。

6.0.4　对刚度较差的设备，应采取措施，防止变形。

6.0.5　存放区域应有明显的区界和消防通道，并具备可靠的消防设施和有效的照明。

6.0.6　设备开箱检查后暂不安装时应重新封闭；露天放置的箱件，应采取有效的防护措施。

6.0.7 严禁在缸体上施焊或引燃电弧。

6.0.8 安装好后的机组，如未能及时试运的机组，应定期盘动转子（汽轮发电机组的转子每隔一定的时间应转动 180°），以免转子弯曲。

6.0.9 对发电机清扫的压缩空气，应保证空气干燥清洁，过滤器应有防止干燥剂被空气带进发电机措施。吹扫风压不宜高于 0.3MPa 并应频繁摆动喷口的方向，不可对线圈一处作长时间的吹扫，以防损坏绝缘。有条件时，最好采用吸尘的方法。

6.0.10 发电机到厂后不应露天存放，并应保持周围环境干燥；发电机存放处的周围环境温度应符合产品技术文件要求；凡能通向发电机内部的所有孔洞，都应堵严盖牢，防止鼠害。同时还应做好防火、防尘进入的措施。

6.0.11 发电机设备到达现场后，保管期间内轴颈、铁芯、集电环等处不得锈蚀；并应按产品要求定期盘动转子。

6.0.12 拆卸下瓦时，抬升汽轮机转子应使用专用工具，拆卸前应预先拆除有碍起吊的管道及元件，抬升高度以满足下瓦拆卸为限，在上半汽封已装好的情况下，应用百分表监视转子抬起高度，抬高值不应大于上汽封间隙，下瓦拆卸不得在转子两端同时进行。

6.0.13 油管清扫封闭后，不得在上面钻孔、气割或焊接，否则应重新清理、检查并封闭。

6.0.14 主厂房封闭，不漏雨，防风沙。

7 注意事项

7.1 应注意的质量问题

7.1.1 应做好图纸会审工作（各工种之间的图纸会审工作更应引起注意）。安装人员还应熟悉施工规定、安装程序、方法及要求并掌握相关测量技术。

7.1.2 施工时应严格按照电力建设施工技术规范进行施工（每施工一步都要对照规范或图纸要求，看是否符合要求）。如果确实达不到图纸及规范要求，应经建设单位、制造单位、监理单位和施工单位共同书面确认签字后，方可让步处理。

7.1.3 应提前与土建做好配合，并做好各阶段的基础沉降观察记录。

7.1.4 设备在安装前，如发现有损坏或质量缺陷，应及时通知有关单位共同检查确认，并进行处理。

7.1.5 拆卸设备部套时应做好标记、使用专用工器具，并不得强行拆装；拆下的精密零部件应分别放置在专用的零件箱内，零部件不得堆压，并由专人妥善保管。

7.1.6　盘动转子应先检查转动部分和静止部分之间有无杂物阻碍转子转动。用工具盘动转子时严禁损伤转子、汽缸和轴承座的平面。

7.1.7　转子第一次向汽缸内就位时，应将汽封块全部拆除，盘动转子时必须装设临时的止推装置和防止轴瓦转动的装置。

7.1.8　螺栓等紧固件，丝扣部分应做好保护，防止碰撞、锈蚀损坏。合金钢部件应有专人保管，定点存放，不得错用。

7.1.9　滑销间隙过大时，允许在滑销整个接触面上进行补焊或离子喷镀，补焊或喷镀的金属硬度不应低于原金属，不得用敛挤的方法调整滑销间隙。

7.1.10　各部件的结合部位，都必须涂敷规定的或适当的涂料（黑铅粉），便于以后拆除。对汽缸结合面进行认真检查，不合格时应修刮或由制造厂处理。

7.1.11　加热工作应使用专用工具（或电热棒加热），使螺栓均匀受热，尽量不使螺纹部位直接受到烘烤。

7.1.12　油管道的布置应便于检修、维护、检查，尽量减少法兰。油管道焊接，一定采用氩弧焊和氩弧焊打底电焊盖面的方法进行施焊。

7.1.13　汽轮机油系统管道、法兰、锁母接头的结合面在安装中应严格工艺，认真研刮，使结合面平整，接触良好。平面接触时，接触面应大于整个平面的 75％且为圆周连续接触，又无径向贯通的凹槽。球形接头接触时，其接触面必须呈一狭窄带状，全圆周不得有断续状。应采用合格的密封胶料和密封垫料，密封垫应放正，结合面螺丝材质和数量应符合要求。螺丝紧固用力应均匀、适当。紧固件强度应足够。装配时不应强力对口，不应有别劲、歪斜，以达到不渗油、不漏油的要求。

7.1.14　设备及管道封闭前，应指定专人检查，确认内部无杂物后，按规定办理签证。

7.1.15　进入设备内部清理和检查的人员，应穿干净无纽扣和衣袋的专用工作服，鞋底无铁钉并应擦净，严防在设备内部掉进杂物。

7.1.16　无论正式或临时封闭都必须采用明显外露的方法，禁止用棉纱、破布或纸团等塞入开口部位。封闭应牢固、严密。

7.1.17　不允许在已封闭的设备或管道入口施焊、开孔或拆封，必须进行时应取得一定的批准手续对重要设备应提出保证清洁和安全的措施，由监护人监护执行并做好记录。开封作业完成后应重新检查，确认符合规范有关规定后，再行封闭。

7.1.18　油系统上的管道、阀门、设备在注油前一定要清理干净。

7.1.19　充油或放油时，临时使用的容器盛过其他油种，应彻底清理，装油和运油时应严防与其他油种混淆。注油时用滤油机或经过滤网注入，避免直接倒入，同时应采取措施防止油受到污染。

7.1.20 油箱充油后，一定要再检查事故放油阀是否漏油，避免将油漏入事故油坑内。

7.1.21 设备中的零部件和紧固件安装前应按《火力发电厂金属技术监督规程》DL/T 438 和《火力发电厂高温紧固件技术导则》DL/T 439 规定的范围和比例进行光谱、无损探伤、金相、硬度等检验，并与制造厂图纸和相关标准相符。

7.1.22 前后轴封的汽封间隙一定要满足图纸要求，同时最好按下线要求去调整；汽封管路安装时一定要将进出口搞清楚，同时在扣缸前一定要搞清楚汽封各管路内部结构是否正确，避免装反。

7.1.23 高压进汽管道（导汽管）安装时一定要清理干净，有机构的凸轮间隙一定要按图纸要求装好，以免损伤调节汽门和影响调节汽门的严密性。

7.1.24 汽轮机扣大盖前一定要对喷嘴室进行认真清理，确保喷嘴室内干净，需要点焊的固定喷嘴室的螺栓应按要求进行点焊，且焊材一定要符合要求（如果厂家有要求不让对喷嘴室进行检查应留下有关依据）。

7.1.25 汽轮机扣大盖时，现场环境一定要干净。施工人员涂抹密封胶时也不得将杂质带进结合面内，以免结合面漏汽。

7.1.26 隐蔽工程应由监理及有关单位进行见证验收，完成后应有验收记录和签证。

7.1.27 汽轮发电机组安装时的主要节点，一定要留下有关各方认可的见证验收签字记录。

7.1.28 汽轮机本体的安装程序，应严格遵照制造厂的要求，不得因设备供应、图纸交付、现场条件等原因更改安装程序。

7.1.29 冷油器、空气冷却器一定要按要求进行严密性试验。以免将来运行时发生渗漏，造成事故。

7.1.30 注油器安装一定要分清楚哪一个是去主油泵入口，哪一个是去润滑油入口，同时还应避免发生内漏。

7.1.31 冷凝器（排汽装置）采用弹簧支撑时，各个弹簧的安装高度应相同，同一弹簧各个点之间的高度也应相同。

7.1.32 设计要求抹面和粉饰的部分，尤其是发电机风室和风道，抹面应平整、光滑、牢固，无脱皮、掉粉现象，必要时应涂耐温油漆；内部的金属平台、爬梯等应做好防腐，以免损伤发电机。

7.1.33 二次灌浆一定要与土建做好配合工作，确保灌浆密实，地脚螺栓底板与基础面的接触应良好且应严密不漏。此外，滑动结合处最好用胶带封好，避免水及杂质进入结合面，影响膨胀。

7.1.34　安装前，行车的起吊重量、起吊高度、行走速度及移动极限范围等性能必须检验合格。必须经过相关方验收合格后，方可使用。

7.1.35　质量验收人员应持有与所验收专业一致的资格证书，资格证书应在有效期内。

7.1.36　各阶段试运条件检查确认表各方不填字，不得进行下一步工作。

7.2　应注意的安全问题

7.2.1　施工中必须按施工方案要求，实行分部、分项工程安全、技术交底制度，并做到交接人签字，无安全、技术交底一律不得施工；无图纸会审不得开工。

7.2.2　施工时应在汽轮机平台周围的栏杆装好，孔洞全部盖严后方可施工。

7.2.3　施工现场的设备、设施及易燃、易爆地方或附近动火，要采取有效保护措施。周围应备好可随时投入使用的灭火器材。

7.2.4　用油清洗、做渗油试验及油系统附近，一定要做好防火措施，以免发生火灾。

7.2.5　主油箱和油管路接地应良好，接地电阻应符合规范要求，以免产生静电火花，引起火灾。

7.2.6　用行车盘转子时，施工人员不得站在拉紧钢丝绳受力的两侧，以免钢丝绳断裂伤人。

7.2.7　汽轮机扣盖时必须连续进行，不得中断。

7.2.8　拆卸自动主汽门时，应用专用工具均匀地放松弹簧。

7.2.9　吊装设备时，一定要对吊具及索具进行认真检查并进行试吊，确认无误后方可正式吊装；专用吊具与索具应专用，以免发生损坏；在不使用期间，专用吊索应妥善保管，防止锈蚀和损伤。

7.2.10　起重吊装必须确保吊点牢靠，吊件要绑扎牢固，起重指挥必须由有起重经验的人员担任，指挥时，口令要清晰一致；起重作业半径内严禁任何闲杂人员进出，吊物下方严禁站人。桥式起重机等吊装机械完好，能保证安全、顺利吊装。点焊的构件、管道等严禁起吊。

7.2.11　在倒链吊起部件下检修、组装时，应将链子打结保险，并用道木或支架等垫稳。

7.2.12　运输定子时所经过的道路一定要夯实，确保定子运输的安全。

7.2.13　特大件和超重起吊均应制订专门技术措施。

7.2.14　定子吊装时，与起吊有关的建筑结构、起重机械、辅助起吊设施等强度必须经过核算，并应作性能试验，以满足起吊要求。

7.2.15 施工过程中行车吊装运行时一定要尽量避开下面转子，以免掉下物件砸坏转子；设备堆放在运转平台时，一定要注意受力点能够满足要求，避免在不是承力的平台上堆放大件，压坏平台，摔了设备。

7.2.16 蒸汽吹扫与汽轮机连接的管道，必须采取防止汽轮机大轴弯曲的措施。

7.2.17 用酸碱液清洗管子时，应穿戴防护用品，并在酸碱液槽边应设明显的标志。

7.2.18 油系统起动前，一定要再检查法兰螺栓是否松动。

7.2.19 油管道与蒸汽管道之间的距离及保温情况一定要符合规范要求。

7.2.20 油箱的事故排油管应接至事故排油坑，系统注油前应安装完毕并确认畅通和严密不漏。

7.2.21 安装时进汽管道和进汽室一定要清理干净，以免机组启动时造成事故。

7.2.22 安装本体疏水管道时应考虑防止其他系统蒸汽、冷气、水被倒吸或窜入汽缸内。

7.2.23 强制性条款一定要按要求严格执行。

7.2.24 应遵守现行安全、环境、劳动保护以及防爆、防火等规程的规定。

7.2.25 设备试运行，成立试车领导小组，由调试单位、施工单位、建设单位、监理单位、设计院、设备制造厂家共同参加。由领导小组统一指挥，防止发生设备或人身安全事故。

7.2.26 机组进入整套启动试运前，必须经过电力建设质量监督机构认可。

7.2.27 试车过程中，一定要加强巡检，以便及时发现问题，避免事故的发生。

7.3 应注意的绿色施工问题

7.3.1 必须采取相应措施以使施工噪声符合《建筑施工场界环境噪声排放标准》GB 12523。

7.3.2 在可供选择的施工方案中尽可能选用噪声小的施工工艺和施工机械。

7.3.3 配备相应的洒水设备，及时洒水，减少扬尘污染。

7.3.4 临时用电线路应布置合理、安全，宜选用节能灯；试验用水宜回收利用。

7.3.5 对施工期间的固体废弃物应分类定点堆放，分类处理。

7.3.6 施工期间产生的废钢材、木材，塑料等固体废料应予回收利用。

7.3.7 现场清洗废油要回收处理，现场存放油料应防止油料泄漏。

7.3.8　油系统油循环完成后，清理滤油器，油要用容器接住，绝不能污染地面。

7.3.9　现场设置带油废弃物回收垃圾箱，回收后的带油废弃物要放到指定地点，沾染了油、油脂的手套，擦拭油污的棉纱、破布等及时回收。

7.3.10　在安装施工中，使用有毒有害物质时，如烯料、各种胶等，设置专门地点储存，要有密封防泄露措施。尽量减少挥发，严禁遗洒。

7.3.11　应避免设备安装过程中放射源的射线伤害，减少电弧光污染。

7.3.12　对重要的环境因素，如机械修理、设备注油等制定专门的措施，并严格执行，减少对环境的不良影响。

8　质量记录

8.0.1　基础沉降观测记录。

8.0.2　施工技术记录。

8.0.3　施工签证记录（隐蔽工程施工记录）。

8.0.4　设备缺陷情况记录及处理签证记录。

8.0.5　设备、设计变更签证记录。

8.0.6　分段、分项、分部、单位质量验收记录。

8.0.7　强制性条文执行情况检查记录。

8.0.8　其他有关资料记录。

第 11 章　球磨机安装

适用于钢球磨机的安装

1　引用文件

《破碎、粉磨设备安装工程施工及验收规范》GB 50276—2010

《机械设备安装工程施工及验收通用规范》GB 50231—2009

《电力建设施工技术规范　第 2 部分：锅炉机组》DL 5190.2—2012

《电力建设施工质量验收及评价规程　第 2 部分：锅炉机组》DL/T 5210.2—2009

《电力建设安全工作规程　第 1 部分：火力发电厂》DL 5009.1—2014

2　术语

2.0.1　间距偏差：表示设备部件设计中心线之间相对尺寸安装时允许的偏差。

2.0.2　对角线差：表示设备部件外形设计方形或矩形纵横中心线交叉点之间两对角线长度之差值。

2.0.3　标高偏差：表示设备部件安装高度与设计标高之差值。

2.0.4　平行度：表示两个相互平行的线或面间的平行程度。其偏差应为该两平行线或面之间两端最小垂直距离之差。

2.0.5　垂直度：表示要求垂直的轴线与平面或两平面之间所形成的角度与直角之差。其偏差以该轴线或平面与理想垂直线的夹角来表示。

2.0.6　相对错位：表示两物件安装位置与设计中心线位置均有偏差，而偏差方向相反，相对错位为两个偏差绝对值之和。或虽偏差方向相同但偏差值不同，相对错位为两个偏差绝对值之差。

2.0.7　同心度：表示两个圆形物体安装在同一中心轴线上要求同心，其同心程度为两圆心间的距离。

2.0.8　圆度：表示大型圆形物体的周边（部分或局部）与理想圆周边之差。

2.0.9　平整度：表示安装部件的某一平面上局部凸起或同一平面上的局部凹陷的最大差值。

2.0.10　平面度：表示一平面偏离理想平面的程度。其偏差如为设定平面与实际平面之间的距离值。

2.0.11 径向跳动：用百分表垂直指向被测断面的轴心，盘动转子，被测表面上各点（一般等分八点或十六点）读数的最大与最小值之差，为径向跳动值。

2.0.12 轴向跳动：也可称"端面瓢偏"在被测端面给定直径的圆周上，相对 180°位置各安放一个垂直于端面的百分表，盘动转子，两表同时指示的最大差值减去最小差值，取其半数，即为轴向跳动值（或称瓢偏值）。

2.0.13 水平偏差：表示设备纵横水平中心线，检查四角是否安装在同一水平面上，纵、横向两点的高差即为（纵、横）水平偏差。

2.0.14 水平度：表示要求安装在同一水平面的物体，其相互间水平之差的程度，一般用水平尺、水平仪或 U 形管等测得各点之间的绝对差值。

3　施工准备

3.1　作业条件

3.1.1 土建基础画线验收完毕，经业主及监理验收合格并办理交接手续后方可施工。

3.1.2 厂家设备到货齐全，经业主（或厂家）、监理、施工各方共同验收合格。

3.1.3 施工前组织有关人员学习施工图纸，对施工班组认真作好交底，对作业人员进行安全交底，对危险点做出相应的安全措施。

3.1.4 图纸及厂家技术资料齐全，并经施工图纸会审完毕。施工方案编制完成并经有关部门审核，并按施工方案及图纸要求进行了施工前的技术交底。

3.1.5 施工现场的吊装机具、运输机具、检测工具、辅助用材料准备齐全，对所使用的机具进行维护。测量工具应在周检期内。

3.1.6 根据图纸及设备要求加工专用的平垫铁和斜垫铁。

3.2　材料及机具

3.2.1 材料：棉纱、白布、煤油、机械油、红丹粉、保险丝、耐油密封胶、石棉绳、润滑脂、石棉板、耐油胶皮等。

3.2.2 机械与工具

1　施工机械（表 11-1）

施工机械　　　　　　　　　　　　　　　　　　　　　　表 11-1

序号	名称	规格	单位	数量	备注
1	汽车吊	根据具体情况而定	台	1～2	
2	平板车	根据具体情况而定	台	1	

续表

序号	名称	规格	单位	数量	备注
3	螺旋千斤顶	根据具体情况而定	台	6	
4	空压机		台	1	
5	油枪		支	1	
6	倒链	5t	台	2～4	
7	倒链	10t	台	2～4	
8	电焊机		台	2	
9	卷扬机	8t	台	2	
10	角向磨光机	$\phi100$	台	4	
11	滤油机		台	1	

2　工具

大锤、撬棍、扳手、力矩扳手、气焊工具、三棱刮刀、磁力表架、铜棒、线坠等。

3.2.3　主要监视测量设备（表 11-2）

主要监视测量设备　　　　　　　　　　　　表 11-2

序号	名称	规格	单位	数量	备注
1	水准仪		台	1	
2	框式水平仪	200×200，0.02mm/m	块	1	
3	条式水平	150mm	块	2	
4	百分表	0～5mm	块	4	
5	外径千分尺	依据主轴定	套	1	
6	外径千分尺	0～25mm	个	1	
7	塞尺	100mm　300mm	把	4	
8	游标卡尺	300mm	把	1	
9	压力表	0～1.6MPa	块	2	
10	钢盘尺	30m	台	1	
11	红外线测温仪		台	1	

4　操作工艺

4.1　施工工序

开箱检查 → 设备清点、检查、检修 → 基础验收、划线 →

基础表面处理、垫铁配置 → 台板就位 → 主轴承安装 → 筒体就位、安装 →

大齿轮安装 → 传动装置安装（大小齿轮啮合检查、减速机、电动机安装）→

衬板安装 → 润滑油系统及冷却水系统安装 → 附件安装 → 试运转

4.2　设备开箱检查

检查箱号和箱数以及包装等情况，设备名称型号规格，有无缺件和损坏，锈蚀等情况，发现有问题及时做好记录。

4.3　设备检修

4.3.1　主轴承检修

1　检查主轴承各部件铸造情况，若有大面积型砂、气孔、蜂窝孔应及时通知监理、业主和制造厂家，进行处理或由厂家处理。

2　主轴承内壁包括上盖、油槽、注油孔和回油孔等必须彻底清理干净，不得有尘土、型砂、毛刺等，保证油路畅通。

3　主轴承水室要清理干净，保证畅通，并做水压试验，不得有渗漏现象。试验压力应符合设备技术文件规定或规范要求。试压时注意不可超压而造成设备损坏。当表压接近试验压力时可把放水管阀门打开一点，表压值达试验压力时关水压试验泵并拧紧放水阀，然后再进行检查。要求不得漏水、渗水，接头部位严密、可靠。试验完毕后，将水放净并用压缩空气吹干，防止锈蚀。

4　对主轴承乌金瓦进行认真检查并做好原始记录，尤其是原始缺陷情况。乌金瓦面应无夹渣、气孔、凹坑、碰伤、裂纹和脱胎等现象。乌金瓦表面应做着色试验进行检查（或做渗油试验），检查脱胎时，应特别注意轴瓦的四角处。可用小锤轻轻敲打轴瓦，声音应清脆无杂声，同时将手指放在乌金与瓦壳结合处无颤抖感，则无脱胎现象。若有颤抖情况，则该处有脱胎。

5　主轴承乌金瓦的刮研：

刮瓦时轴颈表面光泽度一定要符合要求。清洗轴颈和乌金瓦表面，擦净吹干。注意区分非驱动侧和驱动侧的轴承，在中空轴颈上研磨区域涂以少量红丹粉，将乌金瓦扣放于轴上，筒体不动，用倒链或木棍略微转动轴瓦，使轴瓦在轴上沿圆周方向反复研磨，然后将轴瓦吊起翻转，检查轴瓦与轴颈的配合情况，进行刮研。非驱动瓦刮研时，应考虑到热膨胀后的实际工作位置。刮瓦时注意，吊起和放下轴瓦时避免砸伤瓦面和擦伤轴颈表面。在中空轴颈上研磨瓦时，还须注意，沿筒体纵向的边缘区域平整度必须保证，避免运行时可能发生轴颈与乌金瓦面线接触。

6　主轴承刮研质量应符合下述条件：

接触角应符合设备技术文件的规定，无规定时，宜为 45°～90°；接触斑点要求在底部 30°角范围内接触斑点每 10mm×10mm 不少于 2～3 点，在底部 75°角范围内接触斑点每 10mm×10mm 不少于 1 点。接触点要硬、要清楚，不得模糊一片。不足点的地方多刮 2～3 次，以利润滑，瓦两侧（瓦口）间隙总和应符合设备技术文件的规定，无规定时宜为轴颈直径的 1.5‰～2‰，并开有舌形下油间隙；

球面瓦与轴承座的球面进行刮研，球面下部周向接触包角不小于 45°，接触面沿轴向上宽度接触斑点应均匀连续，每 30mm×30mm 不少于 2 点，配合后球面瓦与轴承座之间接触良好，转动必须灵活，两配合球面的四周应留有楔形间隙，其深度宜为 25～50mm，边缘间隙宜为 0.2～1.5mm，轴向接触宽度不应大于球面座宽度的 1/3，但不得小于 10mm。

4.3.2 大齿轮检修

清洗齿轮各齿面、法兰结合面、螺孔、销孔等处的油污，并用锉刀或刮刀将齿面和结合面修平磨光。检查齿轮表面不得有裂纹、重皮及机械损伤等缺陷，表面应光洁。

4.3.3 传动装置（齿轮装置）检修

1 拆开轴承上盖（厂家不允许拆除的除外），将轴承从轴承座中吊出，放置在枕木平台上。将轴承解体，用合适的清洗剂，清洗轴承外壳、台板、轴承端盖、油孔及销键等部位的油污。

2 检查轴承型号是否与厂家图纸相符。检查轴承内外圈及滚珠有无裂纹、重皮、沟坑、黑斑、伤痕及锈蚀等缺陷并进行处理，严重者应予以更换。用铜棒轻轻敲打内圈，检查内圈应紧固在轴上，不得有松动现象。用手旋转轴承，应转动灵活。保持架应工作正常，转动平稳，无碰击声。用塞尺或压保险丝的方法测量轴承的径向间隙（滚珠游隙），并做好记录。

4.3.4 油系统设备检查

1 油系统设备除对其进行外观检查外，还应对油箱内的冷却水管进行试压试验，试验压力应符合设备技术文件的要求或规范的要求。

2 放油孔及阀门等位置正确，完好无损。入孔、放气孔、温度插座、压力插座、油位计等必须清理干净。油位指示器动作灵活、指示正确，无漏油现象。

4.4 基础检查、画线

4.4.1 检查基础外表面不应有裂纹、蜂窝、孔洞、剥落面、露筋及混凝土离析等缺陷。按设计的基础图纸尺寸，用细钢丝、钢卷尺、线坠和水准仪检查校对基础本身外形尺寸，各地脚螺丝孔间距和垂直度，各基础表面标高等。验收后的基础各地脚螺栓孔应用临时封盖加以封闭。

4.4.2 经过验收合格的基础，首先画出球磨机基础的纵横中心线。按照安装工艺图，以球磨机的纵向中心线与土建坐标轴线的距离，在进料端与出料端轴承座基础上定出两点，以此两点，画出球磨机的纵向中心线。再以出料端基础轴承座的横向中心线与土建坐标轴线的尺寸，在纵向中心线定点，用地规划出横向中心线。实际测量的两个磨头空轴的外轴肩尺寸，应和球磨机的安装图尺寸核对，两个尺寸不一致时，应以实际尺寸为准。画出球磨机的轴承底座的纵横中心线后，以此为基准，继续画出主减速机和主电动机的纵、横向中心线，偏差应符合要求。

4.5　基础表面处理、垫铁安装

首先要用刨锤或錾子将基础表面的浮浆打掉。然后，根据各设备的基础和对应的设备外形，依次画出主轴承台板、传动装置台板、减速箱和电动机底座的垫铁的布置位置，将画出的位置用刨锤或錾子凿平，其余部分凿毛，以便保证二次灌浆的质量。配制垫铁，根据设计图纸画出基础纵横中心线及确定基础标高，厚垫铁放下面薄垫铁放上面，最薄的放中间，垫铁接触面积至少为 75%。斜垫铁需要进行机加工，以保证垫铁间能够接触严密。每组垫铁不超过 3 块，安装后的垫铁用手锤轻敲，声音清脆，受力均匀。

4.6　底座安装

球磨机主轴承底座，是安装在基础与主轴承之间的一个底座。如果球磨机已在制造厂进行过装配并试运转，则底座上已画有纵、横中心线标记，若制造厂没有进行运装配试运转，要在钢底座上进行纵、横中心线画线，画线时要认真核对图纸，钢底座的纵、横中心线与基础上的纵、横中心线相重合。就位后找正，利用线坠法，检查底座中心线是否在一条直线上，用水准仪结合基准标高点，检查钢底座的标高，用框式水平仪检查钢底座的水平度，进行底座的初找。钢底座就位经过初步找正后，即可进行一次灌浆（地脚螺栓灌浆）。一次灌浆经过养护，达到混凝土标号强度 75% 时，即可进行精找正。精找正时，先找正出料端的标高，用水准仪测量底座左、中、右三点与基准点标高差，用成对斜垫铁调到标准高度。再用框式水平仪在底板上，复查纵、横向中心线端部水平度，用成对斜垫铁调到符合要求为止。然后，核对两个底座的横向中心跨距，采用对角线法进行复核，固定出料端底座。再用经纬仪或吊线坠方法来检查底座的纵向中心线，并调整使两底座纵向中心线在同一直线上。用同样方法，由出料端底座测出进料端底座的标高差，按图纸或规范尺寸调好，用框式水平仪调水平度，边调边紧地脚螺栓，最后紧好地脚螺栓达到要求为止。

4.7　主轴承安装

清理底板的上表面和轴承底板下表面，清理完毕后把主轴承的下半部的轴承箱安放在底板上。按底板中心线调整轴承本体。以乌金瓦的底面为准，主轴承标高偏差 ±10mm，两底盘的相对标高偏差不大于 0.50mm 并应使进料端高于出料端，主轴承底盘安装水平，不应大于 0.1‰；两轴承之间的距离偏差应符合技术文件或规范要求，两轴承间距离应根据筒体实际尺寸确定，并考虑热膨胀的伸长量；两轴承底盘的纵向轴线同轴度的偏差不应大于 1mm，横向中心线的平行度偏差不应大于 0.5‰；两轴承台板应平行，对角线差不大于 2mm。台板的纵向及横向水平偏差均不大于其长度和宽度的 0.2‰；轴承本身纵向（瓦底）与横向（瓦口）应保持水平。球面座限位销与球面瓦限位孔中心应对正。球面座与台板结合面间应涂一层润滑油脂；球面结合面应涂有润滑脂。

4.8 筒体的安装

4.8.1 筒体的搬运

球磨机的安装位置一般在狭窄的地方，通常用吊车、平板车无法直接运到安装位置，所以需要制作托架，采用卷扬机等吊装机具拖用到安装位置。

1 根据具体情况制作托架便于搬运。

2 导轨铺设，将球磨机基础侧进行回填，回填高度与基础标高一致并与路面成缓坡；然后，铺设好滑道，铺设应根据实际测量决定，要求筒体可以通过导轨到达就位地点。

3 吊装就位

1）根据筒体重量，采用合适的汽车吊将筒体吊到导轨上（如果位置合适，能够直接吊到基础上直接就位，就直接就位）。

2）用卷扬机和滑轮组将其拖至球磨机基础侧。

3）用卷扬机将筒体吊起缓慢调整位置，找正后缓慢放置于乌金瓦上。

4.8.2 筒体的安装

测量轴颈水平，在轴颈圆周方向分四个测点。筒体每转 90°角测一次，取其平均值作为轴水平实测值。两端轴颈水平偏差应符合技术文件要求或不大于两个轴承中心距的 0.2‰，且进料端应高于出料端。两中空轴的上母线的相对标高差符合技术文件或规范要求。

调整轴瓦两侧（瓦口）间隙符合技术文件要求，传动机的推力总间隙应符合设备技术文件的规定，无规定时，推力间隙宜为 0.20～0.40mm；承力端轴颈的膨胀间隙应符合设备技术文件的规定；球面座与台板、球面瓦与球面座应接触良好，不应有明显的位移；端盖轴颈甩油环和轴承的间隙符合技术文件要求。若不符合要求，可顶起筒体进行调整。

测量两空心轴同心度数值，仍采用分点转动测值。主轴承端面跳动值应小于技术文件或规范要求规定的值（转动筒体时应在轴承上淋上充足的润滑油）。

4.9 大齿轮安装

安装前必须彻底清理筒体法兰、大齿轮法兰结合面，两半齿轮结合面，螺丝和销孔等的油污、毛刺、锈皮、凸痕和机械伤痕等。注意正确识别两个半齿轮上的标记，应两两对应。

安装前需将大齿轮下罩安放在安装位置上，以免大齿轮安装后安装困难。

将球磨机法兰外径与齿圈止口直径加以比较，计算出为使半个大齿轮端面位于正确的径向位置时调整螺栓在径向应该向内伸出的距离，并调整相应的调整螺栓。调整筒体位置，能使半齿轮安装时结合面处于水平状态。安装一个半齿轮时，调整螺栓使把接螺栓孔对正，拧紧几条螺栓。装好半个大齿轮将筒体旋转180°时，必须用卷扬机控制好筒体，设溜绳进行溜放，防止由于大齿轮重心偏移引起筒体游动或旋转，由于偏沉使筒体突然转向一侧而造成事故。然后提升与安装相对应的另一半齿轮。按照打印的标记，识别相应孔的哑铃型定位销，在把紧结合面之前把它插到相应的孔内，然后把紧结合面。

大齿轮安装后必须作如下检查：大齿轮与筒体法兰应贴合紧密，间隙应符合技术文件规定或规范要求（一般不应大于 0.15mm）；两半大齿轮本身连接法兰局部最大间隙不得大于 0.1mm。

测量大齿轮的晃动度：应符合技术文件的要求，技术文件无要求时应符合规范要求［齿圈的径向跳动小于等于节圆直径（m）×0.25mm；轴向跳动小于等于节圆直径（m）×0.35mm］。方法如下：

将大齿轮沿圆周方向分成八等分，每一等分点即为测量点。装设四块百分表，分别固定在大齿轮径向位置上两块，轴向位置上一块，中空轴轴向位置上一块。筒体每转动 45°角，测得一套数据。取其中一点作为基准点，其他点与其差值即为相对于基准点的幌度。

大齿轮幌度不符合要求时，调节调整螺栓或在大齿轮与筒体之间加垫片，来对齿轮幌度应进行调整（调整调整螺栓时要将把接螺栓松开，保证齿轮在不受外力的情况下进行）。注意：

1　在紧固最后一个结合面连接螺栓之前，重要一点要把调整螺栓松开，以避免当支撑面相互接触时在齿轮的结构上产生不正常的力。

2　当把半个大齿轮定位时，应当对角地拧紧螺栓，把两个半齿轮连接成一个整体。当所有检查都在公差范围之内时，先从两个连接点中间开始交错紧固螺栓。

3　当用液压工具紧固螺栓时，必须松开所有的调整螺栓，按规定的紧固力紧固螺栓。所有螺栓预紧结束后，将所有调整螺栓拧至法兰上并微加紧力。

4.10　传动装置的安装

4.10.1　大小齿轮装置安装

用清洗剂清洗大小齿轮齿面。

齿轮装置安装主要是调整好大小齿轴向中心线的平行度和最佳中心距，先使大小齿轮对齿咬合，两基圆相切，齿宽对齐，在此条件下作定位找正工作，传动轴中心一定要与筒体中心平行，按齿侧、齿顶间隙确定小齿轮纵向、横向位置。

两轴线不平行度应符合技术文件的要求。

根据轴承的水平面和布置的轴线，安装传动轴轴承底板。使两小齿轮轴承底板开档误差应符合技术文件要求，与球磨机轴承横、纵中心线距离误差应符合技术文件要求。

彻底清理底板，除掉毛刺，清理小齿轮和它的轴承。在底板上安装带有轴承的小齿轮（在每个轴承座下面插入总厚度至少为 1.25mm 垫片），根据基准轴线调整传动轴。

检查自由侧轴承和固定侧轴承的径向间隙，及驱动侧轴承的驱动间隙和非驱动侧轴承的膨胀间隙。膨胀间隙与驱动间隙数值应与检修时数值相对应（必须要确保非驱动侧轴承外侧与轴承座和轴承端盖接触面距离符合技术文件要求）。

调整齿侧间隙：转动小齿轮，使它的轮齿与大齿轮的轮齿在一个驱动齿面上接触。然后，将塞尺插进齿轮的从动齿面之间，两端测得的齿侧间隙应相等。如有偏差，通过调整小齿轮两侧轴承的高度来调节。保证齿侧间隙符合技术文件要求。

检验齿轮接触痕迹：在齿轮上涂抹一层红丹粉，沿工作方向旋转一周大齿轮，仔细检查接触痕迹，大小齿轮啮合的齿面接触斑点沿齿高不应小于技术文件或规范的要求；沿齿长不应小于技术文件或规范的要求，并应趋于齿侧面的中部。如不符合要求，应平行拉动两轴承座使小齿轮远离或靠近大齿轮，以及调整轴承座的高度来调整齿轮接触。如以上调整与小齿轮轴承间隙发生冲突，经厂家同意可在厂家指导下对齿轮进行研磨，直至达到要求。

齿轮结合面达到要求后并各部位螺栓拧紧后，复查小齿轮轴承各部间隙应达到要求。

向小齿轮轴承箱内加注适量润滑油脂，封闭上部轴承。

调整完毕后，大小齿轮啮合应平稳，转动应轻便、灵活。尤其是大齿轮接口处，应无冲击、断续、啃牙及杂声等缺陷。

4.10.2 减速机安装

将减速机与台板组装好，地脚螺栓穿入孔中，将减速机吊装就位。

减速机找正是以传动轮为准，通过对轮找正来完成的。对轮找正前要将减速机横、纵方向找平，找正时以水平尺水泡居中为准。找正后，将地脚螺栓紧固并加上背帽。两半联轴器找中心时，其圆周及端面允许偏差值应符合技术文件或规范要求。装配联轴器时，不得放入垫片或冲打轴以取得紧力。两半联轴器之间的间隙应符合技术文件要求。基础二次灌注达到设计强度后，应进行第二次对轮找正。

4.10.3 电动机安装

电动机找正要以减速机为准，通过对轮找正来完成。有关找正工作与减速机安装相同。清扫基础表面，将放垫铁的面凿平，周围要凿毛，确保二次灌浆的质量。配制垫铁，根据设计图纸划出基础纵横中心线及确定基础标高。放入地脚螺栓及装置好垫铁。将电机底台板座在基础垫铁面上，各中心对正，通过调整斜垫铁来调整电机标高。一切完成后，进行对轮找正。二次灌注达到设计强度后，进行二次找正工作。

4.11　衬板安装

准备工作：按厂家图纸对衬板进行清点，编号及分类堆放，并逐块对衬板外形尺寸进行检查，衬板不允许有裂纹，衬板边角要修整好。螺栓、螺母及垫圈均应清理干净。

用卷扬机或支撑将筒体固定。安装期间要注意平衡，应从靠近入孔门的地方开始安装，并根据球磨机的旋向确定衬板的安装方向。安装有方向的衬板，其方向和位置应符合技术文件的规定。筒体内衬板、隔仓板、进出料衬套组装后的间隙应符合技术文件的规定。装配隔仓板时，应使筛孔的大端朝向出料端。固定衬板的螺栓应垫密封垫料和垫圈，不得泄漏料浆或料粉。

安装筒体下部 90°范围内衬板。当每块衬板定位后，略微紧固每块衬板的螺栓，衬板与衬板之间的间隙应符合技术文件的要求。然后，转动筒体 90°，按上述方法安装下部 90°范围内敷设衬板，直至安装完一圈衬板。

按上述程序安装下一圈衬板。当安装完所有衬板时，应用力矩扳手紧固螺栓。紧固力矩应符合技术文件的要求，紧固均匀有防松装置，加钢球运转后，重新紧固衬板螺栓，紧固力矩符合技术文件的要求。

根据工作需要，可同时装三至四圈衬板，但必须注意每一圈衬板间应采用梯形式安装，以免筒体盘动困难。所有衬板之间的间隙应符合技术文件的要求。

衬板安装过程中应防止由于筒体暂时失衡而引起筒体转动。

4.12　油系统及冷却系统安装

检查管道零附件不应有裂纹、砂眼、外伤等缺陷。油箱位置正确，内壁清扫干净，连接严密不漏；阀门、仪表应经过严密性试验和校验合格。管子加工应使用锯和锉，不得用割具切割，管道焊接应用氩弧焊打底。管道支吊架应牢固且拆装方便、布置合理、不影响膨胀。不允许在油管上焊吊钩或支架。

油管安装要求：装配前应对其内部进行酸洗处理。油系统安装完毕后，还应对系统进行一次清理吹扫。整个系统封闭后，不得随意拆卸或开孔。管路敷设整齐美观，牢固可靠，不得将油管埋入土中或混凝土内。压力油管和回油管路应有 2%的坡度，倾斜于各润滑点和油箱。油箱油位计应有明显的与实际相符的油位指示装置。油管上安装的流量指示器应布置在易于操作，拆卸，检查监视方便的地方。轴承上的油镜清晰，节流板和弹簧动作灵活，能正确调整油量，油管及其零件的接头垫料不得伸入管子内圆。平法兰应内外两面焊接,焊后彻底清理焊渣。

油箱、油冷器、过滤器等必须解体检查清洗。润滑油系统安装后用循环油泵冲洗、加温、敲打油管道等方法,直到滤网上没有杂物,方可认为油管内冲洗合格。

润滑油油质要求:对所用的润滑油进行油质化验并化验合格。

冷却水管安装应达要求:回水管应有 2‰的坡度,倾斜于回水母管。

4.13 附件安装

安装齿轮罩时,应装配牢固可靠,与齿圈两侧间隙均匀,保证罩与大齿轮不碰,罩内保持清洁,法兰结合面严密不漏。齿轮罩安装时还应注意:罩底应有不小于 2‰的坡度,最低点应有放油孔。各结合面应按照装配标记安装,大齿轮润滑装置应保证油能够均匀的喷满整个齿轮面。安装时必须要保证齿轮罩的密封性,润滑油不能泄露。对轮罩安装时,对轮罩与对轮的径向和轴向间隙均应大于技术文件要求。

进出料口的径向间隙应符合技术文件规定,两侧相等,且上部稍大于下部,轴向间隙(承力端)应小于等于筒体膨胀计算值另加 3mm。密封装置应密封良好,不影响筒体膨胀。

4.14 试运转

分为无负荷,负荷试车,按照电动机、电动机联减速机、减速机联球磨机的顺序进行试车。机械部分试运转时间应符合设备技术文件要求,技术文件无规定时,一般主电动机空载运转 2h,辅助传动运转 1h,电机带减速机一起运转 4～8h,空负荷运转 2～4h,带负荷运转 4～8h。成立现场试车指挥部,组织分工明确,责任到人,步调一致才能顺利地进行试车。

4.14.1 磨机的运转前的准备

1 严格检查并确认设备内已无遗留物,各密封点密封良好,连接点牢固可靠。

2 油循环结束,油质合格,球磨机本体与油系统油压联锁试验合格。

3 在空负荷试车之前应仔细检查,试验润滑油站,喷射润滑装置,轴承水冷却系统,使之处于良好的作业状态。

4 电动机旋向必须符合图纸要求(应通过电动机自转检查)。

5 清理现场并排除影响磨机运转的障碍物,开磨时两边严禁站人。

6 用油枪往环形密封腔中充入足量的润滑脂。

7 用人工在齿轮啮合处涂适量润滑脂,齿轮轮缘密封毡间应涂润滑脂。

8 检查磨机各部是否有阻碍运转、碰撞、螺栓松动现象。如有则要排除。

9 做好设备试运前检查确认工作。

4.14.2　空负荷试车

机械部分试运转时间应符合设备技术文件要求，技术文件无规定时，主电动机空载运转 2h，辅助传动运转 1h，电机带减速机一起运转 4～8h，空负荷运转 2～4h。首次启动时，当达到全速后即用事故按钮停下，观察轴承和转动部分，确认无摩擦和其他异常后方可正式启动。试运后应达到下列要求。

1　各润滑点的润滑情况正常，没有渗漏现象。

2　磨机主轴承温度的温升不超过 35℃，最高温度不应超过 70℃。

3　磨机运转应平稳，齿轮传动无异常噪声，齿面接触良好。

4　衬板及各转动零件无松动现象。

5　检查轴承振动值是否符合要求。

4.14.3　负荷试车

1　空负荷运转合格后，可以将钢球加入磨机体内，并加入适当的物料，以避免损伤衬板、钢球。

2　磨机规范给出的充填率负荷量是最大值，磨机不准在超负荷情况下作业。补加的介质与物料应与消耗的介质及产品平衡。

3　负荷试车时按设备技术文件要求分次加入钢球，设备技术文件无要求时，先向磨机内加入 20%～30% 钢球，物料总重的 50%，按规定程序起动，运转无异常后，每 30min 加入介质总量的 10%，并连续给入适量的物料直至磨机达到满负荷，连续运转 4～8h。应达到下列要求：工作平稳，无急剧周期振动；主电机的电流值在允许的范围内；各部件运转正常；衬板螺栓部位无漏粉现象，如有渗漏及时拧紧螺栓。

4　检查各个部位的螺栓是否松动、折断或脱落；主轴承温度温升不超过 35℃，回油温度低于 50℃；轴承振动值符合要求。

5　质量标准

5.1　主控项目

5.1.1　主轴承乌金瓦接触角度、接触面、瓦口间隙。

5.1.2　主轴承标高偏差、两轴承间相对标高偏差、轴承瓦底水平度偏差、冷却水室水压试验。

5.1.3　进出料斗的径向间隙、密封装置。

5.1.4　油箱内部的清洁。

5.2　一般项目

5.2.1　主轴承及乌金瓦的外观检查。两轴承间距及对角线偏差。

5.2.2 大小齿轮的检查及安装、衬板的安装。

5.2.3 筒体的安装、传动装置的安装。

5.2.4 油系统设备及油管道的安装。

6 成品保护措施

6.0.1 所有设备到现场后，排放整齐，各种不同的设备不能混放，同时做好标识；各种精密仪器及易损伤的设备与材料应单独放置并妥善保管。

6.0.2 所有设备到现场后，施工班组要及时进行自检、复查并妥善管理，不得在设备上随意焊接、切割、涂画等。

6.0.3 所有安装完的设备做好临时保护措施，并挂牌标识以防止他人损伤设备，设备表面要及时进行擦拭。

6.0.4 禁止在设备上随意焊接临时铁件，必须焊接时，必须通知相关人员，经认可后方可焊接。

6.0.5 放置在露天的设备应切实垫好，与地面保持一定的高度，堆放场地排水应畅通，并不得堆叠过高。并采用临时遮盖，以保证机器不受太阳直射和雨雪的侵蚀。

6.0.6 按制造厂或设备技术文件的要求做好维护和保养。

7 注意事项

7.1 应注意的质量问题

7.1.1 作业人员施工前，应熟悉图纸及有关规程规范，了解对施工的要求，对具体作业人员应有书面技术交底。

7.1.2 现场所使用的检测工具应齐全，检测工具应经计量部门检验合格，并在周检期内。

7.1.3 认真做好设备开箱检验记录和设备保管工作，发现设备缺件、缺陷要做好记录，并逐级上报。

7.1.4 施工过程中一定要严格按照施工图纸及规范的要求进行施工。

7.1.5 加强施工过程中的质量管理、监督工作，对存在的问题及时纠正、处理，杜绝质量隐患存在。

7.1.6 严格执行质量检验计划，做好班组自检及二、三级验收工作，并作好施工过程中产生的各种记录。

7.1.7 做好工序的交接工作，做到"上一道工序不合格，不进行下一道工序"，隐蔽工程隐蔽前必须经检查验收合格，并办理签证。

7.1.8　对于较大部件（如筒体、大齿轮）的运输安装应考虑其方向、正反及位置，以免设备进入机房后无法调整。

7.1.9　安装衬板前应将筒体内的尘垢清除干净，球磨机衬板在筒体内的排列不应构成环形间隙，装配具有方向性的衬板时，其方向和位置应符合技术文件的要求。

7.1.10　安装过程中，应防止尘土落入轴瓦内。拆卸轴承座时要做好标记。

7.2　应注意的安全问题

7.2.1　开工前对参加施工人员做好上岗技术培训和各级安全教育工作。施工前，应识别出球磨机安装过程中存在的危险源，编制有针对性的安全培训方案、安全技术交底方案。作好上岗人员的安全考核和体检检查，禁止不符合安全要求的施工人员进入现场。

7.2.2　作业前，作业人员接受技术交底和安全交底，并领会作业内容，熟悉图纸。

7.2.3　专业人员上岗前，应具备上岗资格，特种作业人员应持合格的操作证。

7.2.4　球磨机安装是精细活，且施工工序连续，现场施工区域应设警戒隔离，非安装人员严禁进入施工场地。

7.2.5　基础放线及垫铁台板安装施工时，其孔洞必须封闭或设置安全护栏或使用安全网，防止发生人员坠落或机具坠落伤人事故。球磨机上方孔洞处，必须搭设良好的隔离棚盖板，防止上方落物伤人。

7.2.6　在吊装大件、散件等设备件，吊装前一定要将设备件绑扎牢固，吊挂点的棱角处垫半圆管皮，以免损伤钢丝绳。严防高处落物伤人或损害设备，吊装前一定要对钢丝绳、倒链、卸扣等起重工器具进行检查，严禁超负荷使用。设备提升过程中拴好牢固的溜绳控制方向，防止与周围的设备相撞。

7.2.7　吊筒体就位时，枕木应逐层拆除，严禁一次性拆除多层枕木，以免发生事故。

7.2.8　吊装球磨机大齿轮及齿轮罩时，应搭设脚手架或平台，施工人员不得站在筒体上拉链条葫芦。

7.2.9　研刮球磨机轴瓦时，轴瓦必须放置稳固。

7.2.10　大齿轮安装及衬板安装时应做好筒体的固定工作，卷扬机生根要合理，防止筒体突然发生转动而造成事故。

7.2.11　设备清洗检修时，必须远离明火，油料严禁乱放、乱倒，且做好防火措施，备好消防器材。

7.2.12　施工人员的安全设施设置齐全可靠，严格按照作业指导书要求进行施工。在操作过程中，坚守工作岗位，严禁酒后操作。

7.2.13 所有用电设备必须有可靠的接零接地。

7.2.14 施工区道路不得堆放任何杂物，道路保证平整畅通。

7.2.15 试运中及试运后的设备检修均应办理工作票。

7.3 应注意的绿色施工问题

7.3.1 必须采取相应措施以使施工噪声符合《建筑施工场界环境噪声排放标准》GB 12523。

7.3.2 在可供选择的施工方案中尽可能选用噪声小的施工工艺和施工机械。

7.3.3 配备相应的洒水设备，及时洒水，减少扬尘污染。

7.3.4 临时用电线路应布置合理、安全，宜选用节能灯；试验用水宜回收利用。

7.3.5 对施工期间的固体废弃物应分类定点堆放，分类处理。

7.3.6 施工期间产生的废钢材、木材，塑料等固体废料应予回收利用。

7.3.7 现场清洗废油要回收处理，现场存放油料应防止油料泄漏。

7.3.8 油系统油循环完成后，清理滤油器，油要用容器接住，决不能污染地面。

7.3.9 现场设置带油废弃物回收垃圾箱，回收后的带油废弃物要放到指定地点，沾染了油、油脂的手套，擦拭油污的棉纱、破布等及时回收。

7.3.10 在安装施工中，使用有毒有害物质时，如烯料、各种胶等，设置专门地点储存，要有密封防泄露措施。尽量减少挥发，严禁遗洒。

7.3.11 应避免设备安装过程中放射源的射线伤害，减少电弧光污染。

7.3.12 对重要的环境因素，如机械修理、设备注油等制定专门的措施，并严格执行，减少对环境的不良影响。

8 质量记录

8.0.1 基础沉降观测记录。

8.0.2 施工签证记录（隐蔽工程施工记录）。

8.0.3 设备缺陷情况记录及处理签证记录。

8.0.4 设备、设计变更签证记录。

8.0.5 施工质量验收及安装记录。

8.0.6 设备试运前检查签证记录。

8.0.7 设备试运签证记录。

8.0.8 竣工图或按实际完成情况注明修改部分的施工图。

8.0.9 其他有关资料记录。

第 12 章　带式输送机安装

适用固定带式输送机的安装

1　引用文件

《输送设备安装工程施工及验收规范》GB 50270—2010
《机械设备安装工程施工及验收通用规范》GB 50231—2009

2　术语

2.0.1　间距偏差：表示设备部件设计中心线之间相对尺寸安装时允许的偏差。

2.0.2　对角线差：表示设备部件外形设计方形或矩形纵横中心线交叉点之间两对角线长度之差值。

2.0.3　标高偏差：表示设备部件安装高度与设计标高之差值。

2.0.4　平行度：表示两个相互平行的线或面间的平行程度。其偏差应为该两平行线或面之间两端最小垂直距离之差。

2.0.5　垂直度：表示要求垂直的轴线与平面或两平面之间所形成的角度与直角之差。其偏差以该轴线或平面与理想垂直线的夹角来表示。

2.0.6　相对错位：表示两物件安装位置与设计中心线位置均有偏差，而偏差方向相反，相对错位为两个偏差绝对值之和。或虽偏差方向相同但偏差值不同，相对错位为两个偏差绝对值之差。

2.0.7　同心度：表示两个圆形物体安装在同一中心轴线上要求同心，其同心程度为两圆心间的距离。

2.0.8　圆度：表示大型圆形物体的周边（部分或局部）与理想圆周边之差。

2.0.9　平整度：表示安装部件的某一平面上局部凸起或同一平面上的局部凹陷的最大差值。

2.0.10　平面度：表示一平面偏离理想平面的程度。其偏差如为设定平面与实际平面之间的距离值。

2.0.11　水平偏差：表示设备纵横水平中心线，检查四角是否安装在同一水平面上，纵、横向两点的高差即为（纵、横）水平偏差。

2.0.12 水平度：表示要求安装在同一水平面的物体，其相互间水平之差的程度，一般用水平尺、水平仪或 U 形管等测得各点之间的绝对差值。

3 施工准备

3.1 作业条件

3.1.1 图纸会审并完成设计技术交底、施工方案编制完毕并获得批准。

3.1.2 现场质量、安全管理体系已建立并已正常运行。

3.1.3 必要的电源接至现场。

3.1.4 开工报告得到批准。

3.1.5 土建基础验收并完成中间交接。

3.1.6 必要的安全防护设施准备齐全。

3.1.7 施工机具、劳动力、材料已准备就绪。

3.2 材料与机具

3.2.1 主要材料：槽钢 120×53×5.5、无缝钢管 φ108×4、中厚板、角钢 ∠75×6。

3.2.2 辅助材料：焊条、氧气、乙炔、平垫铁、斜垫铁、煤油、润滑脂、油漆、胶带粘接料等。

3.2.3 机械与工具

1 施工机械（表 12-1）

施工机械   表 12-1

序号	名称	规格	单位	数量	备注
1	汽车吊	根据具体情况而定	台	1～2	
2	平板车	根据具体情况而定	台	1	
3	卷扬机	根据具体情况而定	台	1～2	
4	手动黄油枪	600cc	支	1	
5	倒链	2t	台	2～4	
6	倒链	5t	台	2～4	
7	电焊机	ZX7-400	台	2	
8	角向磨光机	φ100	台	2	

2 工具

扳手、手锤、大锤、墨斗、刀具、碘钨灯、电动钢丝刷、毛刷等。

3.2.4　主要监视测量设备（表 12-2）

主要监视测量设备　　　　　　　　　　　表 12-2

序号	名称	规格	单位	数量	备注
1	水准仪	AL32	台	1	
2	经纬仪	DJ2	台	1	
3	框式水平仪	200×200，0.02mm/m	台	1	
4	条式水平	150mm	块	2	
5	百分表	0～10，精度 0.01	块	4	
6	钢尺	0～25m	把	1	

4　操作工艺

4.1　工艺流程

开箱检查 → 基础验收 → 测量放线 → 机架安装 → 托辊及横梁安装 →

滚筒安装 → 驱动装置安装 → 拉紧装置安装 → 输送带敷设及粘接 →

辅助及保护装置安装 → 试运行

4.2　设备开箱检查

4.2.1　设备交付现场安装前，由监理单位、施工单位、业主单位和供货商共同按设备装箱清单和设备技术文件逐一清点、检查和登记。

1　数量检查：检查箱号、箱数应与供货清单一致，检查包装情况是否有损坏，如有损坏应做出记录。

2　实物清点：设备及材料的名称、规格、型号和数量应与设备装箱清单相符，并有产品合格证明。

3　外观检查：设备应无变形、损伤和锈蚀，包装应良好，钢丝绳不得有锈蚀、损伤、弯折、打环、扭结、裂嘴及松散现象，如有损伤应做好详细记录。

4　技术文件：检查产品合格证明、质量证明书、安装使用说明书等技术资料应齐全；钢结构应有规定的焊缝检查记录、预装检查记录。

5　备品备件：对于随机供货的备品备件及专用工具，应按装箱清单核对，不符合项应做出记录。

6　入库保管：设备开箱验收完毕后各方代表应在开箱记录上签字，并将设备移交相关方入库保管存放。

4.2.2　对于重要的零部件还应按相关专业质量标准进行检查验收。

4.3 基础验收

4.3.1 基础混凝土强度的验收

1 基础施工单位应提供设备基础质量合格证明文件,主要检查其混凝土配合比、混凝土养护及混凝土强度是否符合设计要求。

2 如对设备基础的强度有怀疑时,可请有检测资质的工程检测单位对基础的强度进行复测。

4.3.2 基础外观质量的验收

1 基础外表面应无裂纹、空洞、缺棱掉角、露筋。

2 基础表面和地脚螺栓预留孔内的油污、碎石、泥土、积水等均应清除干净。

3 预留地脚螺栓孔内应无露筋、凹凸等缺陷,地脚螺栓孔应垂直。

4 放置垫铁的基础表面应平整,中心标板和标高基准点埋设、纵横中心线和标高的标记以及基准点的编号应清晰、正确。

4.3.3 基础的位置和几何尺寸的验收

1 设备基础的位置、几何尺寸应符合现行国家标准《混凝土结构工程施工质量验收规范》GB 50204 的规定,并应有验收资料或记录。

2 对设备基础的位置、几何尺寸测量检查的主要项目有:基础坐标位置;不同平面的标高;平面外形尺寸;凸台上平面外形尺寸和凹穴尺寸;平面的水平度;基础的铅垂度;预埋地脚螺栓的标高和中心距;预埋地脚螺栓孔的中心线位置、深度和孔壁铅垂度等。设备基础的位置、几何尺寸偏差应规范要求。

4.4 测量放线

4.4.1 根据施工图和测量控制网,用经纬仪确定输送机纵向中心线,与基础实际轴线偏差应不大于±20mm。

4.4.2 依据设备图放出滚筒轴线,同时引出母线投影线,以便安装时测量滚筒与纵向中心线的垂直度。

4.4.3 根据布置图和建筑物的有关轴线、边缘线放出机架安装线。

4.4.4 滚筒及机架放线应保证与纵向中心线垂直,可采用三角形法进行复测,(即勾三股四弦)。

4.5 机架安装

4.5.1 汽车吊将输送机头架、尾架吊装至设备基础上并使之就位,设备就位后利用水平仪和垫铁将头尾架找平找正,同时做好施工测量记录。找正后用地脚螺栓将设备固定。

4.5.2 利用现场实际测量的输送机中心线做基准线进行中间架安装。

1 支腿安装:首先将支腿与基础预埋钢板进行焊接,焊接时应利用水平尺和线坠调整支腿，使之与建筑物地面垂直，且支腿的左、右两边标高应一致。

2　支腿安装时应注意以下事项：

1）支腿分带斜撑和不带斜撑两种，安装时受料段支腿应全部带斜撑，其余部分为两种型式的支腿交错布置。

2）非标准中间支架支腿未带斜撑，安装时视需要装配。

4.5.3　中间架安装：中间架分 6000mm 标准段和 3000～6000mm 非标准段，安装时根据输送机的纵向中心线按顺序将中心架组装并找平找正，然后将中间架与支腿用螺栓连接或焊接。

4.5.4　如果预埋件的位置及标高的误差和设备制造误差使之不能满足安装要求时可能支腿进行修正或将埋件延伸，但必须保证支架安装后达到下列要求：

1　机架中心线与输送机纵向中心线的水平位置偏差不应大于 3mm。

2　机架中心线的直线度偏差，在任意 25m 长度范围内不应大于 5mm，在全长范围内不应大于表 12-3 的规定。

机架中心线在全长的直线度偏差表　　　　　表 12-3

输送机长度（m）	≤100	100～300	300～500	500～1000	1000～2000	＞2000
直线度偏差（mm）	10	30	50	80	150	200

1）机架横截面两对角线长度之差不应大于两对角线长度平均值的 3‰。

2）中间架的宽度允许偏差为 ±1.5mm，高低差不应大于间距的 2‰。

3）机架接头处的左右偏移量和高低差不应大于 1mm。见图 12-1。

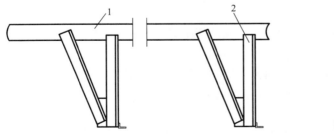

图 12-1　机架安装示意图

1—中间架；2—中间架支腿；L_1，L_2—机架横截面对角线长度；L—中间架宽度

4.6　托辊及横梁安装

4.6.1　托辊安装时应符合下列要求：

1　托辊的横向中心线与输送机纵向中心线的水平位置偏差不应大于 3mm。

2 对于非用于调心或过渡的托辊辊子，其上面表母线应位于同一平面（水平面或斜面）或同一半径的弧面上（输送面凹弧段或凸弧段上的托辊）；相邻三组托辊辊子上表面母线的相对标高差不应大于2mm。

4.6.2 安放托辊的前倾横梁应朝物料输送的方向前倾，不能装反。

4.6.3 对于带立辊的调心辊子横梁，安装后立辊应位于横梁的后方（相对物料输送的方向）。

4.6.4 托辊安装时应注意以下事项：

1 落料处的托辊应全部安装缓冲托辊。

2 锥形调心托辊安装时应注意方向，锥头应位于横梁上方。

3 螺旋托辊一般安装于输送机头部回程段距头部滚筒最近的一组，且旋向应与输送带运行方向一致。

4 调心托辊安装时上调心托辊一般每隔10组安装一组调心托辊，下调心托辊一般每隔7组平行托辊安装一组调心托辊，或按设计要求安装。

5 凹弧段不允许安装带侧辊的调心托辊组。

6 托辊安装后应转动灵活。

4.7 滚筒安装

4.7.1 滚筒安装前应进行检查轴承座内润滑脂情况，保证轴承座内充满锂基脂，轴承座充脂量达容腔的2/3。

4.7.2 传运滚筒铸胶面为人字刻槽时其槽尖端应顺物料输送方向，铸胶面为菱形刻槽时用于双向输送。改向滚筒一般为光面铸胶滚筒。

4.7.3 滚筒安装时应符合下列要求：

1 吊线坠测量滚筒横向中心线与输送机纵向中心线的水平位置偏差不应大于3mm。

2 滚筒轴线与输送机纵向中心线的垂直度偏差不应大于滚筒轴线长度的2/1000。

3 用钳式水平尺测量滚筒轴线的水平度不应大于滚筒长度的1/1000。

4 对于双驱动滚筒，应用同一把水平尺在同一方向测量两滚筒轴线的平行度偏差不应大于0.4mm。

5 滚筒安装后应转动灵活，滚筒中心线对输送机机架中心线的对称度为3.0mm。

4.8 驱动装置安装

4.8.1 安装前应检查电机、液力耦合器、减速器等配套零部件是否齐全，设备表面应无损伤和变形，清理基础上的杂物并在放置垫铁处凿好麻面放置垫铁，预埋螺栓丝扣应清理干净。

4.8.2 利用起重设备将驱动装置吊装就位，找平找正后将垫铁点焊，点焊长度不短于 2mm。

4.8.3 联轴器的安装应符合《机械设备安装工程施工及验收通用规范》GB 50231—2009。驱动滚筒轴线与减速器低速轴轴线的同轴度应符合《形状和位置公差　未注公差值》GB/T 1184—1996 中 10 级的规定两驱动滚筒轴线的平行度为 0.4mm。

4.8.4 DTⅡ型带式输送机高速轴端联接采用 YOXⅡ型输送机专用液力耦合器，低速轴端联接采用弹性柱销齿式联轴器，其安装精度应分别符合表 12-4 和表 12-5。

液力耦合器安装同轴度和平行度允许偏差表　　　　表 12-4

规格型号 输入转速 n	YOX150～320	YOX360～450	YOX500～650	YOX750～1150
＜750(r/min)	＜0.5	＜0.6	＜0.8	＜0.8
＞750～1200(r/min)	＜0.4	＜0.5	＜0.6	＜0.7
＞1200～1500(r/min)	＜0.3	＜0.4	＜0.5	＜0.6

液力耦合器安装同轴度和平行度允许偏差表　　　　表 12-5

型号	轴向 ΔX/mm	径向 ΔY/mm	角向
ZL1～ZL3	±1.5	0.3	
ZL4～ZL7		0.4	
ZL8～ZL13	±2.5	0.6	0030″
ZL14～ZL17		1.0	
ZL18～ZL21			

4.8.5 制动器安装时应符合下列要求

1 块式制动器在松开闸瓦状态下，闸瓦不应接触制动轮工作面；在额定制动力矩下，闸瓦与制动轮接触应良好和平稳，各闸瓦在长度和宽度方向，与制动轮接触的长度不应小于 80%。

2 盘式制动器在松开闸瓦状态下，闸瓦与制动盘的间隙宜为 1mm；制动时闸瓦与制动盘工作面的接触面积不应小于 80%。

4.9　拉紧装置安装

4.9.1 拉紧装置分螺旋拉紧、车式拉紧、重锤式和电动绞车式四种，其中车式拉紧和螺旋拉紧装置为尾部拉紧。安装时应分别按要求安装。

4.9.2 拉紧滚筒在输送带连接后的位置，应按拉紧装置的形式、输送带带芯的材料、带长、起动和制动要求确定，并应符合下列规定：

1 垂直框架式或水平车式拉紧装置，往前松动行程应为全行程的20%～40%。

2 绞车或螺旋拉紧装置，往前松动行程不应小于100mm。

4.9.3 绞车式拉紧装置装配后，其拉紧钢丝绳与滑轮绳槽的中心线及卷筒轴线的垂直线的夹角均应小于6°。

4.9.4 车式拉紧装置悬挂配重所用钢丝绳应为通长一根，以避免出现两侧各用一根钢丝绳时的偏拉现象。钢丝绳固定端应根据规范要求间隔80mm装设三个绳卡。

4.10 输送带敷设及粘接

4.10.1 输送带布设：输送带通常分普通型、强力型和耐热型。同一工地如有多条输送带时应注意区分。输送带布设时亦按以下要求进行：

1 布放输送带前应区分工作面和非工作面，工作面应朝上。

2 布放过程中应对输送带的质量进行检查，不应有重皮、损伤、露布、厚薄不均等现象。

3 布放时将整卷胶带架空于机尾，利用卷扬机拖拉胶带沿下托辊向机头方向展开，然后再绕过机头从上托架拉回。对于较短的输送带也可人工布设。

4 为了便于粘接，宜将胶带接头置于输送机中部的直段上。

4.10.2 输送带布设时应有专人指挥，以确保安全，特别是带坡度的输送带布设时应采取措施防止输送带下滑。采用卷扬机布设时应沿输送机每隔10m设一人进行监督，发现问题及时与卷扬机操作人员联系。

4.10.3 输送带放好后应进行拉紧，拉紧时可用型钢做临时夹卡将皮带固定，利用倒链将皮带拉紧后临时固定，然后拆除倒链即可剖切接口。

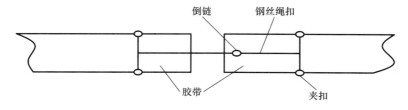

图12-2 输送带接头拉紧示意图

4.10.4 输送带粘接：输送带粘接是通用输送机安装中的一项重要工序，其粘接方法应符合设计要求或设备厂家（输送带厂家）规定。棉织物帆布、人造纤维、化纤织物芯输送带可采用热硫化法，也可采用常温连接法，其接头的尺寸、形式和硫化工艺以及所用胶浆均应符合橡胶输送带厂家的规定。钢绳芯橡胶输送带应采用热硫化法粘接，其硫化接头的尺寸、形式和硫化工艺以及所用胶浆均应符合橡胶输送带厂家的规定。

4.10.5　输送带热硫化粘接时应符合下列要求：

1　输送带接头剖切：接头切割前拆除 5～7 组托辊，将专用机械固定于中间架上，然后在中间架上垫木板以便将皮带放平，切割时可将胶带接头处分成多条，用专用机械进行胶层与芯层的分离（如图 12-3）。切割时应分层进行，并且要注意刀片的深度，不能造成芯层断裂现象。剥离胶皮后应尼龙砂轮把芯线上的残余橡胶打磨干净。

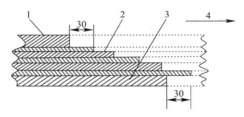

图 12-3　输送带接头拉紧示意

1—上覆盖层；2—纤维层；3—下覆盖层；4—运行方向

2　输送带接头应按表 12-6 所示形式和尺寸剖切成对称的阶梯，也可根据带宽和加热器的形式剖切成与输送带长度方向垂直的线，并用胶粘接，粘接后用液压或螺栓加压至 1.5～2.5MPa，并加热到 144.7℃±2℃ 温度时保温，使其硫化成橡胶，其强度应达到输送带强度的 85％～90％。

胶带接头的剖割尺寸要求（mm）　　　　　　　　　　　　　　表 12-6

带宽	≤500	500～1000	1000～1600
阶梯长度	≥200	≥250	≥300

3　接头连接时应先涂一层稀浆，待干后再涂稠浆。稀浆应由一份橡胶浸入六份汽油中溶解成稀糊状胶浆；稠浆应采用与稀浆同一橡胶料，且稠浆为一份橡胶浸入三份汽油中溶解成稠糊状胶浆。接头时应注意以下事项：

1）清理接头处灰尘、用汽油擦拭油污进行脱脂，清理范围应超出接头范围。

2）接头处覆盖胶的配方应与本体覆盖胶一致。

3）两接头对正后总厚度应大于原胶带厚度。

4）输送带接头时，应将拉紧滚筒放在最前方位置，并尽量拉紧输送带。

5）粘接工作应在通风良好处进行，四处严禁用明火。

4 热硫化连接时其保温时间宜按下列公式计算：

1）当输送带总厚度小于或等于 25mm 可按下式计算：

$$t=1.4\times(14+0.7n+1.6\delta)$$

式中 t——保温时间（min）；

   n——纤维层数；

   δ——上覆盖层与下覆盖层的总厚度（mm）。

2）当输送带总厚度大于 25mm 可按下式计算：

$$t=1.4\times(17+0.7n+2\delta)$$

3）输送带硫化粘接时所需增加输送带附加长度应按下式计算：

$$L_0=0.5b+S(n-1)$$

式中 L_0——输送带粘接时增加的长度（mm）；

   S——剖割阶梯长度（mm）；

   b——输送带宽度（mm）。

4.10.6 输送带常温法冷粘接时应符合下列要求：

1 接头处理方法同热硫化一样，擦拭脱脂后即可粘接。

2 环境温度应控制在 20～60℃，否则应进行局部加温，同时控制加热温度，保持胶带表面干燥。

3 粘合剂混合剂配制：将胶粘剂和固化剂以 85∶15 重量比进行混合配制，充分搅拌均匀，随配随用，以免固化。

4 粘接：将两个待粘端头置于垫板上，用毛刷蘸配制好的胶粘剂在待粘面上涂刷。涂刷一般分四道进行，分别沿横向涂刷一道、沿纵向涂刷一道、沿左 45°方向一道、沿右 45°方向一道，以保证涂刷均匀。晾 10～15min，用手触其不粘手时立即进行粘合，沿粘合线用钢管向前滚压，待全部粘合后再用木榔头从接头中央向四周敲击 2～3 遍。可能有气泡的地方用针刺排气后敲击，最后用配重块压实，24h 后即可使用。

4.10.7 输送带粘接完成后，清除杂物恢复系统，在起弧处安装压带轮。

4.10.8 输送带连接扣应平直，在任意 10m 测量长度上其直线度偏差不应大于 20mm。

4.11 辅助及保护装置安装

4.11.1 清扫器安装：DTⅡ型输送机常配备 P 型、H 型头部清扫器、O 型清扫器和尾部空段清扫器，有时也采用弹簧清扫器，安装时应分别对待。

1 P 型清扫器安装于下支输送带距离传动滚筒中心大于 60mm 的平稳处；H 型清扫器安装于距离头部传动滚筒中心轴线水平面下方约 5°处；O 型清扫器安

装于中部垂直拉紧改向滚筒前方平稳处；尾部空段清扫器安装于导料槽处，安装时应调整链长，以保证刮板磨光后金属架不与皮带接触为宜。

2　弹簧清扫器安装时按照安装总图规定的位置进行焊接，与机架焊接时要保证压弹簧的工作行程有 20mm 以上，并使清扫下来的物料能落入漏斗。各种物料的易清扫性能不同，应视具体情况调整压簧的松紧来改变刮板对输送带的压力，使其达到清扫粘着物的目的。

3　清扫器的刮板在滚筒的轴线方向与输送带接触长度不应小于带宽的 85%。

4.11.2　导料槽安装：导料槽安装时应保证下部密封胶皮与输送带接触紧密为宜。

4.11.3　逆止器安装：常用的逆止器有接触式和非分接触式之分。

非接触式逆止器一般安装于减速机高速轴或中间轴的伸出端，安装时应注意以下事项：

1　安装前应检查轴的旋向是否和逆止器内圈正向一致，面对安装轴伸出的外端面观察，旋向应为顺时针方向，内圈旋向代号为"S"，反之为"N"。

2　安装逆止器时只能对内圈施压，锤击时应垫软木，不准锤击外圈及端盖，严禁对外圈加热。

3　使用时每半年应加注一次 2 号锂基脂，严禁采用含有添加剂、石墨及二硫化钼成分的润滑油脂。

4.11.4　料流检测装置：一般装于靠近带式输送机的头部，安装时应使其触板垂直于输送带面，如果是倾斜式带式输送机，则应使其触板与水平面垂直。

4.11.5　两级跑偏开头安装：安装时应成对装于输送带两侧，立辊轴线与输送带现平面应垂直；输送带边缘位于立辊高度约 1/4～1/3 处为宜；立辊距输送带边缘以 50～100mm 为宜。见图 12-4。

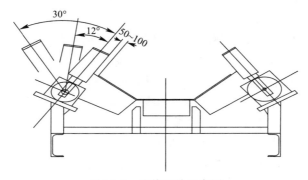

图 12-4　跑偏开关示意图

4.11.6 打滑检测装置安装：安装时应使其触轮与上支非工作面压紧接触，输送带运转时应保持其轴线水平。见图 12-5。

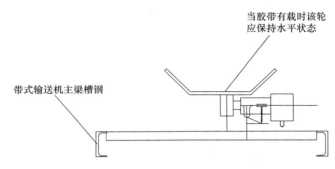

当胶带有载时该轮应保持水平状态

带式输送机主梁槽钢

图 12-5　打滑检测装置安装示意图

4.11.7 纵向撕裂装置安装：一般安装于尾部落料处下支输送带下方，其与输送带间距离以输送带载物后不接触为宜。

4.11.8 溜槽保护装置安装：一般安装于溜槽侧壁底部向上约 2/3 的高度位置，安装时在侧壁上开 260mm×260mm 方孔，然后在开孔处上方约 100～200mm 处溜槽内壁焊接一块挡板，防止大块物料落下直接打击活动门而发生误动作。

4.11.9 卸料器安装：卸料器工作位置应紧贴输送带，其接触长度应大于带宽的 85%。卸料车和可逆配送仓输送机的轮子与轨道的间隙不应大于 2mm。

4.12　试运转

设备安装完毕且经验收合格后才能试运行。试运行时除应符合《输送设备安装工程施工及验收规范》GB 50270 外，还应符合现行国家标准《机械设备安装工程施工及验收通用规范》GB 50231。试运转分为无负荷、负荷试车，按照电动机、电动机联减速机、减速机皮带机的顺序进行试车。

4.12.1　试运转前的准备

1　检查输送机上各运转部位是否遗留有工具和材料等杂物，如有应予清除。

2　所有轴承、传动链以及减速机内部应按要求加有足够的润滑油、脂。

3　检查输送机胶带接头是否良好，是否成直角，胶带是否装反。

4　检查每一托辊在轴上灵活性及相应的空隙，是否有不转动的情况。

5　根据胶带松紧情况，对拉紧装置进行调整。

6　检查清扫装置与胶带紧贴情况是否均匀。

7　检查电气部分接线是否正确与牢固，电压是否达到额定值。

8　钢丝绳与绳槽均需涂黄油。

经过上述检查无误后方可以进行空载试运转。

4.12.2　空载试运转

1　试运行前电机及减速器空载运行应合格。试运时首先点动试运转，观察人员必须注意输送带走向是否正确，若有误，请电工换向接线。

2　再次点动试运转，观察人员注意胶带松紧情况，适当调整配重，使松紧适度。

3　继续点动试运转，观察人员注意胶带是否有跑偏现象，如有跑偏应进行调整。

4　确认运行方向正确，胶带松紧适度，且无跑偏现象，则可进入空载试运转。

5　空载试运转时间不小于 2h 且不应小于两个循环。

4.12.3　负荷试车

空负荷试车合格后方可进行负荷试车，负荷试运转时对输送机的加载量应从小到大逐渐进行，先按 20％额定负荷加载，通过后再按 50％、80％、100％额定负荷进行试运转，在各种负荷试车情况下试车连续试运转的时间不应小于 2h。

4.12.4　皮带调整

在试车期间出现皮带跑偏时应按下列要求进行调整：

1　在头部输送带的跑偏，调整头部传动滚筒。调整好后将轴承座处的定位块焊死。此时驱动装置可以不再跟随移动。

2　在尾部输送带跑偏，调整尾部改向滚筒或螺旋拉紧装置，调整好后将轴承座处的定位块焊死（垂直拉紧尾架）。

3　在中部输送带跑偏，调整上托辊（对上分支）及下托辊（对下分支）当调整一组托辊不足以纠正时，可续调整几组，但每组的偏斜角度不宜过大。

4　在局部地区局部时期的跑偏，用调心托辊可以自动调整解决。

5　若上述办法仍不能消除跑偏，则应检查：输送带接头是否平直，必要时应重接；机架是否倾斜；导料槽两侧的橡胶压力是否均匀。

6　上述调整，应在输送机空载和满载时反复进行，使输送机至托辊边缘有 30mm 左右的余量。

7　调整输送带的预紧力：使输送机在满载启动及运转时输送带与传动滚筒间不产生打滑，输送带在托辊间的垂直度小于托辊间距的 25％。

8　调整导料槽及清扫器的橡胶板位置，使其与输送带间不产生过大的摩擦。

4.12.5　试运转期间应进行下列要求进行检查，并做好试车记录，合格后方可办理移交。

1　检查输送机各运转部位应无明显噪声；各轴承无异常温升。

2 检查各滚筒、托轮的转动及紧固情况。

3 清扫器的清扫效果。

4 卸料车带载正、反向运行的情况及停车后应无滑移现象。

5 检查卸料车通过轨道接头时应无明显冲击。

6 输送带不得与卸料车发生摩擦。

7 调心托辊的灵活性及调整效果。

8 各电气设备，按钮应灵敏可靠。

9 测定带速、空载功率、满载功率应符合规范或设备厂家要求。

4.12.6 输送机安装调试后，应再涂一次面漆，涂漆前应修补好运输与安装时损伤的部位。

5 质量标准

5.1 主控项目

5.1.1 机架中心直线度、机架接头处偏差。

5.1.2 机架中心线与输送机纵向中心线的水平位置偏差。

5.1.3 滚筒轴线与输送带纵向中心线的垂直度。

5.1.4 滚筒横向中心线与输送带纵向中心线的偏差。

5.2 一般项目

5.2.1 机架支腿垂直度、机架横截面两对角线长度偏差。

5.2.2 中间架宽度偏差。

5.2.3 输送带接头直线度。

5.2.4 机架焊接及螺栓紧固。

6 成品保护

6.0.1 固定带式输送机一般为散件供货，应重点防止零部件的丢失和变形。

6.0.2 施工中应注意对已完工程和周围建筑物的保护。

6.0.3 在输送机上部安装溜槽、漏斗、卸料器等时应注意保护皮带，如果在皮带上方动火时应对皮带采取保护措施，防止焊渣、火星等掉落在皮带上对皮带造成灼伤或损毁皮带。

6.0.4 工程交工以前应组织专人进行成品保护。

7 注意事项

7.1 应注意的质量问题

7.1.1 根据工程情况建立健全质量保证体系，加强现场作业的质量监督管理工作。

7.1.2　认真组织施工人员熟悉图纸和施工规范，严格按照图纸和规范要求控制各项偏差。

7.1.3　严格执行安装工序交接制度，严格控制每道工序的质量偏差，做到上一道工序不合格，下一道工序不得施工。

7.1.4　严格落实技术交底制度，交底要有可执行性、可操作性，要使施工班组明确任务、明确作业程序、明确技术要求。

7.1.5　认真做好工程施工原始记录，及时正确做好工程交工资料，确保工程质量有可追溯性。

7.1.6　加强对计量器具的定期检验和复查工作，严禁使用未经检验的器具，施工中发现计量器具有偏差时应及时更换或复检。

7.2　应注意的安全问题

7.2.1　认真做好入场员工的三级教育，未经教育合格的人员严禁上岗。

7.2.2　进入现场必须戴安全帽，高处作业时必须佩戴安全带且应高挂低用。

7.2.3　洞口和临边处应设临时栏杆，栏杆高度不应低于 1.2m；同时洞口应张挂安全网。

7.2.4　进行吊装作业时应严格执行"十不吊"，作业时必须有专人指挥，起重吊臂下严禁站人。

7.2.5　施工现场内临时用电实行专人管理，严禁非专业人员进行作业，加强现场的用电管理。栈桥内施工时照明要充足。

7.2.6　现场材料要摆放整齐，要做好现场的清理、围护和文明施工管理工作。

7.2.7　危险源识别及预防措施见表 12-7：

危险源识别及预防措施　　　　　　　　　　　　　　　　　表 12-7

序号	危险源识别	预防措施
1	高空坠落	安全教育、铺设安全网或脚手架板、使用防坠器、加强个人劳保用品管理
2	物体打击	施工区域警戒围护、避免垂直交叉作业
3	机械伤害	进行安全教育、实行专人专机操作管理
4	触电	进行日常检查，实行一机一闸一保护
5	火灾爆炸	严禁落实"动火作业票"制度，氧乙炔距离按要求放置

7.3　应注意的绿色施工问题

7.3.1　必须采取相应措施以使施工噪声符合《建筑施工场界环境噪声排放标准》GB 12523。

7.3.2　临时用电线路应布置合理、安全，宜选用节能灯。

7.3.3 对施工期间的固体废弃物应分类定点堆放，分类处理。

7.3.4 施工期间产生的废料应分类回收利用。

7.3.5 现场清洗废油要回收处理，现场存放油料应防止油料泄漏。

7.3.6 在安装施工中，使用有毒有害物质时，如汽油、各种胶粘剂等，设置专门地点储存，要有密封防泄露措施。尽量减少挥发，严禁遗洒。

8 质量记录

8.0.1 基础验收测量放线记录。

8.0.2 重要工序的施工质量验收及安装记录。

8.0.3 重要部位焊接检查记录。

8.0.4 皮带粘接及试验记录。

8.0.5 设备、设计变更签证记录。

8.0.6 设备试运前检查签证记录。

8.0.7 设备试运签证记录。

8.0.8 其他有关资料记录。

第 13 章 桥式起重机安装

本工艺标准适用于普通用途的桥式起重机安装，其他类型的桥式起重机与通用桥式起重机相同的部分也可按本工艺的有关规定执行。

1 引用文件

《起重设备安装工程施工及验收规范》GB 50278—2010
《起重机 车轮及大车和小车轨道公差 第1部分：总则》GB/T 10183.1—2010
《起重机 试验规范和程序》GB/T 5905—2011
《机械设备安装工程施工及验收通用规范》GB 50231—2009
《一般用途钢丝绳》GB/T 20118—2006
《化工工程建设起重机规范》HG/T 20201—2017
《工业安装工程施工质量验收统一标准》GB 50252—2010
《建筑工程施工质量验收规范》GB 50300—2013
《建筑施工起重吊装工程安全技术规范》JGJ 276—2012
《特种设备安全监测条例》

2 术语

2.0.1 起重机：用吊钩或其他取物装置吊挂重物，在空间进行升降与运移等循环性作业的机械。

2.0.2 桥式起重机：其桥架梁通过运行装置直接支撑在轨道上的起重机。

2.0.3 找平层：原结构面因存在高低不平或坡度而进行找平铺设的基层，如水泥砂浆、细石混凝土等。

2.0.4 对角线差：表示设备部件外形设计方形或矩形纵横中心线交叉点之间两对角线长度之差值。

2.0.5 同心度：表示两个圆形物体安装在同一中心轴线上要求同心，其同心程度为两圆心间的距离。

2.0.6 倾斜度：指物体或斜面倾斜、歪斜的程度。

2.0.7 直线度：任何直线水平方向的偏移量称为水平直线度，垂直方向则称为垂直直线度。

2.0.8 轨道接头偏差：表示轨道头部间隙以及高低差。

2.0.9 挠度：建筑的基础、上部结构或构件等在弯矩作用下因挠曲引起的垂直于轴线的线位移。

2.0.10 轴端间隙：表示两连接轴之间的缝隙。

2.0.11 间距偏差：表示设备部件设计中心线之间相对尺寸安装时允许的偏差。

3 施工准备

3.1 作业条件

3.1.1 桥式起重机安装方案已编制报审，向特种设备安全监察机构办理了书面告知手续。

3.1.2 土建工程已基本结束，混凝土强度已达到设计要求。

3.1.3 组织有关人员已对本工程的合同、施工组织设计及施工方案的学习。

3.1.4 施工人员的资格已审核。

3.1.5 施工现场影响作业的临时设施已全部清理完毕，运输通道畅通无阻，周边无影响施工的障碍物。

3.2 材料及机具

3.2.1 材料

1 钢轨、钢板、橡胶板和紧固件应有出厂合格证。

2 设备符合设计和技术文件要求，并有出厂合格证和监督检验证明

3.2.2 机械与工具：主要机具设备：拔杆、卷扬机、滑车组、手动葫芦、汽车吊、千斤顶。

3.2.3 主要监视检测设备：水准仪、经纬仪、钢卷尺、弹簧秤等。

4 操作工艺

4.1 施工工序

基础验收 → 设备的开箱检查 → 设备的装卸、运输 → 轨道梁的找平 →

轨道与车挡安装 → 起重机大车、小车安装质检 → 大车梁组合 →

起重机大车、小车等的安装 → 齿轮、联轴器、制动器安装调整 →

滑轮、钢丝绳、卷筒、主、副钩连接 → 试运行及调试 → 工程验收

4.2 基础验收

4.2.1 起重机轨道基础，起重机轨道梁和安装预埋件应符合工程设计的规定。

4.2.2 起重机与建筑物之间的安全距离应符合工程设计的要求。见表13-1。

起重机与建筑物间的最小安装距离　　表 13-1

上方最小距离（mm）			侧方最小距离（mm）		
起重机额定起重量（t）					
≤25	>25～125	>125～250	≤25	>50～125	>125～250
300	400	500	80	100	100

4.3　设备的开箱检查

4.3.1　设备的技术文件应齐全，并应有出厂合格证书及必要的出厂试验记录、监督检验证明等文件。

4.3.2　按照装箱清单检查设备、材料及附件的型号、规格和数量是否符合设计和设备技术文件的要求。

4.3.3　机电设备运输情况：要求机电设备应无变形、损伤和锈蚀，钢丝绳不得有锈蚀、损伤、折弯、打环、纽结、咧嘴和松散现象。

4.3.4　检查起重机最外轮廓与建筑物之间的最小安装距离是否符合规范的规定。

4.3.5　对起重机轨道和车挡，要在安装起重机前先进行详细检查，看是否符合《起重设备安装工程施工及验收规范》GB 50278 的规定，如误差超过应予调整，使之合格后再行安装起重机。

4.3.6　对需要到安装现场进行装配的联轴器、制动器，装配前应检查是否符合《起重设备安装工程施工及验收规范》GB 50278 的规定。

4.4　装卸、运输

用汽车、吊车或排子、卷扬机等起重运输设施将行车桥式起重机大梁，按安装要求运输到安装位置，摆放要平稳。

4.5　轨道梁找平

4.5.1　轨道梁的验收

1　常用的用于安装轨道的轨道梁有 2 种：一种是钢结构梁，一种是混凝土预制梁。混凝土预制梁必须留有预埋孔，以备安装时穿螺栓，或者在混凝土预制梁中预埋螺栓。当采用钢结构梁时，必须调整好吊车梁的定位，使其中心线的位置对设计定位轴线的偏差符合要求后方能安装轨道。

2　轨道梁的安装偏差必须符合规范要求后才允许用混凝土找平。

4.5.2　混凝土找平层的施工

1　根据吊车梁标高测量记录，定出找平层顶面标高。混凝土找平层强度等级为 C30，找平层的厚度应在 30～50mm 范围内。

2　在吊车梁上每隔 2.4～3m 设置一个控制混凝土找平层顶面标高的基准

点，用水准仪测量并调整好基准点的顶面标高，定出找平层顶面标高基准线。

3 安装侧模板，清除吊车梁面和螺栓孔内的杂物，并将螺栓孔上口封住，洒水润湿后即可浇捣细石混凝土。

4 找平层顶面必须找平压光，不得有石子外露和凹凸不平现象，不允许采用在表面另铺水泥浆的方法抹平。

5 混凝土要充分搅拌均匀，施工时应加强养护，当混凝土找平层达到设计强度的 70％以上时，即可进行轨道的安装工作。

4.5.3 钢结构梁的找平

1 钢结构柱安装时以牛腿高度确定立柱一米线，按照划好的一米线确定标高。

2 牛腿垫板安置，按定位十字线焊接垫板。

3 弹簧连接板安装，可先将弹簧板一端连接在承轨梁的一端，吊装到位后再连接另一端。

4 承轨梁端面检查，顶紧面大于 70％，连接螺栓孔无毛刺卷边。

5 承轨梁吊装到位后，进行水平测量，垂直度测量，梁与梁高差校正，轴线对中，确认符合要求后进来上翼缘板与立柱固定件安装。

4.6 轨道与车挡的安装

4.6.1 轨道的安装

1 轨道铺设前，应对钢轨的端面直线度和扭曲度进行检查，合格后方可铺设。

2 将经纬仪架在轨道梁上，在梁的纵向中心线两端上分别定出两点，根据跨距偏差值，定出轨道安装基准中心线。

3 钢轨吊装就位前应在地面上预排。

1）排列轨道应从伸缩缝往两端试排并编号。

2）两条平行轨道的接头位置应相互错开，其距离不小于 600mm，也不应小于吊车前后轮的轮距，焊接接头的位置最好放在距离螺栓联结点 150～200mm 处。

4 把调直合格的轨道吊到梁上，按预排的编号放到规定的位置，并在轨道下面放置合适厚度的木板或垫铁，以便垫钢垫板或橡胶板。

5 在轨道压板下的钢垫板或橡胶垫板按规定位置放好后，将轨道下面的临时木板或垫铁拆除，并把轨道联成一体。根据基准线大体上找成一条直线后，用压板将轨道初步固定。最后用经纬仪进行全面找正，达到要求后把全部螺栓按要求紧固好。

6 轨道安装完毕进行检查验收，施工质量应符合规范的规定。

4.6.2 车挡的制作安装

1 根据设计选用车挡型号，并按标准图集中的标准图制作。

2　车挡制作前宜先测定轨道梁上联接车挡的螺栓孔的实际位置，以便相应的调整车挡上螺栓孔位置。

3　同一跨度内两平行轨道的车挡与吊车缓冲器均应接触良好，否则应用橡胶板进行调整，使两者间隙之差小于 4mm。

4　宜在吊前组装好起重机车挡。

4.7　起重机大车、小车等的安装

4.7.1　使用吊车安装起重机

吊装前要清理吊装现场的障碍物，并通过复测建筑安装点的高度及吊装时需越过的墙壁高度来确定吊装最大高度。如厂房内地面情况允许尽可能选择在厂房内进行吊装作业（目前大多是钢结构厂房，如厂房已建好且吊装高度不足，只能使用桅杆进行吊装）。

1　吊装前准备工作

1）根据起重机和车间的有关数据，结合现场的施工条件，合理选择起重机组装、起吊的位置，正确选用吊装机具，并作好平面布置。

2）清洗大车端梁联接板、螺栓和减速器、各车轮运行传动部件，检查锈蚀情况，必要时进行除锈，组装大车用的联接板应按出厂编号与大车安装图详细核对。

3）所有部件外观检查，确认各部应无漏焊、无裂纹、螺栓无松动。

2　使用吊车安装起重机

1）吊车吊装的条件：土建工程与结构工程基本完成，并已预留屋顶吊装口，设备运输道路已修建完成，吊装位置已清理夯实，吊车轨道已验收合格，设备已进场报验，并办理特种设备告知手续。

2）吊车选用：根据现场情况、需要吊装的最大高度与幅度、设备的最大单件重量与外形尺寸、吊装安全等条件综合考虑选取合适的起重吊车。

3）脚手架的搭设：选择在端梁组对位置的两端搭设井字型脚手架，铺满架板并捆绑牢固。

4）捆绑吊索的选用

在选用吊索时应根据设备的最大部件重量选用合适的钢丝绳以及吊索分支数，所选用的钢丝绳应满足规范《建筑施工起重吊装工程安全技术规范》JGJ 276—2012 与《钢丝绳通用技术条件》GB/T 20118—2017 的相关要求。

5）钢丝绳的捆绑

通过大车大梁吊装预留空洞（没有预留可在走台靠近大梁根部切割 100×100 的孔洞）进行钢丝绳的捆绑，捆扎点应在走轮或大梁梁身处，不得在走台或机械零件部位上，然后通过卸扣锁住大梁，并在楞角处垫上合适的衬垫物捆绑，要使两吊点尽可能做到平衡。

6）试吊

用两根棕绳分别捆绑在吊车梁的两端（用于稳定和转动吊物的方向），全部检查确认安全后，进行试吊，确认无误后，方可正式吊装。试吊时，设备最低处应离开支撑点 100mm。

7）起吊

再次确认吊车的稳定性与各部位的安全性后开始起吊，直至落到轨面，并对吊车端梁连接处进行临时垫平工作（根据实际高度垫入道木或垫铁），垫铁位置不得占用连接板位置。同上再吊装吊车梁的另一半。

3 桥架组装

1）起重机桥架分两片到货时，组装时利用吊车分别将两片桥架吊至已安装好的轨道上，然后进行组装，组装时应保证大车行走的四个车轮底部在同一个水平面上。

2）桥架组装以端梁螺栓孔或止口板为定位基准，按起重机安装连接部位编号图，将起重机组装起来，拧紧螺栓。组装用螺栓按技术文件或规范的要求进行连接。

3）桥架对角线在调整时，利用建筑柱梁挂设手拉葫芦在桥架一端进行拖动，直至所有的端板螺栓全部穿入连接板内，开始紧固螺栓。

4 大车运行机构已在制造厂与桥架组装在一起，不需在现场组装。桥架组装前后对大车运行机构进行全面检查并且各项检测数据应符合相关要求。

5 小车的组装

已在制造厂组装的小车运行机构应按设备技术文件的规定进行复查，现场组装的小车运行机构应符合设备技术文件的规定。行车梁组对完成并经检查合格后将小车吊起，慢慢落在小车轨道上。在安装小车前后对小车运行机构、各滚筒、吊钩滑轮等部件进行全面检查并且各项检测数据应符合相关要求。

6 操纵室及楼梯安装

待主梁组对完成后，操纵室安装位置在起吊前按照图纸划出，切割吊装孔，将操纵室移到安装位置的正下方，挂设吊装绳索，缓慢起吊直至吊装就位后，穿入安装螺栓并紧固到位。由于楼梯连接主梁走台与操纵室，吊装较为容易。

4.7.2 使用桅杆安装起重机

若厂房已建好且吊装高度不足或周围空间不足时需使用桅杆进行吊装，本工艺以临时桅杆为起重机具。

1 选择起吊位置：选择起吊位置应考虑桥式起重机运到起吊位置的道路是否畅通。测量厂房屋架下弦至轨道顶面距离和屋面板距地面距离。考虑立桅杆、安放卷扬机及缆风绳的位置是否合适等。

2　确定桅杆的高度

根据轨道的高度和厂房屋面的高度，计算桅杆高度，桅杆顶距屋面板下端最少应留有 300mm 的空间，以便于操作。

3　桅杆的位置的确定

1）由于起重机的大车小车是在地面组装好后整体起吊的，故桅杆应立在两片桥架中间，并偏离车间跨距中心一段距离 L_1（见图 13-1），该距离 L_1 可用下式计算（按未装操纵室）：

$$L_1 = G_2 \times L_2 / G_1$$

式中　L_1——桅杆中心至车间跨距中心的距离（桅杆中心至大车重心的距离）（m）；

L_2——桅杆中心至小车重心的距离（m）；

G_1——大车重量（kg）；

G_2——小车重量（kg）。

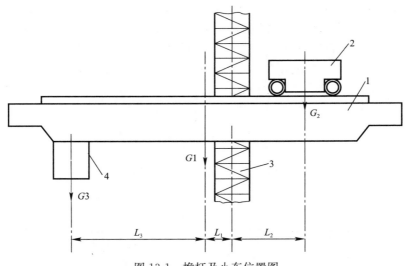

图 13-1　桅杆及小车位置图

1—大车；2—小车；3—桅杆；4—操纵室

2）一般先将桅杆立好，利用桅杆的起重滑轮组来组装起重机，立桅杆的地面如未浇灌混凝土，必须将地面平整夯实并应铺上石子和道木，以增加地面的承压面积，铺设道木的面积根据《化工工程建设起重机规范》HG/T 20201—2017 中的要求可用下式计算：

$$F \geqslant \frac{P_Z \times 10^{-5}}{\delta}$$

式中　F——枕木面积（m^2）；

　　P_z——桅杆底座所承受的轴向压力；

　　δ——土壤的许用应力（MPa），对黏土地面取 $\delta = 0.2MPa$。

3）桅杆不能组立屋面水平撑下方，否则将影响大车转向在。

4）桅杆运至其竖立的位置上，头部垫高一些。在桅杆吊耳两侧挂上起重滑轮组及拴好缆风绳，然后利用卷扬机吊起桅杆，张紧缆风绳，找正桅杆，桅杆应找正垂直，对较高和较重的吊车更应将桅杆找垂直。

4　缆风绳和卷扬机的布置

1）缆风绳应尽量对称布置，其根数一般不得少于 2 根，缆风绳与地面的夹角宜小于 30°，特殊情况下不得大于 45°。如需利用厂房柱子，应系结在柱子下部并保护好柱子棱角，不宜在混凝土轨道梁上以及柱子上部绑扎缆风绳。

2）在架设桅杆时，应事先将缆风绳穿过屋架的适当部位，缆风绳收紧后，不得使屋架受力。

3）缆风绳不得通过高压输电线路，必要时必须采取有效的安全措施。

4）起吊卷扬机宜布置在车间内或其他便于观察的地点。在整体吊装过程中，为了使桅杆不受偏心载荷，优先选择双面挂滑轮，两台卷扬机起吊的方法。

5）卷扬机的布置应便于两台卷扬机操作人员都能明显地看见指挥人员的统一指挥信号。

5　大车桥架梁的连接形式

为便于运输，大车桥架梁通常分成两片。安装前须先行拼装，其连接形式有两种：

1）15～50t 起重机端梁连接形式见图 13-2。在端梁中部用绞制孔螺栓把桥架

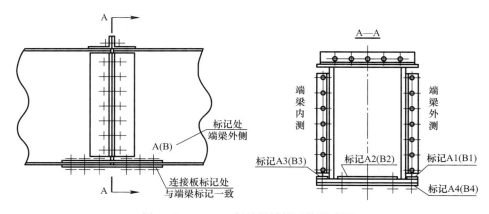

图 13-2　15～50t 起重机端梁连接形式图

连成一体。安装连接板时须注意连接板的编号要和端梁一致，不同标记的连接板安装位置见图 13-2。连接板安装时必须先用销轴定位，再用螺栓连接。紧固螺栓时，应按顺序交叉旋紧分多次拧紧。

2）50t 以上起重机多采用平衡梁形式。按照编号相同的原则调整好中间端梁与平衡梁的位置，然后打入连接轴，最后用挡板卡住定位轴，将桥架连成一体，见图 13-3。

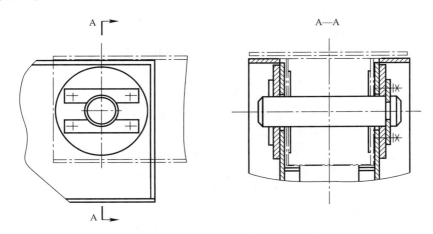

图 13-3　50t 以上起重机端梁连接形式图

桥架拼装后，其主要尺寸偏差应满足以下要求：

（1）起重机的跨度相对差值应在 ±5mm 之内。

（2）两根主梁（上拱度）1/1000mm。

（3）两根主梁的旁弯度不应超过 $S/2000$mm。

（4）两根主梁上轨道之间距离偏差：跨端 ±2mm；跨中 +1～+5mm（$S \leqslant$ 19.5m），+1～+7mm（$S >$ 19.5m）。

（5）对角线偏差不大于 5mm。

6　大车桥架梁的组装

1）将两大车桥架梁运至组装地点。

2）在大梁两端打道木堆，道木堆高度应以大梁底面离地 400～500mm 为宜。在道木堆上铺上轨道，轨道应垫平，否则影响组装质量。

3）将大梁平放在道木堆上的轨道上进行组装。

7　小车的组装

已在制造厂组装的小车运行机构应按设备技术文件的规定进行复查，现场组装的小车运行机构，应符合设备技术文件的规定。

8 小车的吊装方法

将小车运至组装好的大车旁，利用汽车吊至大车轨道上，亦可利用已立好的桅杆和吊车梁抬吊小车。将小车吊在已计算好的位置上，并绑扎牢固。

9 吊装

1）捆绑大车：为防止起吊时捆绳产生滑移，在大车走台板上相应位置割开适当尺寸的孔，并在大梁间有筋板部位用道木撑住并将道木固定牢靠，以免起吊时大梁变形。

2）捆好绑绳的桥式起重机，进行试吊，观察大车是否平衡。如果不平衡相差太多，可以移动小车调整，相差较小时，可在轻的一侧加上适当的配重，确认已平衡。

3）将起重机吊起悬空 100mm 并停留 10min，然后作行车晃动试验，以检查桅杆、地锚、缆风绳、卷扬机、捆绑点等的可靠性，且检查箱形梁内是否有积水（雨水），若有应作割孔放水处理。

4）试吊正常后，确认无误就可正式起吊。当桥式起重机吊起高出吊车梁上的轨道面时，牵拉事先拴在吊车两端的溜绳，将其旋转到预定的位置就位。

4.8 齿轮、联轴器、制动器安装调整

4.8.1 齿轮安装调整

1 用塞尺测量齿轮侧向啮合间隙，其最小值应符合有关规定。若用压铅法测量时，铅丝长度不应小于 5 个齿距，沿齿宽方向不少于 2 根铅丝，转动齿轮，待齿轮将铅丝压扁后取出，分别用千分尺测量压扁铅丝的厚度，其最小值应符合规定。

2 用红丹着色法，检查齿轮啮合接触情况，方法是：在小齿轮的两侧齿面上涂上一层薄而均匀的红丹，然后转动高速轴，使大齿轮正反方向转动，查看接触痕迹，并计算出接触的百分比，其值应符合有关规定。

3 开式齿轮的安装调整要求同上，但接触点精度等级可降 1～2 级，可按 8～9 级的要求检查。

4.8.2 联接轴安装调整

联接轴安装调整时，测量并调整两轴端间隙、同心度和倾斜度。先用塞尺测量联接轴两端径向、轴向间隙，平齐后精调，可在联接轴穿上组合螺柱（不拧紧）装设千分表，使联接轴顺次旋转 600、900、1800、2700。在每个位置上测量联接轴的径向和轴向读数，使各联轴节符合有关规定。

4.8.3 制动器的安装调整

1 安装前应检查各部件的灵活性及可靠性，制动瓦块的摩擦片固定牢固。使用铆钉固定的摩擦片，铆钉头应沉入衬料约 25% 以内。

2　长行程制动器的调整

1）松开调节螺母，转动螺栓，使瓦块抱住制动轮，然后锁住调节螺母。

2）取出滚子，松开螺母，调整叉板与瓦块轴销间隙，它应与制动闸瓦退距间隙一致，其值应符合有关规定。

3）松开磁铁调整螺母，转动调节螺杆，调整电磁铁行程并符合有关规定。

4）用撬棍抬起电磁铁，在吸合的状态下，测量制动器闸瓦间隙，并转动调节螺杆，使它符合规定值，两侧间隙相等后，锁紧调节螺母。

5）松开调节弹簧螺母，夹住拉杆尾部方头，转动螺母，调整工作弹簧的安装长度并符合有关规定。

3　短行程制动器的安装调整

1）松开调节螺母，夹住顶杆的尾部方头，转动调节螺母，使顶杆端头顶开衔铁，调整衔铁行程并符合有关规定。

2）松开弹簧压缩螺母，用其顶开轴瓦两侧制动臂，直至衔铁处于吸合状态。

3）调整限位螺钉，使左右侧闸瓦间隙相等并符合有关规定，锁紧螺母。

4）调整螺母使工作弹簧达到安装长度，并将螺母拧回锁紧。

4　液压制动器的安装调整

液压制动器的调整与电磁制动器的安装方法基本相同，但应注意以下几点：

1）在确保闸瓦最小间隙的情况下，推杆的工作行程愈小愈好。因此，可用连杆调整推杆，使推杆工作行程符合有关规定。

2）随着闸瓦的磨损，为了保证瓦间隙仍能保持一致，液压电磁制动器带有补偿行程装置。用连杆调整推杆接头端面与缸盖的距离，该值称为补偿装置的行程，其值应符合规定。

3）当推杆上升到最高位置时，在保证闸瓦最小间隙的情况下，调整两侧压杆限位螺钉，使闸瓦与制动轮两边间隙保持相等。

4）液压制动器弹簧安装长度及制动弹簧的工作力应符合有关规定。

5）液压制动器的工作油压应符合图纸要求，图纸无要求时，可根据使用环境温度，按推荐选用油液。

5　加油方法如下：

1）对电动液压制动器，拧下加油螺塞，将油注到油标所示位置，然后拧紧加油螺塞。

2）对电磁液压制动器，把推杆压到最低位置。拧开注油螺塞和排气螺塞，将油注入。当油从排气孔溢出，稍停几 min，继续把油加至注油孔下方 30～40mm 处，用手上下拉动推杆数次，排放积气并拧紧排气、注油螺塞即可。

4.9 滑轮、钢丝绳、卷筒、主、副钩连接

4.9.1 截取钢丝绳时，要在截断处两侧先捆扎细铁丝，以防松散，捆扎长度不应小于钢丝绳直径的 5 倍。

4.9.2 穿绕钢丝绳时，钢丝绳的缠绕必须正确、可靠，不得使钢丝绳形成扭结、硬弯、轧扁、刮毛等。成卷钢丝绳应滚动或吊起旋转，使钢丝绳铺平后再穿，钢丝不得接长使用。

4.9.3 钢丝绳无论采用哪种固定方法，绳头一定要固定牢固，所有固定连接螺栓应加锁紧装置，并报经技术检验部门复检。

4.9.4 滑轮组安装时，应检查其转动灵活性，不得有任何卡阻。对转动不灵活的滑轮应拆开清洗检查，仍不灵活应调整和更换。

4.9.5 钢丝绳、滑轮、卷筒、主、副钩连接缠绕方式应符合图纸的规定。

4.10 试运转及调试

起重机就位安装完毕后要进行试运转，其目的在于检验设备本身在设计、制造及安装过程中的质量情况。试运转分无负荷、静负荷和动负荷试运转。

4.10.1 试运转前的检查。

1 检查前应切断所有电源。

2 所有连接部位应紧固。

3 电气系统、安全联锁装置、制动器、控制器、照明和信号系统等安装应符合要求，其动作应灵敏和准确。

4 钢丝绳端的固定及其吊钩、滑轮组和卷筒上的缠绕应正确、可靠。

5 各润滑点和减速器所加的油及油脂的性能、规格和数量应符合设备技术文件的规定。

6 盘动各运动机构的制动轮，使转动系统中每一根轴（车轮轴、卷筒轴）旋转一周并不应有阻滞现象。

4.10.2 起重机的无负荷试运转，应符合下列要求：

1 控制机构的操作方向应与起重机的各机构运转方向相符。

2 分别开动各机构的电动机，做正、反方向运转，累计时间不少于 5min，其运转应正常，大车和小车运行时不应卡轨，主动轮应在轨道全行程上接触，各制动器能准确及时的动作，各限位开关及安全装置动作应准确、可靠。

3 当吊钩放到最低位置时，卷筒上钢丝绳的圈数不应少于 3 圈。

4 用电缆导电时，放缆和收缆的速度应与相应的机构速度相协调，并应能满足工作极限位置的要求。

4.10.3 静负荷试验应按下列程序和要求进行

1 把起重机停在厂房柱子处。

2　开动起升机构，进行空负荷升降操作，并使小车在全行程上往返运行，此项空载试运转不应少于三次，应无异常现象。

3　将小车停在起重机的跨度中部，逐渐地加负荷作上升试运转，直至加到额定负荷后，使小车在桥架全行程上往返运行数次，各部分应无异常现象，卸去负荷后，桥架结构应无异常现象。

4　将小车停在起重机的跨度中点位置，无冲击地缓慢加负荷至额定负荷的1.25 倍，在离地面高度为 $100\sim200\mathrm{mm}$ 处，悬吊停留时间不少于 $10\mathrm{min}$，并应无失稳现象。然后卸去负荷，并将小车开到跨端，检查桥架有无永久变形。

5　静负荷试验不得超过三次，并不应有永久变形。

6　把小车开到极限位置，上拱最高点应在跨度中部 $S/10$ 范围内，其值不应小于 $0.7S/1000$。

7　上述静负荷试验结束后，检查起重机桥架金属结构，各部分应无变形。

4.10.4　动负荷试验

1　动负荷试验的目的主要是检查起重机各机构及其制动器的工作性能。

2　各机构的动负荷运转试验应分别进行。当有联合动作运转试验要求时，应按设备技术文件的规定进行。

3　各机构的动负荷试运转应在全行程上进行，起重重量应为额定起重重量的1.1 倍。

4　试验时同时开动的机构不应超过两个，按工作类型规定的循环时间作重复的起动、运转、停车、正转、反转等动作，累计起动及运行时间不应少于 $1\mathrm{h}$。

5　各机构的动作应灵敏、平稳、可靠，安全保护、联锁装置和限位开关的动作应准确、可靠。

6　试验结束后，各零部件应无裂纹等损坏现象，各连接处无松动现象。

4.11　工程验收

起重机安装完毕，并经空负荷、静负荷和动负荷运转检验合格后，就可办理移交验收手续。

5　质量标准

5.1　主控项目

5.1.1　轨距与设计尺寸偏差、轨道全程轨顶标高最大偏差。

5.1.2　额定负荷试验时大梁垂弧；1.25 倍额定负荷试验后桥架挠度、大钩张口符合要求；动负荷试验时大、小车的行走平稳无卡轨、大小吊钩升降平稳、钢丝绳排列整齐。见表 13-2、表 13-3。

轨道安装检查 表 13-2

检验项目		性质	单位	质量标准	检测方法及测量器具
轨距与设计尺寸偏差	跨距<19.5	主控	mm	≤3	钢卷尺加 100N 拉力时测量
	跨距≥19.5	主控	mm	≤5	钢卷尺加 150N 拉力时测量
轨道	全程轨顶标高最大偏差	主控	mm	±10	水准仪测量

桥式起重机负荷试验 表 13-3

检验项目			性质	单位	质量标准	检测方法及测量器具
静负荷试验	额定负荷试验时大梁垂弧	电动桥式	主控	mm	$<L/700$	经纬仪测量
		电动单梁	主控	mm	$<L/600$	
		手动	主控	mm	$<L/500$	
	1.25 倍额定负荷试验后检测	桥架挠度	主控		恢复原状且无残余变形和异常现象	1.25 倍额定荷重悬挂 10min，卸荷重后检查
		大钩张口	主控			
动负荷试验	大小车行走		主控		平稳无异常震动、卡涩和冲击车轮不卡轨	观察
	大小吊钩		主控		升降平稳滚筒钢丝绳排列整齐	观察

5.2 一般项目

5.2.1 轨道安装时基础梁外观；单轨中心线平直度偏差、与基准线偏差；轨道纵向水平度、横向水平度；轨道同断面两轨顶标高偏差；轨道间隙、轨道接头横向错口、轨道接头高低差符合要求；轨道螺栓紧固、轨道接头焊接、终端限位装置正确牢固；压板和垫铁与轨道、行车梁接触良好密实；二次灌浆符合要求。

5.2.2 起重机组合安装时外观检查、主梁跨距偏差、桥架对角线允许偏差、箱形梁旁弯度、箱形梁小车轨距偏差、小车轨道高低偏差、小车轮跨距偏差、大车轮断面偏斜度、同一平衡梁上两车轮同位差、同一端距离最远两车轮同位差、大车轮垂直度偏斜度和端面偏斜度、各传动轴晃度、钢丝绳外观、吊钩在最低位置时滚筒上钢丝绳圈数、吊钩在最高位置时滚筒上的钢丝绳、缓冲器与限位器开关等符合要求。

5.2.3 传动机械检查安装时电动机与减速机联轴器找中心、各传动轴的联轴器中心径向偏差符合要求；制动带、滚筒、滑轮、吊钩外观、车轮轴承无损伤锈蚀。

5.2.4 空负荷试验时大、小车轮缘与轨道间隙、车轮与轨道接触，大小车跑车试验时大、小车行走、车轮在轨道上滚动、制动器、限位开关、联锁保护装置、齿轮箱、轴承温度符合要求；1.25 倍额定负荷试验后焊缝、钢件无裂纹；动负荷试验时试验荷重、电动机温度、轴承温度、变速传动部件、制动器、电动机、控制设备、限位开关、联锁保护等符合要求。

6　成品保护

6.0.1　设备材料进场后，应分区集中堆放，尽量减少二次搬运的距离。开箱后，应带包装进行倒运，并固定牢靠；对需开箱倒运的附件，应在附件与运输车辆间垫以木块、胶皮等防护材料，避免在二次搬运过程中造成损坏。对暂时无法安装的设备材料应设临时围栏，同时做好防潮、防倾倒、防盗措施；精密仪器应进库管理。

6.0.2　设备装卸时应严格按照有关施工规程或产品说明书的要求进行装卸，杜绝野蛮装卸。

6.0.3　使用电气焊时要注意不损坏钢丝绳，严禁将钢丝绳作导线使用。

6.0.4　在露天就地放置的端子箱、屏柜等小件设备，应采取防雨措施，并做标识和警示牌；电器开关及操作箱应加锁管理。

6.0.5　对安装好的设备，严禁随意涂画、操作。

7　注意事项

7.1　应注意的质量问题

7.1.1　施工用混凝土标号应符合要求。

7.1.2　确定行车轨道基准线时，应先复核图纸尺寸与实物尺寸，看两者是否一致。

7.1.3　每次作业前，均应复查一次基准线，确认无位移后，方可作业。

7.1.4　施工过程中应对以下项目的安装偏差进行严格控制：

1　轨道水平度。

2　跨度误差。

3　传动机构同心度。

4　极限位置的控制。

5　制动器制动效果。

6　端梁连接螺栓的力矩。

7　两侧轨道接头的距离控制。

7.1.5　调试过程中应严格依据图纸及有关资料要求调整，不可随意更改设备线路，以防损坏设备。

7.1.6　严格按步骤调试和试验，防止调试过程中漏项。

7.2 应注意的安全问题

7.2.1 桅杆组立时，应注意以下安全事项

1 竖立桅杆时，其吊点应系在桅杆重心以上 1～1.5m，若系点高度受限制不能吊在桅杆重心以上时，应在底部另加配重，降低重心位置来达到上述要求。

2 在桅杆组立过程中应保持起吊滑车组始终处于垂直状态，并不得碰击建筑物。

3 在桅杆底部应设索引和溜放滑车组，以保证桅杆向前起吊时滑车组处于垂直位置。

4 桅杆的缆风绳，应事先穿入在屋架下弦处，待桅杆被吊到指定位置呈直立状态后，应立即将支撑恢复原状。

7.2.2 在拆除桅杆时，应注意以下安全事项

1 利用小车或行车大梁拆除桅杆时，必须将小车或大车轮固定。

2 吊点应在桅杆重心以上，如无法在重心以上时，可在桅杆底部加配重，防止桅杆倾倒。

3 先松缆风绳，吊起桅杆，观察情况，如无异常，再解开拴在柱脚的缆风绳，将桅杆慢慢放在地下，最后拆除桅杆。桅杆放下时，底部应加牵引绳。

7.2.3 起重吊装时应正确选定吊点的位置，使之能承受安全吊装的最大负荷。

7.2.4 吊装时施工人员应站在安全位置处进行操作，拉动倒链时不能硬拽。

7.2.5 钢丝绳夹的规格必须与钢丝绳匹配，绳夹的压板应装在钢丝绳的受力端。钢丝绳夹的数量不应少于 3 只；只准将两个相同规格的钢丝绳用绳夹夹住，严禁将两条以上的钢丝绳或不同规格的钢丝绳用绳夹夹在一起。

7.2.6 高空作业人员所用工具、零件应放入工具袋内，操作时工具、零件要拿牢。

7.2.7 支撑主梁的木方要垫实并固定牢靠。

7.2.8 不得带电作业，若必须接触带电部位，应有专人监护并挂警告牌。

7.2.9 调试人员应按照试车方案进行调试，做到统一指挥，分工明确，各负其责。

7.2.10 动车之前应检查各种安全装置动作的可靠性，确认无误时方可动车。

7.2.11 在试运转前各机构必须做好润滑。

7.3 应注意的绿色施工问题

7.3.1 加强对现场存放油品的管理，对存放油品的库房进行防渗漏处理，

在储存和使用中，采取有效措施，防止油料污染环境。

7.3.2 施工过程中的废料不得随地乱扔，必须按有关规定进行集中处理，防止因施工而造成二次污染。

7.3.3 对噪声过大造成环境污染的机械施工，采取有效降噪声处理措施，其作业时间限制在规定的时间内，尽量避免夜间施工。

8　质量记录

8.0.1 设备及材料进场检验记录。

8.0.2 设计变更和修改等有关资料。

8.0.3 轨道安装施工质量检查记录。

8.0.4 起重机有关的几何尺寸复查和安装检查记录。

8.0.5 重要部位的焊接、高强度螺栓连接的检验记录。

8.0.6 起重机试运转记录。

8.0.7 工程质量评定资料。

8.0.8 其他有关资料。

第 14 章　湿式螺旋气柜施工

本工艺标准适用于额定容积为 10000～30000m³ 湿式螺旋气柜的安装。气柜是一种采用钢板及型钢组合焊接而成的大型分节圆筒设备，并由导轨与导轮配合，实现塔节的自由升降，主要储存煤气、二氧化碳气、氮气等，起存储、缓冲、稳压作用。

1　引用文件

《钢结构工程施工及验收规范》GB 50205—2001

《金属焊接结构湿式气柜施工及验收规范》HG/T 20212—2017

《工业金属管道工程施工规范》GB 50235—2010

《化工设备管道防腐工程施工及规范》HG/T 20229—2017

《工业设备及管道绝热工程施工质量验收规范》GB 50185—2010

《现场设备、工业管道焊接工程施工规范》GB 50236—2011

《工业安装工程施工质量验收统一标准》GB 50252—2010

《涂覆涂料前钢材表面处理　表面清洁度的目视评定　第 1 部分：未涂覆过的钢材表面和全面清除原有涂层后的钢材表面的锈蚀等级和处理等级》GB 8923.1—2011

2　术语

2.0.1　湿式螺旋气柜：由立式圆筒形水槽、一个或数个圆筒塔节、钟罩及螺旋导向装置组成的起存储、缓冲、稳压作用的容器。

2.0.2　倒装法：是指以储罐罐底为基准平面，先安装顶层壁板和储罐罐顶，然后自上而下逐层壁板组装焊接与顶起，交替进行，依次直到底层壁板安装完毕的施工方法。

2.0.3　总体升降试验：利用鼓风机向塔内充气，使塔体徐徐上升，通过导轮运行情况和借助塔顶的 U 形差压计观察压力变化，来检验塔体上升的性能，并对安装焊缝涂刷肥皂水来检验焊缝的严密性的试验。

3　施工准备

3.1　作业条件

3.1.1　施工前认真熟悉图纸及现场情况，发现问题及时汇总提出。

3.1.2 组织施工人员认真学习施工图技术要求和相关的规范、规程及施工技术措施。

3.1.3 根据材料规格和相关标准，绘制排版图。

3.1.4 组织有关技术人员根据确定的工程量，编制施工预算。

3.1.5 根据施工方案，确定合理的施工机具，根据施工任务情况，提出合理的人力计划。

3.1.6 编制合理的施工方法，施工措施，实施施工管理。

3.1.7 组织施工人员，认真学习有关规程规定、技术文件，并作好进场前技术安全交底。

3.1.8 土建基础已验收合格，设备基础的位置、几何尺寸和质量要求，应符合现行国家标准的规定，并应有验收资料或记录。

3.1.9 场平：设置或引入测量控制基准点，并加以保护，对工程进行定位放线。

3.1.10 施工材料机具运输道路通畅，基础周围场地平整。

3.1.11 首批使用的机械设备、材料到位，并按指定地点摆放整齐。

3.1.12 按照施工平面布置图对施工现场进行合理规划，接好施工用电、水、通信设施。

3.1.13 按照现场文明施工要求设置安全警示牌、宣传牌、安全栏。

3.2　材料及机具

3.2.1　材料

使用的各种钢板、型钢、配重、油漆按照图纸提供材料计划，进行供应。

3.2.2　机具

1 辅助材料及机具：水槽倒装抱杆：无缝管；轨道胎具：8～10mm 钢板；组对平台：16mm 钢板、16♯工字钢、道木；喷砂除锈：石英砂；临时平台：角钢；组对安装焊接：各型焊条；防护用品：安全带、护目镜、口罩、防毒面具；消防器材：灭火器。

2 机械与工具：

吊装搬运机具：汽车吊、叉车、龙门吊、钢板吊钩、倒链。

制作组装机具：卷板机、剪板机、摇臂钻、半自动切割机、磁力电钻、固定砂轮机、小台钻、螺旋千斤顶、角向磨光机、电动液压千斤顶。

焊接机具：交流弧焊接、直流弧焊接、烘干箱、碳弧气刨机、手提保温桶。

喷砂除锈机具：空压机、空压储罐。

3.2.3　主要监视测量设备

真空泵、真空试验机、鼓风机、经纬仪、水准仪、X 射线探伤仪、超声波探伤仪、U 形差压计、真空表、测厚仪。

4 操作工艺

4.1 施工工艺流程（图 14-1）

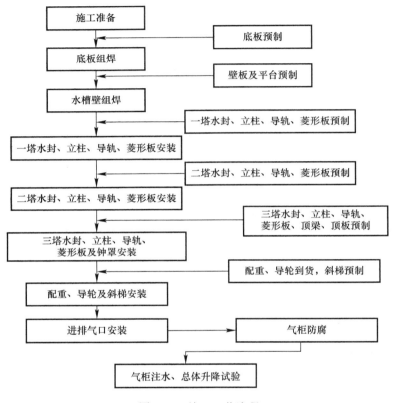

图 14-1 施工工艺流程

4.2 构件预制

为了提高安装质量和加快施工进度，在安装前，对底板、菱形块、水槽壁板、水封、导轨、立柱、顶梁、顶板、爬梯、平台等构件，尽可能按照安装顺序要求提前预制。

4.2.1 底板预制

1 先根据到货钢板的尺寸画出底板排版图，并经有关部门同意。底板的预制工作应根据底板安装排版图进行，先按照板材规格拼焊成正方形或长方形大板块，预制工作应按下列步骤进行：

平板 → 划线 → 校核 → 编号 → 切裁 → 坡口 → 清渣 → 拼接点焊 → 焊接 →

焊缝检查 → 防腐 → 存放

2　预制工作应按照下列几点进行：

1）板料必须平整，应无明显凹凸和死弯。

2）画线下料时，应考虑焊缝收缩量，最少按 1/1000 加放直径。

3）中幅板与中幅板之间采用对接，边板与中幅板的搭接量不小于 40mm。

4）焊缝采用对接，焊接方法由里向外多人对称分布倒退焊，焊缝接头不得重叠。

5）中幅板的组对在平台上进行，平台上部设一台单梁电动葫芦，以便中幅板翻个焊接。（如图 14-2）

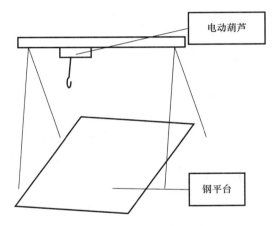

图 14-2　中幅板组对平台

6）所有焊缝采用煤油渗透检验，煤油渗透检验可在现场作一个高 800mm，大小与支架图中幅板尺寸略小的支架，两侧面有斜滑道，以便将中幅板用卷扬机拉上支架（或用吊车吊上），焊缝下面刷煤油，上面刷石膏糊。见图 14-3。

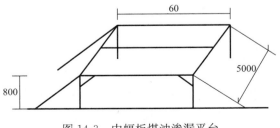

图 14-3　中幅板煤油渗漏平台

177

7）中幅板焊缝采用煤油渗透检验后，可对其上面按底板表面防腐要求防腐，另一面不防腐，待底板组对焊接完后再进行。

4.2.2 水槽壁板预制

1 水槽壁是气柜使用钢板最厚的部分，也是气柜倒装法施工圆度控制的基础，因此水槽壁的预制工作必须特别重视，否则会影响整个气柜的施工质量，水槽壁板的预制由上向下逐圈进行。水槽壁应根据到货材料画出壁板排版图。

2 预制程序如下

材料平整 → 划线 → 校核 → 编号 → 切裁 → 坡口 → 压头 → 卷圆 →

防腐 → 存放

3 预制工作要点

1）划线下料工作应认真仔细，矩形板的对边偏差控制在 1.5mm 以内，并应严格找方，使对角线偏差不大于 2mm。

2）长板打坡口用半自动气割机进行。

3）所有壁板必须压头，并应符合圆弧曲率。

4）所有用卷板机卷出的壁板，必须用弦长不小于 1.5m 的样板严格检查曲率。

5）卷好圆弧的壁板应存放在相应曲率的支架上，不得随意乱放。

6）卷好圆弧的壁板应立起喷砂防腐，防腐可先刷一遍底漆，边缘留约 60mm 部分不刷，壁板站立要支撑稳固，防止倾倒。

4.2.3 菱形板块的预制

1 菱形板是各塔节的壁板，是气柜工程板料面积最多的一部分，用料较薄，焊接变形大，对气柜的外观尤为重要，各塔壁板被螺旋导轨将整个塔壁分成若干全等的近似于菱形的平行四边形，故称为菱形板，菱形板应根据来料画出排版图。

2 预制程序如下：

平板 → 划线 → 切裁 → 拼接点焊 → 焊接 → 调平 → 焊缝检验 → 防腐 →

存放

3 预制工作应做好以下几点：

1）拼接形式为对接，焊缝布置应符合设计及规范要求。

2）焊接方法采用由里向外分段跳焊法，焊接采用小电流施焊。

3）焊缝检验在调平后进行，采用煤油渗透检验。

4）由于菱形板料较薄，容易变形，焊后必须调平。调平时，在焊缝下部用重轨垫实，然后用锤沿焊缝均匀敲击，敲击时可使用平锤之类，以免损伤钢板。

5）菱形板组对在平台上进行煤油渗漏方法同中幅板。

6）煤油渗漏完后进行喷砂防腐（由于气柜内外壁防腐设计往往不同，所以防腐时应特别注意）。

4.2.4　螺旋导轨预制

1　螺旋导轨是气柜运行的关键部件，气柜能否顺利升降，很大程度取决于导轨的预制和安装，所以导轨的预制工作必须十分重视。见图14-4。

图 14-4　导轨精调胎具

2　导轨预制主要分两步进行：

1）导轨先煨制成直径与塔壁直径相同的圆弧。

2）再在精调胎具上将其调整成螺旋状。

将导轨煨制成直径与塔壁直径相同的圆弧，主要压力设备采用50t的螺旋千斤或电动顶镐，两个支点距离为1m，承受点设置于两点的中点。压制时，导轨顺沿200～300mm压一次，压出的导轨须用弦长不小于1.5m的样板严格检查曲率。

在精调胎具上将其调整成螺旋状，调整胎具是调整工具又是导轨样板，导轨胎具实质是圆柱截体，也就是相当于从塔体上取下含一条导轨的截体，支架用焊管或槽钢，面板用6mm厚钢板制作，上下带板用8mm钢板，面板上划好中心线，以便校核导轨。面板、带板上画出螺栓孔位置。

胎具尺寸、弧形曲线及胎具面板上的导轨中心线（"S"形曲线）与安装螺孔位置，需经验收合格后才能加导轨。

胎具放样时，必须注意相邻两塔节相反允许第一、三塔节的平均直径作一胎具两节共用，以第二塔节直径作为第二塔胎具。

放置导轨前应先在面板上放上导轨垫板，并画中心线及螺栓孔位置，打出螺栓孔。

导轨放上垫板，一端用卡子固定在胎具上，另一端用 5t 倒链拉，使其与垫板贴合，中部每 300mm 可用卡具及楔子使导轨与带板紧密贴合。

3 导轨焊接

导轨焊接分两部分，一是导轨对接，二是导轨与垫板的焊接，导轨对接采用 U 形坡口，焊条采用 E5015，焊后将焊缝磨平。导轨与垫板焊接采用对称花焊，焊时将垫板置于调整胎具中心，钢轨压在垫板上用夹具夹紧，使轨、板、胎、面之间紧密贴合，然后固定焊。该焊条使用前必须进行烘干温度 350℃，恒温 2h。

4 导轨钻孔。

5 导轨与立柱、上下带板之间连接用螺栓固定。钻孔前先按 1:1 的比例打出实样，将打孔部件精确的放出薄铁皮样板，钻孔时按样板号出孔的位置然后钻孔，钻孔工作一定要认真仔细，导轨底面是斜面，钻孔时应采用定位夹具。

4.2.5 立柱和圆弧形角钢的预制

1 立柱的预制可按下列工序进行：

校直 → 画线 → 切割 → 组焊 → 校直 → 钻孔

2 立柱是控制塔节外形的主要构件，校直和钻孔工作应特别注意，严格按规范要求和上列加工工序执行。

3 圆弧形角钢的煨制利用 50t 千斤顶或电动顶镐加相应的模具煨制，使煨弯与撇"八"字一次成形，然后在平台上划线校核。

4.2.6 水封槽的预制

1 水封槽是各个塔节之间的密封构件，绝对不允许渗漏，水封由环形槽钢圈、立板和塔壁圈板组成。

2 水封预制关键是 [32 槽钢圈的煨制，该工艺采用冷煨成形，煨弯前先将槽钢调直，煨制形式采用杠杆式，工具采用 120t 电动顶镐作为主压力，20t 千斤顶作为辅助工具以防槽钢起皱。槽钢每顺沿 300mm 压一次，煨好的槽钢圈应在胎膜上校核、精调，调整时可用千斤顶或火焰校正。为了防止端头有直段，可将槽钢焊接后再依次顶成。

3 带板预制：带板上部有螺栓孔与导轨相连接，其预制质量直接关系到导轨安装位置精度。带板应用薄铁皮作样板，螺栓孔位置准确。

4 槽钢、挂板、带板组焊时，应在胎具上逆行固定焊，并用角钢将上口作临时固定，然后脱模施焊。带板组焊时应先点焊，测量两相邻立柱、导轨螺栓孔距正确后方可焊接。

5 焊接时应由几个焊工同时由外圈对称焊接，采用小电流分段跳焊法。为了使预制件便于组对，靠近端部的 300mm 焊缝暂不焊接。

4.2.7　扶梯、平台预制

扶梯、平台管子的煨弯可在滚床上进行，各种梁、柱的弧度应与塔壁相符，扶梯组对应在导轨精调胎具上进行，以防扶梯曲率与塔壁不符。

4.2.8　顶梁、顶板预制

顶梁、顶板预制在二塔安装完成后在底板上组对成型。拱顶主、次梁全部用工字钢制作，煨制方法采用 120t 电动顶镐冷煨，用弦长 2m 弧形样板和在平台上划出顶梁弧线校验和拼接。顶板预制同菱形板。

4.3　构件安装

4.3.1　基础验收

1　气柜基础应按表 14-1 进行复测。

气柜基础测量允许偏差　表 14-1

序号	项目		允许偏差及要求（mm）	检验方法
1	标高		±10	用水准仪检查
2	中心		±20	接线或用尺检查
3	环形	基础内径	±50	用尺检查
4		基础边宽	±50	用尺检查
5		沿水槽壁下的标高	±5	用水准仪每隔 2m 测一点
6	径向坡度		每米 5，全长 10	从中心突起点接线至基础边缘沿圆周检查
7	沥青防潮层		应密实，无裂纹，分层	观察检查
8	干砂、粒度		小于 3	观察检查
9	干砂层厚度		20～30	用尺检查

2　基础复检画线

1）利用基准点作为基础的基准点引至基础中心，从中心向外每 2m 一个检测点，进行检测并作好记录。

2）画线按图线要求画 0°、90°、180°、270°线。

3）测量沉降标识点做好记录，有问题及时找甲方联系。

4.3.2　底板组装与焊接

1　底板铺设前，先铺中心定位板及最中间一行中幅板，然后向两边延展铺设，两中幅板之间为对接，焊缝下面用 40×3 的扁铁做垫板，待中幅板铺完后，划出圆周线，割去线外余板，再铺边板，边板与中幅板的搭接量为 30mm，底板铺设应随时调整合适可用夹具临时固定，或少量点焊固定。

2　底板组焊完毕后，应将基础上的"十"字线引到底板上，找出中心点并放出水槽壁、中节和钟罩安装四周线，在底板中心安装临时中心柱（钢管）或中心架，采用轮杆或吊线方法，控制各塔节及导轨的半径准确度。

3 底板焊接放在水槽壁板焊接完后再进行，焊后如变形超差或底板脱离基础表面 30mm 以上时，应在底板上开孔充填干砂，并用压缩空气吹实填满。

4 底板焊接时应采用：

长短焊缝两侧方向拉紧先释放应力再点焊；中幅板各缝焊完后，将中幅板与边板接缝铲开释放应力并拉紧二次点焊固定后再分段施焊。

由中心起向四周方向施焊，应先焊短缝后焊长缝和采取分段退焊法施焊，底板如有不平处，则应先焊低处，将低处基本处理完后按分段跳焊法进行焊接。

采用小电流和快焊速的焊接工艺

5 底板焊后，经外观检查合格，将所有没有煤油检查的焊缝，做真空检漏试验，真空度不低于 26.6kPa（200mmHg）。真空箱与底板密封采用玻璃泥。见图 14-5。

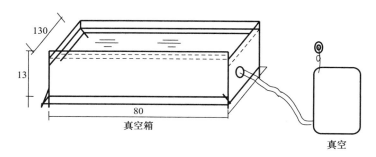

图 14-5　底板抽真空

4.3.3　水槽壁和平台安装

1 在壁板内侧沿水槽壁的划线与底板焊接临时角板，来控制水槽的圆度。槽壁的安装采用倒装法。在底板水槽壁内侧树立 $\phi159 \times 10$ 桅杆 $L=3m$，桅杆相互距离不大于 3m，排布均匀。每个桅杆顶部挂 5t 倒链 1 台。见图 14-6。

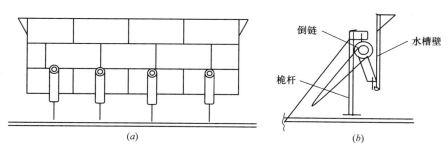

图 14-6　水槽倒装法
（a）水槽倒装法吊装示意；（b）吊装设立

2　按照水槽壁排版图，从一点起向两侧延展吊装就位水槽上卷好的壁板，最后会合处要留有足够的余量，待一圈立缝点焊固定并焊完内外立缝和沿周围自由收缩后，用两个倒链在会合处临时锁住。将其周长调整适宜上下等距垂直划线切去多余板，然后开坡口并加护板。见图 14-7。

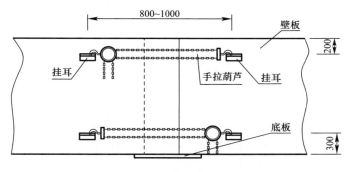

图 14-7　壁板合拢图

3　各立缝焊接前，应将其上下加临时弧形护板控制变形，立缝先焊外侧，然后将内侧清根打磨后焊接。见图 14-8。

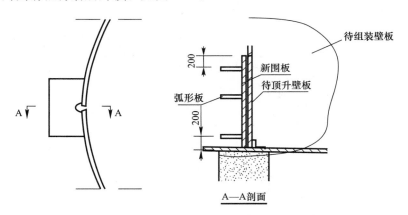

图 14-8　围板立缝圆弧板组装示意图

4　当上部第一圈板组对好后，校正壁板的弧度和半径，再将预制好的平台焊在圈板上，使平台形成加固圈作用控制着槽壁上的圆度。水槽平台的斜支撑暂不拼装，待第二圈板与上圈板环缝组装完毕后，再拼装平台斜支撑，以防应力变形。

5　当平台组装好后，再利用群抱杆。将上部圈板与平台一起吊起，起高位置以高于第二圈板 200mm 为适宜，停止起吊。

6 利用 2、3 相同的办法将第二圈板组对焊好后，将第二圈板上口周围内外焊上梯形挡板，以便落下第一圈板与第二圈板对口。

7 利用同样的办法组装水槽下部各板。组装环缝点焊后，应将内外环缝焊接成型，在环缝内圈上设槽钢胀圈，将胀圈移至内环缝上，并用多个螺旋千斤顶横向顶紧，再进行环缝的清根焊，以防焊接外环缝时，产生向内"卡腰"变形。见图 14-9。

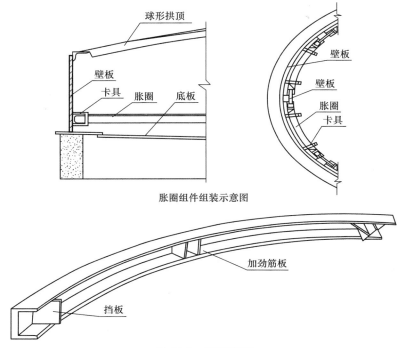

胀圈组件组装示意图

图 14-9　圆弧胀圈

8 各板随着倒装上升，所有焊缝均应作煤油渗漏试验，并按规定比例和抽检图做 X 射线探伤专检。

9 水槽壁内外，除留一道面漆在注水前再涂刷外，均应随着槽壁的上升涂刷完毕。

10 水槽壁安装完后，将底板清理干净，按要求焊接完底板。

11 放出各垫梁位置线，测出各垫梁标高，安装垫梁并找平。将整个塔圆周线在垫梁上做永久标记。

4.3.4 中节组装与焊接

1 在垫梁安装中节位置线上点焊挡板，将上水封槽钢放在垫梁上进行组对，在水槽平台上设置多个吊架，挂倒链采用倒装法吊装上水封槽钢圈离垫梁800mm，然后将上带板及上挂板与槽钢圈固定焊接，组装完后，先焊立缝，次焊对接平缝，再焊环缝。再将上水封吊起，临时与水槽固定，利用相同的办法组对下水封，上下水封应同口，水封与水槽亦应同心。

2 吊装各立柱就位并调整，立柱与上下带板用螺栓连接并拧紧固定。吊装导轨就位，精调精测完毕后，与立柱用螺栓连接并拧紧固定，导轨的垫板与上下水封带板对接，斜焊缝焊接固定。焊接被导轨压的导轨垫板接缝和由内向外穿的导轨连接螺栓密封焊接时，应特别注意防渗漏，否则以后无法补焊。

3 吊装菱形板就位，先用扁担与吊车配合将菱型板吊装到位，再用四个小倒链拉住菱形板的四个角调整与导轨垫板和上下水封带板搭接点焊固定，菱形板与各立柱的任何部位都不准焊接或点焊。见图 14-10。

4 菱形板外四周应连续焊，内壁四周应断续焊。应先焊外侧下边缝，且应自上而下的分段焊，再焊上边的焊缝，外壁连续焊接完毕后，再焊内侧的断续焊缝，

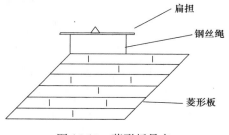

图 14-10 菱形板吊点

外侧连续缝的焊接，应保证不漏，或用煤油渗透法检漏试验。

5 一塔组装焊接完毕后，其内壁的防腐层应全部涂刷完毕，各焊缝和重叠处应补刷合格，外壁下部 1.2m 以下应全部涂刷完毕，外壁的其他部位可在气密性试验合格后再分层涂刷。

4.3.5 二塔利用相同的办法组对。

4.3.6 钟罩、顶梁和顶板的组对焊接

1 二塔组装完后，将预制好的三塔带板及撇"八"字角钢在垫梁上组对好，将其利用二塔上的群抱杆吊起适当高度，再组对下水封。

2 把上带板落于下水封上，上下带板临时断续焊。在底板中央树立一个高 h（此高度等 h＝钟罩拱高＋上带板高＋下带板高＋150mm）的井字架，井字架顶部焊接钟罩中心圈。见图 14-11。

3 顶梁部件吊入，在底板上组对顶梁，两根主梁和次梁分别组成若干片，在底板上组对焊接，利用井字架上和二塔周围设立的桅杆将顶梁组对好。吊车将顶板吊入，然后将顶板在顶梁上焊接成型，顶板安装前应将配重和进出气管吊入。

4 顶板预制时组装应由四周边板逐圈向中心方向搭接铺拼，焊接时则由中心起向四周方向施焊，先焊径向缝，后焊环缝，上面缝连续焊，下面缝断续焊，焊接顶板时，顶板与顶梁的任何部位都不准焊接或点焊。钟罩顶内部防腐应全部结束。

图 14-11　组对中的顶梁

5　顶梁、顶板与上带板利用水封槽、一、二塔挂圈上树立的抱杆（上部挂 5t 倒链）

将顶梁与顶板吊起，起吊前先割开中央井字架和上下带板之间的焊缝，起吊后，立即安装立柱，再安装导轨。

4.3.7　其他部件的组装焊接

1　安装斜梯时位置应正确、垂直度应吊线检查，以防塔节升降时卡碰。

2　气柜内的进出气管的内外壁应做完防腐后，再安装就位和焊接固定（与底板的焊缝一定要检漏）。

3　将各塔栏杆安装。

4　将预先运进气柜的配重块吊装就位。

5　根据实测和复测的导轮径向距和周向距的实际数据定安装导轮架和导轮位置，并安装调整合格临时固定。

6　安装气柜的管道、避雷、照明、自控工程。

7　二、三塔水封灌水试漏，割出二、三塔水封溢流口。

8　清理内部全部杂物，去掉各临时固定点，复查底板在长期施工过程中误伤、误割处，并及时处理。

9　底板喷砂做各防腐层和沥青层。

10　对气柜内部再作全面检查，封闭各人孔和接管孔，打开顶盖上的各放空阀。

4.4　气柜的注水与总体升降实验

4.4.1　气柜的注水

气柜注水主要检验水槽是否渗漏，基础的沉降情况。所以注水应分阶段，严密监测水槽是否渗漏，每天用水准仪观测基础的沉降量，水槽壁的倾斜度不得大于 1/1000，若发现异常应停止注水。

4.4.2　总体升降实验

1　试验内容和目的

气柜一、二、三塔升降各三次，检验各塔运转性能。检验各塔气密性。

2　罐内气压值计算和风机选择

升降试验时，各塔内的气压按下式计算：$P=Q/F$

式中　Q——上升塔体的总重力（包括水封水重 N）；

　　　F——上升塔体的圆截面积（m^2）。

根据上述公式可以计算出升降试验时各塔的气压值，其中包括气柜升降的最大气压值和最小气压值。根据气柜升降最大气压值选择试压风机。

3　升降速度

1）升降试验时，由于要进行各项数据的测量，焊缝涂肥皂水试漏，各塔外壁面漆涂刷或补刷，因此第 1、2 次升降试验可以控制得慢一些，第 3 次升降试验可以进行得快一些。（如果由于鼓风机风量不能满足上升速度要求时，可只考察下降速度）。

2）升降速度如下：

升降次数	上升速度（m/h）	下降速度（m/h）
第一次	2～3	7～8
第二次	2～4	7～10
第三次	5～6	10～12

4　试验前的准备工作

1）检查气柜导气阀门的严密性。

2）在气柜顶部位置设置 U 形差压计。

3）准备外供气鼓风机设备。

4）将鼓风机与 ϕ325 放空管下部的 Dg200 阀门连接，并关闭进气端 Dg600 闸阀和放空阀上的 Dg300 阀门。

5）准备必要的通信联络工具。

5　试验方法

1）试升：利用鼓风机向塔内充气，使塔体徐徐上升，通过导轮运行情况和借助塔顶的 U 形差压计观察压力变化，来检验塔体上升的性能，并对安装焊缝涂刷肥皂水来检验焊缝的严密性，漏点做好标识补焊。

2）试降：当气柜一塔上升至最高位置后，打开放气阀使塔体渐渐下降，此时，要继续观察罐内压力变化和导轮情况，以检验塔体下降情况。

5　质量标准

5.1　主控项目

5.1.1　材料必须有材质证明文件，如材质书项目不全或有疑义，均需进行复验，并对外观进行检测，合格后方可投入使用。

5.1.2　焊接材料要有材质证明书。

5.1.3　底板焊接完成后要进行 100% 抽真空试验；各塔节水封槽要进行灌水试漏，水槽要进行水压试验并不得有渗漏；灌水过程要进行严密的沉降观测，注水要控制注水速度。

5.1.4　气柜顶部要按照设计要求设避雷针。

5.1.5　配重重量符合设计要求。

5.1.6　安装完成后进行整体气密性试验和升降试验，塔体无泄漏，升降灵活，试验过程要按照有关要求进行。

5.2　一般项目

5.2.1　部件制作水槽壁板、轨道弧度、水封槽弧度、梯子弧度等允许偏差符合设计要求。

5.2.2　壁板、塔节水平度、椭圆度、垂直度符合设计要求。

5.2.3　轨道与滚轮的间隙符合设计要求。

6　成品保护

6.0.1　预制好的壁板、导轨应使用胎具存放，防止变形。

6.0.2　部件刷漆后，严禁在面层焊接或引弧，防止破坏防腐层。

6.0.3　喷砂除锈区要远离安装区域，防止污染防腐表面。

7　注意事项

7.1　应注意的质量问题

7.1.1　防腐刷油工作是气柜施工的关键工序。油漆的毒性较大，一定要注意刷漆人员的身体健康。气柜内操作设置排风机。油工刷油时要求戴好防毒面具，并定时检查身体。

7.1.2　气柜充气后应经常注意压差计的指示读数以及各塔上升情况，如果产生压力突然升高现象，则应立即停止充气。

7.1.3　水槽注水应分阶段注水，并及时观测基础沉降情况

7.1.4　水槽排水时应将上部排空阀打开，防止柜体内部形成负压，损坏气柜顶罩。

7.2　应注意的安全问题

7.2.1　现场电线要按规定铺设，绝缘皮线通过道路时要加套管以免压裂触电。电焊把线、气焊带以及其他照明和用电器具的负荷电线架设和安装均应整齐，以防触电、绊脚。

7.2.2　一切机电设备要有专人管理及操作，作好开关管理保护、防潮、绝缘和接地。

7.2.3　金属构件吊装时，要检查吊车（导链）工作状态，绳索吊具的安全可靠性、闲杂人等应远离吊装现场。

7.2.4　凡进入气柜安装现场人员，必须戴好安全帽，高空操作作业要系安全带。

7.2.5　现场交叉作业时，严禁由高空向下投掷物品，高空操作人员应将工具、卡具放置妥当，防止高空坠物击伤人员。

7.2.6　群抱杆起吊时应协调一致，统一指挥，保证倒链起升同步，防止倒链受力不均。

7.3　应注意的绿色施工问题

7.3.1　吊装时，必须由专人操作，严格遵守操作规程。当风力在五级以上应停止吊装工作，菱形板的吊装应在三级以下的天气进行。

7.3.2　要做好安全防火工作，施工现场应清理干净，棉纱、油漆、稀释剂应单独隔离放置，远离火源，并备足灭火器、砂子。

7.3.3　晚间作业，照明要好，光线要充足。

8　质量记录

8.0.1　钢材、配件和焊材合格证。

8.0.2　主体结构的装配记录和排版图。

8.0.3　气柜底板严密性试验记录。

8.0.4　气柜焊缝检查记录，水槽壁板无损探伤报告及排片图。

8.0.5　气柜总体试验记录。

8.0.6　气柜防腐记录。

8.0.7　基础沉降观察记录。

8.0.8　设计变更文件。

第15章　多边形稀油密封储气柜施工

本标准适应于 $5\sim30m^3$ 干式气柜的制作安装

1　引用文件

《多边形稀油密封储气柜工程施工质量验收规程》CECS 186：2005
《机械设备安装工程施工及验收通用规范》GB 50231—2009

2　术语

2.0.1　椭圆度：圆柱形轴或者孔在某一横剖面的不圆度，其数值为该横剖面最大直径与最小直径之差。

2.0.2　倾斜度/（坡度）：直线或平面与基准线或基准面相交的倾斜程度。其数值为给定的基准面或线长度内该面或线与基准面或线的最小距离与给定长度的比值。

2.0.3　平面度：实际表面偏离标准平面的程度。其数值用实际平面距离标准平面最远点的距离值表示。

2.0.4　不平行度：两个相互平行的线或面间的不平行的程度。其数值为该二要素间最大与最小垂直距离之差。

2.0.5　不垂直度：两条轴线、轴线与平面或两平面之间所形成的角度与标准直角之差。以单位长度内标准垂直线或面与所测线或面的最小距离△表示，单位 m。

3　施工准备

3.1　作业条件

3.1.1　图纸会审及技术交底：开工前应进行图纸会审及技术交底工作。

3.1.2　所有参加施工的焊工均需持有相应资格的有效的焊工上岗证。

3.1.3　特殊工种：施工的起重工、电工、吊车及汽车司机等特殊工种必须持证上岗。

3.1.4　施工大型机械布置：

根据施工需要及现场具体情况，气柜安装阶段在气柜外设置合适塔吊一台

（5 万 m³ 以上气柜才用），用于气柜制作场地的吊装及预制，另配备合适汽车吊车一台及柜顶小吊车两台。

3.1.5　施工平面布置：

根据工程现场安装需要，在现场设置 300m² 的加工平台两座。

平台采用 H300×300×15×15 型钢做底架，中间用槽钢 [12 连成整体，上铺 δ＝12mm 的钢板焊成整体。平台示意图如图 15-1、图 15-2。

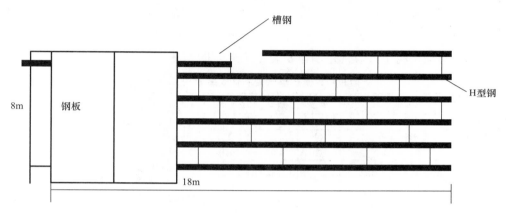

图 15-1　底架示意图

3.2　材料及机具

3.2.1　材料

主要材料有 3～6mm 钢板，材质 Q235-B 用于底板、侧板、顶板等。H 型钢，材质 Q235 用于立柱。其他型钢，材质 Q235 用于活塞桁架、柜顶桁架等。

3.2.2　机械工具

1　主要施工机械工具（表 15-1）

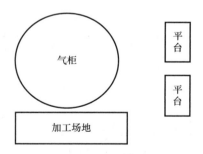

图 15-2　现场平面布置图

主要施工机械工具　　　　　　　　　　　　表 15-1

序号	名称	规格	数量	序号	名称	规格	数量
1	汽车吊	根据需要而定	1	6	卷板机	20×2000	1
2	汽车吊	根据需要而定	1	7	烘干箱	500℃	2
3	柜顶吊	2t	2	8	焊条保温筒		12
4	电焊机	BX400	15	9	角相磨光机	φ150	8
5	电焊机	AX-300	5	10	砂轮切割机	φ350	2

序号	名称	规格	数量	序号	名称	规格	数量
11	鼓风机	$300m^3/min$	1	19	配电柜		6
12	水泵	扬程120m	1	20	油漆泵		1
13	真空泵		1	21	调直器		1
14	真空箱	个	1	22	对讲机		10
15	摇臂钻	$\phi45$	2	23	汽车		3
16	磁座钻	$\phi25$	5	24	气割工具		10
17	千斤顶	10t	10	25	半自动切割机		2
18	手拉葫芦	1~5t	20	26	工具房		3

2 稀油密封干式煤气柜制作安装专用工装具（表15-2）

稀油密封干式煤气柜制作安装专用工装具　　　　　　表15-2

序号	名称	单位	数量	序号	名称	单位	数量
1	鸟形钩	付	20	8	挂板拆换脚手架	套	20
2	鸟形钩挂板	付	40	9	基柱安装标尺	付	20
3	柜顶吊轨道座	边	20	10	立柱吊装夹模具	付	20
4	立柱安装脚手架	套	20	11	侧板吊装具	付	2
5	立柱导块	付	40	12	中央台架	付	1
6	外脚手架	边	20	13	柜顶临时加强梁	边	20
7	内脚手架	边	20	14	其他		

3 辅助措施用料（表15-3）

辅助措施用料　　　　　　表15-3

序号	名称	单位	数量	序号	名称	单位	数量
1	施工钢平台δ12	t	20	6	木材	m^3	2
2	平台支架 H300×300	t	45	7	棕绳	m	1000
3	临时拉杆φ16	套	2	8	钢丝绳	m	400
4	花栏及紧固件	件	20	9	电焊线	m	2000
5	其他临时工装用料	套	1	10	其他小型工具		

3.2.3 主要监视检测设备（表15-4）

主要监视检测设备　　　　　　表15-4

序号	名称规格	单位	数量	序号	名称规格	单位	数量
1	水准仪	台	2	7	钢卷尺2m	个	20
2	经纬仪	台	2	9	水平仪0.02	台	1
3	游标卡尺0.02	把	2	10	水平尺0.2	个	2
4	钢卷尺100m	个	2	11	超声波探伤仪	台	2
5	钢卷尺50m	个	2	12	压力表10kPa	块	2
6	钢卷尺5m	个	5	13			

4　操作工艺

4.1　工艺流程

4.1.1　工艺流程说明

气柜的立柱、侧板等机加工构件要求精度高，需在工厂加工，尤其是轨道导向板的五面铣、立柱及侧板的销钉孔、螺栓孔等关系到气柜的整体质量。其加工及储运过程中的防变形措施非常严格。在气柜组装过程中，首先完成柜底板，并在底板上组装活塞及密封装置，然后安装第一节立柱及下部侧板等结构，使得气柜已安装完侧板段形成一个密闭的储气空间，达到顶升条件。在活塞和顶架的临时构件上固定安装气柜外侧活动脚手架，并在柜顶安装柜顶吊车。利用鼓风机通过风管向活塞底部鼓风（见图 15-3），依靠气柜密封装置与侧板形成的良好密闭空间，产生升力，使气柜、活塞、柜顶及其上部的柜顶吊、活动脚手架等同时完成气力顶升，每升起一带板的高度后停止鼓风，利用专用工具"鸟形钩"临时勾挂在立柱上（见图 15-3）。

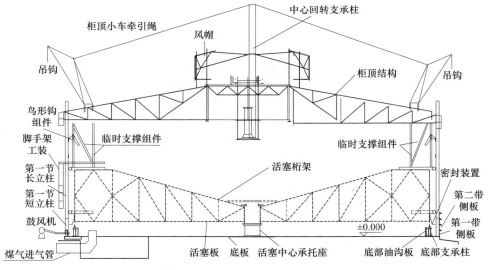

图 15-3　气柜具备顶升时结构示意图

利用柜顶吊及活动脚手架安装此后的立柱及侧板，从而逐步完成气柜从下到上各层立柱与侧板等部件的安装任务。立柱、侧板、平台、梯子、檐口板、电梯井筒等构件全部利用 2 台柜顶吊就位。

浮升时活塞、柜顶等全部浮升重量落压在 N 套鸟形钩上，鸟形钩是气柜能够顺利施工的关键工具。

4.1.2　干式气柜安装工艺流程（图 15-4）

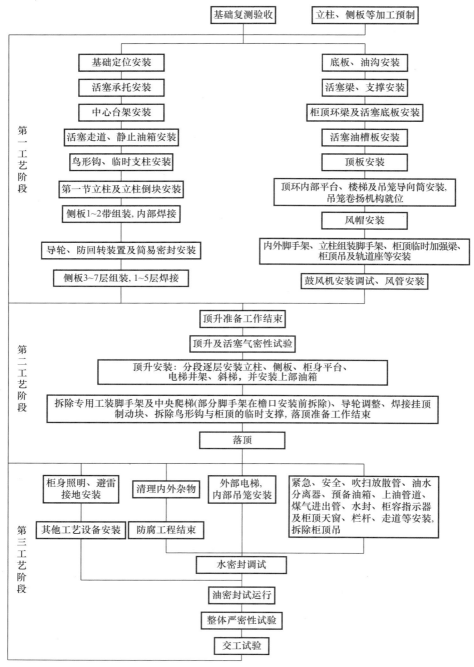

图 15-4　干式气柜安装工艺流程

4.2　第一部分制作

第一部分为工厂预制，立柱、侧板及其他折弯加工件等均需大型专用的机加工设备才能加工，故该类型气柜的建造需分工厂制作和现场安装两地进行施工。工厂加工时的主要施工工艺如下：

4.2.1　立柱制作加工

1　设置立柱组焊胎模：胎模应以一端为基准，且设置工字钢与导轨板对中的夹具，保证工字钢与导轨板的中线定位偏差两头≤1.0mm，中部≤1.5mm。

2　工字钢调正：工字钢下料后，进行调直。工字钢的两端相对扭曲≤1.0mm，局部挠曲≤2mm，不直度≤2mm。工字钢下料长度比设计长 4mm，并直接修磨立柱对接时的坡口。

3　导轨板下料整平、调直：导板用火焰加热法进行调整，不直度≤1mm、局部≤2mm、不平度≤1mm，并做好中线标记。板厚加工余量 3mm，宽度余量 8mm，长度比设计长 3mm。

4　将导板及工字钢在胎具上定位点焊，导轨板及工字钢的加工端顶紧胎具基准端，用夹具进行中线定位。

5　焊接：由 4 名焊工严格对称进行焊接以最大限度地减少焊接变形。

6　调正：对焊好的立柱毛坯在胎具进行焊接变形调整，调整后两端的扭曲≤1.0mm，中线偏差≤1.0mm，不平度以端面为准≤1.5mm。

7　加工：将校正好的立柱毛坯放到立柱专用铣床上进行五面铣加工。立柱加工采用一次性装夹，立柱毛坯的中线定位应根据工字钢两端的中线标记进行定位，平面定位应以导轨面的两端为基准进行定位，导轨面定位标高局部偏差＋1～2mm。五面铣加工时应以端面尺寸为基准，铣加工后的立柱需逐根进行检查。

8　钻孔：以立柱光边端为基准端，用立柱钻模进行套钻。事先应检查钻模有无磨损，钻模与立柱一定要夹紧。钻孔后进行逐根孔距检查。

9　修磨坡口：钻孔后的立柱应进行长度和坡口的精修。立柱的长度由于根据焊接收缩特性及经验数据，预放了少许余量故修正时无需气割，在坡口修磨的同时进行精磨，导板的坡口先进行气割精修，再精磨至标准要求。

10　防腐：合格立柱的五个加工面涂一道防腐油，然后将每两根立柱导轨面相对，用螺栓固定，按设计要求进行除锈处理，并涂装一道底漆。

4.2.2　侧板制作加工

侧板是气柜中用量最多的部件，其尺寸精度直接影响到装配的质量和进度，并影响到气柜的总体安装质量和运行性能。故需按下列过程进行控制：

1　剪切下料：在批量生产前先剪切一块，根据冷弯性能及折弯延伸的分析确定剪切下料的宽度。

2 折弯：调整折弯工装靠模，在折弯机上折弯侧板，折弯后进行尺寸和外观检查。要求宽度偏差$-0.5\sim-1.0$mm，不平度$\leqslant$1mm/1000mm、0.5mm/300mm，折弯半径$R\leqslant1\delta$，折弯部无裂纹。

3 钻孔：首先要检查钻模胎具的尺寸精度和完好情况，然后进行首件折弯合格的侧板的钻孔，钻孔后检查孔距尺寸精度，要求允差$\leqslant$0.5mm。

4 角部焊接：对机加工合格的侧板的四个内侧角部进行堆高焊接，焊接长度为55mm（焊接堆高要保证能打磨出直角），焊后打磨成直角。

5 批量生产：首件侧板合格后进行批量生产。批量生产过程中每40件侧板生产后，就要全面检查一次靠模、钻模精度及侧板的制作质量。侧板制作好后每10块打成一包待发（打包方式如图15-5）。

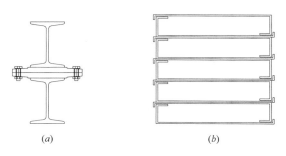

(a) (b)

图 15-5   构件包装运输图
(a) 立柱包装图；(b) 侧板包装图

4.3 第二部分安装

第二部分为现场组装，分为三个工艺阶段。现场安装根据稀油密封干式煤气柜本体高、直径大，既有柜顶，又有活塞的特点，采用浮升法进行安装，即在地面安装完成（第一工艺阶段）后，用鼓风机向活塞下部鼓压缩空气，使活塞结构及固定于其上的柜顶结构、内外安装专用脚手架、柜顶吊等部件顶升，每顶升一段（一块侧板高），用鸟形钩挂在立柱挂板上，完成侧板安装。当浮升到一定位置时安装下一根立柱或一层柜体平台或电梯井架等结构，如此顺序顶升安装，直至落顶（第二工艺阶段）。气柜落顶后进行气柜结构的完整和附属设备的安装及气柜的整体调试（第三工艺阶段）。气柜结构的所有零部件在安装前均应按要求除锈并涂两道底漆。底板的下表面等在安装后无法涂装，应在安装前完成涂装工作并经检验合格。在安装过程中所有焊缝检验合格后应及时做防腐处理。在第一工艺阶段的施工中，我们采用合适的汽车吊作为主要起重工具，在第二及第三工艺阶段的施工中，安装所采用的起重设备主要是柜顶两台可环行的柜顶吊，其随顶升安装的浮升机构一同上升，故柜体任意高的部件均可吊装。

4.3.1　第一工艺阶段：从施工现场正式具备开工条件、施工队伍及机具进入施工现场开始，直到顶升前所必须完成的一切气柜结构安装及浮升安装所需的工装机具安装完成。第一工艺阶段是保证气柜整体安装质量的工艺基础。

4.3.2　第二工艺阶段：从顶升开始，由下向上逐段安装立柱、侧板、柜身平台、电梯井架、扶梯、栏杆、檐口及部分柜体上部附件，直到落顶、活塞着地的一切工艺安装程序。第二工艺阶段是气柜安装的主要阶段。

4.3.3　第三工艺阶段：从落顶活塞着地以后，气柜安装的收尾完整工作以及气柜置换的调试工作，直至整个工程及竣工资料的交接。第三工艺阶段是气柜安装工程的收尾阶段。

4.4　影响气柜质量及性能的工序、工艺。

在稀油密封干式煤气柜的制作安装过程中，下列工序、工艺的质量控制及经验技术极其重要，其直接影响到气柜的总体安装质量和运行性能，需要在施工过程中特别注意和控制。

4.4.1　立柱、侧板的制作精度，特别是装配孔以及立柱的配合尺寸精度。

4.4.2　基柱定位及标高安装精度。

4.4.3　第一节立柱安装精度及立柱安装措施。

4.4.4　侧板组装焊接方法及次序。

4.4.5　浮升安装过程中保证气柜本体垂直的措施。

4.4.6　柜体侧板、柜身平台焊接收缩控制措施。

4.4.7　密封机构安装质量。

4.4.8　调试方法及结果。

以上工序、工艺的控制方法和技术措施，在施工前有关施工人员必须领会和掌握，并严格执行。

另外，合格的计量器具是保证气柜制作安装质量的前提。经纬仪、水准仪等在气柜开工前必须校验合格；立柱及侧板的制作、活塞梁及顶梁的组焊制作、基础复测、基柱定位安装等工序，所用的钢卷尺必须进行校验，并给出修正值，其他计量器具也必须合格。

4.5　第一工艺阶段的主要安装工序

4.5.1　基础复测验收

1　对照基础图纸，确定基础原点

1）确定中心标志并找出中心点，同时找出基础分度基准点（基准线）。

2）基础螺栓孔的养护及检查施工中有无遗漏项目。

3）查看土建施工中各种原始检查记录。

2 基础测量

1）在气柜中心架设经纬仪，首先将柱号为 Z0°、Z90°、Z180°、Z270°的中心轴线标注在标志预埋板上，然后将 90°范围内各立柱中心轴线用经纬仪确定，并进行标注。

2）用水准仪测定基础标高。

3）用钢尺配弹簧秤测量从中心到预埋件的距离及各预埋件之间的距离，测量 1/4 圆弦长，并进行标注。

4）根据预埋件上的标志点及气柜中心点来测定其他检测点的径/切向偏差。

3 确定基础沉降观测点。

4.5.2 基柱定位、安装（第一工艺阶段开始）

稀油密封干式煤气柜的基柱定位安装质量是保证气柜总体安装质量的最重要的环节，安装方法及精度要求应严格按下述方法要求及措施执行。

1 基柱位置确定

1）在气柜中心架设经纬仪，在立柱标号 Z0°、Z90°、Z180°、Z270°的预埋块

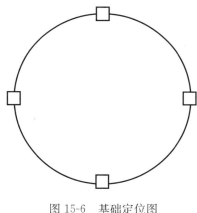

图 15-6 基础定位图

上点焊上基柱安装水平方向基准丁字尺（见图 15-6），基准丁字尺端面必须绝对垂直于轴线。端面基准点（即基柱导轨面中线所在位置）至中心半径 R 允差＋2mm；在立柱号 Z0°、Z90°、Z180°、Z270°的丁字尺基准点 1/4 圆弦长 L 允差±1mm。

2）同样在每 90°范围内设置其他柱号的基准丁字尺，相邻两个丁字尺基准点间距 L 允差±0.5mm。

3）测定时间应在早晨阳光不强时（约 6：00～8：00）进行，最好应在阴天进行测定工作。

2 基柱安装

1）将基柱与柱脚组焊，严格检查基柱的平面度、直线度和导板的厚度，在导轨面上划出中心线。

2）在柜中心架设经纬仪，在中心附件架设水准仪，在所安装基柱的切线方向架设另一台经纬仪。

3）将组焊好的基柱吊装就位，用楔形垫铁及支撑螺栓调节标高、导轨面及中心线位置、径/切向两个互成 90°方向的垂直度，最后将地脚螺栓紧固，再次观测其安装精度。要求标高允差±0.5mm，导轨面与基准丁字尺正好相靠（不宜过

紧，最好以将 0.1～0.3mm 的塞尺塞进），基柱上端径向垂直度允许偏差±2～±3mm。

4）全部基柱安装好后，安装两层侧板，并用拉杆将基柱固定，校验基柱的垂直度及标高。

5）基柱柱脚灌浆。

6）基柱柱脚灌浆后再次观测基柱的标高及垂直度，并再次测量基柱之间的间距。

7）拆除基柱安装基准丁字尺。

4.6　气柜底板及底部油沟安装

4.6.1　气柜底板安装

1　根据技术要求及现场来料情况绘制气柜底板排版图。

2　将气柜底板在基础表面根据排版图铺设开。在铺设前底板的下表面防腐工作应完成，并经验收合格。

3　底板铺设好后将底板分成 A、B、C、D 四个区域，焊接时应用配重块压在焊接部位附近，然后进行焊接，焊接时从焊接中心起向四周进行焊接，焊接时先焊短焊缝，后焊长焊缝。各分区处由于焊接造成的收缩，必须使该处板的重叠尺寸比其他底板的重叠尺寸多 5mm。

4　底板焊接完成后，对底板进行修边处理，使整个底板呈多边形，并使底板边缘至气柜中心点的距离比设计长 10mm。

5　焊接完成后，测量底板的平整度，要求≤0.002D，且≤60.0mm，（D 为底板直径）。

6　检查焊缝表面质量对现场焊缝做 100％真空检漏。

4.6.2　底部油沟安装

1　将油沟底板按施工图铺设好，铺设前油沟底板下表面要求防腐工作完成，并经验收合格，油沟底板间点焊。

2　将油沟底板间对接焊缝油沟内侧板安装处 80mm 距离焊好并打磨平整。

3　组对油沟内侧板，内侧板间点焊，并与油沟底板点焊，将内侧板对接的接缝连接板点焊好。

4　将油沟内侧板与气柜中部基础间灌满砂。

5　组装油沟内侧板与气柜底板间的连接角钢。

6　由多名焊工均布对称施焊内侧板对接连接板。

7　由多名焊工均布对称施焊油沟底板间的对接焊缝，油沟底板与柱脚的焊缝暂不施焊。

8　由多名焊工按要求均布对称施焊油沟内侧板与油沟底板之间的角焊缝。

9 由多名焊工按要求均布对称施焊油沟内侧板与气柜底柜之间的连接角钢。

10 活塞支座定位安装，要求标高允差≤±1mm，径/切向允差≤3mm。

11 焊接油沟底板与柱脚之间的焊缝，焊后将侧板安装处磨平。

12 为确保油沟及与底板的连接焊缝不泄漏，所有油沟及与底板的连接焊缝严格按设计要求施焊。

4.7 活塞安装

4.7.1 活塞环梁安装

1 在柜中央设置活塞环梁安装台架。校正台架中心位置、水平度及标高，要求台架水平度偏差≤1mm，标高偏差±5～±10mm。

2 在台架上安装活塞环梁。调整其中心位置、垂直度、水平标高及与桁架接头的分度位置，要求中心偏差≤5mm，上下沿垂直度偏差≤1mm，水平度偏差≤1mm，标高偏差+20～0mm，活塞环与桁架接头的分度要正确（用细钢丝拉线确定）。

3 活塞环梁定位好后用临时拉杆固定。

4.7.2 活塞桁架安装

1 用吊车将首榀桁架吊装就位，调整其垂直度、半径长度及轴线偏差。要求与立柱中心偏差≤3mm，导轮座与立柱中心偏差≤2mm，与立柱间距偏差-2～0mm。调整好后点焊，并用拉杆定位，与环梁连接处用螺栓紧固。

2 以同样的方法对称吊装标记为 Z0°、Z90°、Z180°、Z270°处的桁架。等 Z0°、Z90°、Z180°、Z270°位置桁架均调整固定后，由 4 名焊工同时对称施焊桁梁与环梁的接头筋板焊缝。

3 然后以同样的方式对称吊装其他桁架，最后由多名焊工对称施焊接头筋板焊缝（注意：在最后一榀桁梁吊装前，应搭设柜顶环梁中心台架并将柜顶环梁吊装就位）。

4 等全部桁架都安装好后，对称组对点焊活塞桁架间的横梁及支撑。全部组对好后，对称施焊。

5 最后将固定桁梁的拉杆拆除。

4.7.3 活塞底板安装

1 活塞底板可根据吊装能力及吊装条件拼成大拼块，以减少安装焊接工作量及焊接变形，预制焊缝应做煤油渗透。

2 将活塞底板由外向内铺设、点焊，同时组对连接板。其中柜顶中心架处的 4 块活塞底板（即内部第一块）暂不铺设，放在稍外的位置。

3 活塞底板铺设好后，应严格按活塞底板焊接工艺措施进行焊接，焊好后做煤油渗透。

4　将内部吊笼放置到活塞中间位置。

4.7.4　活塞油槽安装

1　活塞油槽安装应在活塞上的其他主要焊接结构施焊完毕后才能进行，安装前应仔细检查油槽板的制作质量。

2　以立柱作为油槽板安装标高基准线，并用拉线的方式确定边部油槽板与侧壁板之间的间距。

3　分两组先对称吊装角部油槽板，再对称吊装边部油槽板，然后点焊，并设置临时拉筋及边部油槽板支撑，以便有效地控制焊接变形。

4　由多名焊工对称施焊，焊接顺序按对称交替跳焊次序进行，表面配合定位顺序按由下往上顺序进行。焊后所有焊缝作煤油渗透，最后将临时拉筋及支撑拆除。

4.8　柜顶安装

4.8.1　顶架现场制作

按施工图制作柜顶环梁及桁架，要求桁架跨度半径偏差±3mm；桁架垂直度偏差小于 $H/500$（H 为桁架高度）且<6mm；桁架侧向挠曲度小于 $L/1000$（L 为顶架长度）且<10mm。将制作好的单片桁架两两组对成整体，以便增加桁架的稳定性，减少在组吊过程中的变形量。

4.8.2　柜顶环梁调整

精确调整已安装的环梁安装精度（在活塞梁吊装完成前已吊装就位），要求标高允差 0～30mm，水平度允差≤5mm，中心偏差≤5mm，上下中心垂直度≤2mm，与桁架接头分度应正确（用钢丝拉线确定）。调整好后临时用拉杆固定。

4.8.3　鸟形钩及临时撑杆安装

将鸟形钩安装就位，调整其标高、垂直度、半径位置及轴线方向偏差，用拉筋固定在活塞上。设置柜顶桁架临时撑杆。

4.8.4　柜顶桁架安装

1　先用汽车吊将首榀桁架吊装单元吊装在鸟形钩及柜顶环梁上，暂用螺栓与环梁及鸟形钩连接，要求顶架端部径向偏差＋4mm，切向偏差＋1mm。

2　以同样的方式分别吊装其他桁架吊装单元。

3　由多名焊工对称施焊桁架单元与环梁的连接部。

4　以同样的方法对称吊装其他各吊装单元，并对称施焊与环梁之间的接头。

5　对称吊装组焊桁架单元间的横梁及支撑。

4.8.5　顶板安装

顶板用塔吊吊装由外向里铺设。铺好后应严格按工艺措施进行施焊。

4.8.6 风帽安装

1 在顶架圆环上标出风帽架及内部吊笼的安装位置。

2 内部吊笼及卷扬机构就位。根据吊装能力,可将卷扬机构解体吊装或整体吊上柜顶后用拉杆及手拉葫芦将其就位。

3 风帽内平台、楼梯安装。

4 风帽架安装。先将 4 片风帽架对称组对,用拉杆临时固定,然后与风帽圆环组对焊接。

5 依次组对焊接其他风帽架。

6 风帽架安装好后,组对风帽板及挡雨板,组对好后对称施焊。

4.9 第一节立柱安装

4.9.1 认真检查 n 付立柱安装夹模的平整度和扭度,检查第一节立柱的平面度、直线度和导板厚度。

4.9.2 先将立柱安装夹模与基柱上部连接牢固,再将第一节立柱吊起,利用立柱安装夹模与基柱连接牢固。立柱工字钢腹部用连接板及螺栓与基柱连接牢固。

4.9.3 第一节立柱均吊装好后,在立柱中部安装一层侧板以固定立柱。

4.9.4 在柜顶及活塞上走道的导轮上部安装立柱导向块,以确保顶升过程中活塞的走位及有效地控制焊接变形。该措施对保证气柜本体安装垂直度较为重要,与立柱导向轮相比具有活塞顶升走位正确的优点,立柱导向块位置调整正确后,用电焊点焊以保证稳固可靠。

4.9.5 用经纬仪(激光铅垂仪)测量第一节立柱的垂直度是否符合要求,调正立柱导向块的径向和切向位置。要求第一节立柱围圈侧板处垂直度偏差径向控制 0~2.0mm。

4.9.6 由多名焊工对称交替施焊立柱接头,焊接方法按工艺措施执行。焊后将立柱导板的五个加工面及工字钢背部的焊缝磨平,工字钢背部连接处用连接板及螺栓固定。导轨面接头用 2m 长方铝直尺检查,要求焊接变形≤1mm,接头错边用 300mm 直尺检查,应≤0.5mm。

4.9.7 根据立柱位置,重新调整鸟形钩,使钩咀放下状态与立柱导板面的间隙为 2~3mm。然后装上挂板(制动块),测量并用垫铁调整挂板的上平面标高使钩咀挂上挂板时所有钩咀的相对水平度一致,用垫铁调整挂板的上平面标高,要求钩咀挂好后整圈不平度≤2mm,相邻不平度≤1mm。每只鸟形钩的两副挂板均需调整,并用对应的柱号标记。

4.10 导轮及防回转机构安装

气柜导轮有固定式导轮和弹簧式导轮。当气柜在浮升安装中,为防止焊接收缩,暂将弹簧导轮全部临时改成固定式导轮。具体安装方法如下:

4.10.1　将弹簧导轮全部改成固定式导轮，弹簧圈的压缩距离与正式组装的压缩距离一致。

4.10.2　导轮安装前，仔细检查并调整导轮座的对中精度及导轮座倾斜情况，要求调整后导轮座对中精度为＋1mm，左右及上下倾斜为 0°。

4.10.3　将导轮吊装就位，用垫片调正导轮与立柱之间的距离。要求下导轮与导板而靠紧到正好手转不动为止，上导轮与导板面靠到正好手能转动为止。同时要求严格控制导轮的对中偏差及导轮压面的倾斜。

4.10.4　防回转机构安装，安装时以毛毡密封垫压紧立柱导向板不漏气为宜。

4.10.5　施工用密封装置安装（临时密封）。

由于在施工过程中不可能将密封机械保护的十分完善，施工时所用的密封机构为临时简易密封，主要安装方法如下：

1　检查活塞油槽板的安装质量，以气柜基柱作为标高及位置基准，划出封底角钢、支架板、吊架支承角钢、隔舱板及扣板、牵引装置连接件、排水装置连接件的安装位置线。

2　检查封底角钢安装处的平整度及与侧板的间距，不合要求的应做适当的调整。

3　按图组对封底角钢、支架板等所有与活塞油槽板焊接的构件，全部点焊并检查合格后，由多名焊工对称施焊。在组对时要求先组对角部构件，再组对边部构件；焊接时也同样要求先对称施焊角部构件，再对称施焊边部构件。组对及焊接时均应严格控制封底角钢的安装水平度，要求整圈不平度≤2mm，单边不平度≤1mm；同时要控制封底角钢距柜内侧的距离，要求偏差≤＋2mm。

4　裁制封底帆布（简易密封仅一层封底帆布）。裁制时应充分考虑帆布的缩水特性。

5　检查滑块及斧块的制作质量。精切滑板长度使斧块与滑板的连接长度为立柱间距 $L-0.8\sim+0.5$mm。滑板与斧块的接头严禁错边、翘曲，斧块的端面应严格垂直于滑板的中线。

6　根据滑块的所在位置，组装 3 层侧板，并完成内部焊接打磨工作，外部暂时点焊。

7　最后进行简易密封安装。安装时要严格控制滑板水平度及与立柱之间的间隙，要求整圈不平度≤2mm，单边不平度≤1mm，与立柱间隙为＋0.5mm。

8　注意：简易密封安装对所用的弹簧及套筒的数量仅为正式密封的 2/3，安装时弹簧由中向两侧对称压紧，且弹簧的压紧长度同正式密封一致。简易密封安装完成后，应在帆布上铺一层矿棉，以防焊渣落下点燃帆布，密封装置示意图见图 15-7。

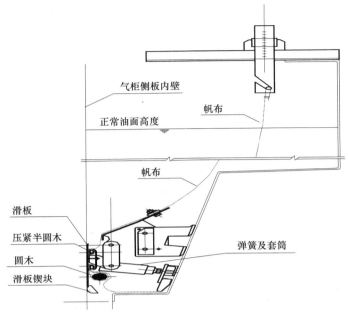

气柜侧板内壁

帆布

正常油面高度

帆布

滑板

压紧半圆木

圆木

滑板锲块

弹簧及套筒

图 15-7　密封装置示意图

4.11　侧板安装（1～n 层）

4.11.1　侧板组装按两组对称组装的原则进行，且每层侧板与下面一层侧板的组装方向相反。侧板组装在外脚手架的上平台进行，上下层侧板的点焊以内侧平为准，每块侧板的点焊由中向两侧进行。要求上下侧板错边≤0.5mm，侧板与立柱的搭接间隙≤0.3mm。

4.11.2　侧板的焊接在下平台进行，在所焊侧板的上面必须有两层已组对好的侧板，以减少焊接变形，待焊侧板的焊接环向方向与下面一层侧板相反。由多名焊工严格按工艺措施进行施焊，侧板焊好后对焊缝进行检验。在侧板安装过程中绝对严禁扩孔和强制装配，若发现难以装配时，应立即查明原因，及时处理。防腐施工人员应充分利用顶升间隙时间对检查合格的焊缝进行防腐处理，并在条件允许的情况下对已安装的侧板、立柱进行涂装工作。

4.11.3　1～n 层侧板安装完成后拆除柜顶中心台架，安装台架支柱处的活塞底板，并做焊缝检验和防腐处理。

1　安装活塞中心平台及活塞中部走道，在柜顶环圈与活塞中心平台间搭一张临时爬梯。

2　活塞走道板安装及活塞上其他部件安装。

3　下部部分附属设备如人孔、风管等安装。

4 顶升前施工准备如风机、其线路、管中系统安装。

4.12 第二工艺阶段安装主要工序

4.12.1 顶升前检查如下事项

1 侧板 $1\sim n$ 层焊接完成。

2 柜顶吊在对称位置固定，且活塞及其他浮升结构配重平衡。

3 脚手架与侧板及立柱无碰撞或搭连，外部临时爬梯暂与脚手脱离。

4 导轮和立柱间无物件影响，密封机械内无杂物。

5 立柱与侧板连接的销钉内侧磨平。

6 鸟形钩挂板安装正确牢固。

7 鼓风机试运行良好，电源确实有保障。

8 上部电缆长度余量足够。

9 所有浮升机构上升无任何障碍物。

10 联络通信设备正常。

11 计算顶升气体压力，并设置 U 型压力计。

4.12.2 顶升

1 确信各项准备工作已经完成。

2 鼓风机向活塞下部鼓入压缩空气，随时观测柜内压力变化，若柜内压力计算压力出入较大，则应立即停止顶升，找出问题根源，及时处理。当顶升使活塞上浮 300～400mm 时暂停顶升，将肥皂水涂刷在活塞底板焊缝上进行气密性检查。同时测量活塞倾斜度，要求顶升活塞倾斜≤50mm。

3 活塞底板气密性检查好后，继续向活塞下部鼓气，将活塞、柜顶及脚手架、工装等浮升机构顶升超出一层侧板高约 100mm，（即所有鸟形钩的钩咀已超出挂板位置），此时同时放下鸟形钩咀，关闭风机，打开放气阀，使浮升机构慢慢下降至鸟形钩钩咀挂在挂板上。至此，顶升结束。

4 在浮升安装过程中每次顶升前均应检查各事项是否完好，每次上升高度为（一层侧板高），安装一层侧板，每上升高度适当时安装一节立柱或一层柜身平台或一节电梯井架或一段斜梯等，直到全部安装好。在浮升安装过程中，要随时测量活塞的倾斜情况，要求活塞倾斜不得超过 50mm，且不能总向同一方向倾斜，否则必须用临时配重加以调整。每顶升 4 块侧板，要用经纬仪观测一次立柱垂直度，（可随机地抽测有观测位置的 4 根对称立柱）若有超过图纸要求的偏差时应用调整活塞倾斜方向，调整导轮顶紧程度或调整立柱的方法加以调整。同时要定期检查立柱导块与立柱的间隙，偏差较大时应根据综合情况作适当调整。这些措施是在浮升安装过程中确保本体垂直度的重要方法。浮升安装过程中的吊装机具主要是两台柜顶吊车，其随浮升机构同时上升，地面的物料及半成品搬运由塔吊或汽车吊完成。

4.12.3 后续立柱及侧板安装

后续立柱安装工作是在柜顶立柱组装平台上进行，并在作业良好的高度位置时进行连接。安装前必须严格检查立柱的平面度、直线度及导板厚度。先将立柱安装夹模具与已安装的立柱上段连接牢固，再用柜顶吊将待装立柱就位，利用夹模具与下面一节立柱连接牢固，立柱工字钢也通过连接板连接。待装立柱均组装好后，在装好立柱的中部安装一层侧板以固定立柱。观测固定立柱的侧板处径向及切向两个互成 $90°$ 方向的垂直度，偏差要求径向 $+3\sim+6\mathrm{mm}$，切向 $H/10000$，H 为立柱所测部位总高。

立柱组装合格后，由多名焊工按工艺措施施焊立柱接头，焊后磨平。要求接头导板错边 $\leqslant0.5\mathrm{mm}$，焊接变形 $\leqslant1\mathrm{mm}$。（见第一节立柱安装）。后续侧板安装程序与前面 $1\sim n$ 层侧板安装方法相同。

4.12.4 附属装置安装

1 电梯井架及斜梯安装

当顶升安装到合适位置时，利用柜顶吊吊装分段制作的电梯井架及斜梯，电梯井筒安装时每段筒节的垂直度偏差不应大于 $H/1000$（H 为筒节高度），总高垂直度偏差 $\leqslant50\mathrm{mm}$。

2 柜身平台安装

柜身平台安装时应特别注意焊接变形，尽量对称的采用分段退焊法，以控制气柜本体的变形收缩。柜身平台的安装方法如下：

1）在地面施工平台上制作边部平台，角部平台及栏杆。

2）将外部脚手架暂时改形，在临时平台靠壁板侧上安装销轴，（上下平台可以翻转），吊装柜身平台时翻转上、下层临时平台，待柜身平台吊装到位后，将下层临时平台复位，施工人员可站在下层平台上安装柜身平台。

3）柜身平台安装时先装角部平台，再装边部平台。装好后先用螺栓紧固，再点焊，并由多名焊工对称施焊柜身平台的下部焊缝，然后将上脚手架平台复位，翻转下层平台。

4）顶升一层侧板高度，并在上脚手架平台上组装一层侧板，焊接柜身平台上表面焊缝。

5）顶升组装、焊接两层侧板，将脚手架下平台复位，组装焊接柜身平台栏杆（柜身平台栏杆施工时一律应佩戴安全带）。

3 其他构件安装、落顶：由于檐口的位置阻碍外脚手架的顶升，故在檐侧板组装后不再顶升，而是直接施焊，施焊次序按侧板焊接次序进行控制。檐侧板焊好后，拆除外脚手架的上平台，组装焊接檐口。

4 电梯井架及斜梯上段安装：电梯井架最上段由于较重，故采取两台柜顶吊同时抬吊的方式进行吊装。电梯井架最上段安装好后，安装最上段斜梯。电梯井架与柜顶的连接走道及拉杆暂不安装。

5 上部其他附属设施安装（如人孔、消防环管等）。

6 柜顶内侧及上部侧板内侧防腐：柜顶内侧及上部侧板内侧的防腐涂装工作因在落顶后较难进行，故应在落顶前完成。

7 拆除工装脚手架：拆除内外脚手架、立柱导块、立柱组装平台等，柜顶吊及柜顶临时撑梁及栏杆暂不拆。

8 检查气柜本体外形制造质量：要求本体倾斜≤10mm，扭转≤5mm，电梯井架倾斜≤10mm。

9 落顶

1）弹簧导轮恢复原形，调整导轮与导轨面的间隙，将所有导轮暂时抽掉6mm垫板。

2）在立柱导轨面上焊柜顶制动块，其位置应正好使顶架与立柱的连接孔对准，且制动块与立柱的焊接强度应足够，以便承载柜顶的全部重量。

3）割除中央临时爬梯。

4）拆除鸟形钩与顶梁连接内螺栓及活塞与顶梁间的临时支撑，确信顶梁与活塞间无任何焊连及其他影响它们之间相互脱离的构件。

5）在活塞油槽内注满水。

6）在落顶前调整活塞本身的平衡及活塞与柜顶的总体平衡。

7）落顶

（1）一切准备工作就绪（电源、设备、通信应完好且人员分工明确）。

（2）起动风机，使活塞及柜顶上升200mm左右，停风机、关阀门，拉起鸟形钩，迅速拆除鸟形钩挂板。

（3）以上工作完成后，慢慢打开阀门，使活塞及柜顶慢慢下降，下降速度控制100mm/min。

（4）柜顶与活塞脱离后，迅速着手顶架与立柱的连接工作，活塞让其继续下降。

（5）活塞下降过程中应不断测量活塞倾斜度及有规律地测量立柱间的间距，定人观察柜内压力变化及导轮、密封机械的运行情况。若无异常现象。可适当加快落顶速度，但不应超过300mm/min。

（6）活塞将要着地时，应降低下降速度不超过150mm/min。

（7）活塞着地后，由柜外人员打开人孔，至此落顶工作结束。

4.13 第三工艺阶段施工主要工序

4.13.1 导轮调整

根据落顶时导轮的运行情况，做粗略的调整。在活塞升降调试时，再作精确调整。

4.13.2 正式密封机构安装

密封机构是整个气柜的心脏部分，其安装质量的好坏直接影响到气柜活塞的密封性能，因此必须在施工过程对安装精度及质量严格加以控制。安装过程及方法如下：

1 拆除临时简易密封，检查拆下部件质量完好程度，特别是要仔细检查滑板的平整度，不平整处要仔细校正，临时密封帆布及密封毛毯均需更新。

2 根据落顶时所测得的立柱间距，调整滑板至要求长度。

3 裁制帆布。在帆布裁制前，先应检查帆布的渗油性能，并了解其缩水特性，只有对合格的帆布才能裁制。根据帆布的缩水特性分别裁制圆木帆布、封底帆布、悬挂帆布、隔舱帆等。其中封底帆布及悬挂帆布的裁制应按图纸要求进行。

4 清洗重复使用的零部件，并检查所有零部件的数量应足够、质量应保证。

5 根据施工图纸及实测数据进行正式密封安装，安装控制依据如下：

1）施工图。

2）气柜本体在活塞运行范围内的倾斜和变形情况。

3）落顶时实测所得立柱的间距。

4）活塞油槽板及封底角钢的安装情况。

5）以往安装经验。

6）正式密封与简易密封的安装方法有些类似，要严格控制滑板的水平度，要求整圈不平度≤2mm，单边不平度≤1mm（用活塞倾斜测量尺进行测量）。弹簧分布要均匀对称，压缩长度要一致。滑板、斧块应与侧板紧贴，用0.2mm塞尺多数部位塞不进为合格，局部间隙不超过0.5mm。

4.13.3 盛水试漏

正式密封机构安装好后进行盛水试漏，观察密封状况，发现问题及时整改。

4.13.4 气柜活塞升降调试

气柜活塞升降调试前首先应清除柜内外一切杂物。活塞升降调试的目的是调整导轮及整个活塞的运行状况，使其达到最佳状态，同时检查气柜本体的制造质量。活塞升降调试用干式顶升法进行。先进行无配重调试，导轮及平衡配重调试到合格后将全部配重安装就位，进行有配重调试。有配重调试包括导轮细调，活塞平衡调整及柜内压力调整（计算注油后活塞油槽的油量）。要求活塞倾斜最大$\leqslant D/1000$mm、活塞回转$\leqslant 2$mm，升降时无异常声响和振动，柜内压力稳定。

4.14　试运行

4.14.1　往气柜底部油沟注入密封油，先进行油水分离器调试，再进行气柜整体试运行。

4.14.2　试运行时检测如下项目，作为气柜总体验收依据。

1　压力及压力波动。

2　活塞倾斜。

3　活塞水平回转。

4　密封油流下状况及密封油流量。

5　活塞上下运行无异常。

4.15　严密性试验

将气柜内充入 90% 容积的空气，进出气管用水封封死，检查所有阀门、法兰等气体有可能泄漏的部位是否漏气，确认无泄漏后记录下当时的时间（最好在早晨）、大气压力、柜内气温、柜内压力、水蒸气分压，每天同时刻观测，7 昼夜后，整体泄漏率$\leqslant 2$% 为合格。

整体气密性试验开始后，所有机具包括风机应撤出现场，现场作最后清理。

4.16　交工验收

气柜严密性试验合格后，及时通知甲方及有关部门进行全面验收，并进行气柜的移交工作。

5　质量标准

5.1　主控项目

5.1.1　基础平面标高及外形尺寸偏差。

5.1.2　构件的加工精度。

5.1.3　立柱安装垂直度偏差。导轨面接头。

5.1.4　密封机构的压紧装置。

5.2　一般项目

5.2.1　底板的搭接宽度、长度及平整度。

5.2.2　壁板的错边、组对间隙及平整度。

5.2.3　立柱的标高及径、切向偏差。

5.2.4　中心环及桁架的标高、位移、水平度、弯曲及垂直度。

5.2.5　导轮中心线与轨面中心线偏差。

5.2.6　密封机构的牵引装置、滑板间隙及弹簧压紧程度。

6 成品保护

如果从工厂制作地到施工现场路程较远，采用公路运输的方式。为了确保运输过程中物件的安全，减少构件在装卸运输过程中的变形和损坏，应根据不同的构件采取积极的防护措施，主要构件的防护措施如下：

6.0.1 立柱：立柱每 2 根打成一包，运输时应垫平（如图 15-5）。

6.0.2 侧板：侧板每 10 块打成一包，运输时应垫平（如图 15-5）。

6.0.3 其他折弯件：如顶板、电梯筒侧板等打包方式与侧板类似。

7 注意事项

7.1 应注意的质量问题

7.1.1 建立健全质量保证体系，按照 ISO 9001 要求认真贯彻执行《质量保证手册》、《质量体系程序文件》，并做好质量预控。

7.1.2 严格按照图纸要求施工，严格执行《多边形稀油密封储气柜工程施工质量验收规程》CECS 186∶2005。

7.1.3 严格执行自检、互检、交接检制度，发现问题及时处理。

7.1.4 加强对施工人员的教育，增强质量意识，提高工作技能。

7.1.5 做好技术交底工作，大力推行新技术、新工艺、新材料，提高劳动生产率。

7.1.6 贯彻执行计量法，不合格计量器具不得使用。

7.1.7 做好隐蔽工程前的检查工作。

7.1.8 稀油密封干式气柜主要检验项目及质量标准应符合规范要求。

7.2 应注意的安全问题

7.2.1 建立三级专、兼职安全检查活动，并对进入现场的施工人员进行安全教育。

7.2.2 施工人员进入现场应戴好安全帽、穿绝缘鞋、工作服。

7.2.3 高空作业必须系好安全带，安全带要系挂在施工作业处的上方牢固构件上，不得系在尖锐棱角部位。

7.2.4 设备吊装时吊钩下严禁站人，所吊设备应系牢，钢丝绳无损伤，并由专人指挥。

7.2.5 使用梯子时，要放置稳固，与地面夹角 60 度以下为宜，下面有人监护。

7.2.6 现场临时用电箱、柜、开关等设备的金属外壳应可靠接地，接地电阻≤4Ω。

7.2.7 手持电动工具应装设漏电保护器，通电使用前应进行绝缘检查，杜绝一切触电事故发生。

7.2.8　变电所及现场带电作业应有专人监护，严禁带电作业，严格按电气安全工作规程施工。

7.2.9　起重工、电工等特殊工种必须持证上岗。起重机械及吊索具使用前要认真检查合格，起重臂下严禁站人停留。

7.2.10　现场交叉作业时，要严防上方坠物砸伤，周围管道碰伤等事故发生。

7.2.11　在高处作业严禁投掷工具，打闹、嬉戏等。

7.2.12　专用工机具安全使用要求：

1　鸟形钩挂板专用螺栓应为高强螺栓，并应检查合格后方可使用；使用时应逐一检查，有压痕、裂纹等缺陷时不得使用。

2　鸟形钩使用前必须逐一清洗检查。

3　柜顶吊使用前应对卷扬、变幅、行走系统进行检查，缆风绳不得有断丝断股现象。

7.2.13　防止顶升过程意外下坠的措施：

1　在立柱上设置两块挂板，鸟形钩与上挂板未挂稳前下挂板不得松动。

2　分别在两个部位设 U 形压力计，实时监测顶升过程柜内气压变化。

3　安装另一台鼓风机备用，由另一回路供电。

7.2.14　要有专人停、送电，停送电要挂牌。

7.2.15　未尽事宜按《建筑安装工人安全技术操作规程》有关规定执行。

7.3　**应注意的绿色施工问题**

7.3.1　必须采取相应措施以使施工噪声符合《建筑施工场界环境噪声排放标准》GB 12523。

7.3.2　配备相应的洒水设备，及时洒水，减少扬尘污染。

7.3.3　对施工期间的固体废弃物应分类定点堆放，分类处理。能够利用的应予回收利用。

7.3.4　现场设置带油废弃物回收垃圾箱，回收后的带油废弃物要放到指定地点，沾染了油、油脂的手套，擦拭油污的棉纱、破布等及时回收。

7.3.5　油系统油循环完成后，清理滤油器，油要用容器接住，绝不能污染地面。

7.3.6　临时用电线路应布置合理、安全，宜选用节能灯；试验用水宜回收利用。

7.3.7　在安装施工中，使用有毒有害物质时，如烯料、各种胶等，设置专门地点储存，要有密封防泄露措施。尽量减少挥发，严禁遗洒。

8　质量记录

8.0.1　储气柜基础验收记录。

8.0.2 储气柜施焊记录。

8.0.3 焊接材料质量证明书。

8.0.4 焊缝检测记录。

8.0.5 气密性试验报告。

8.0.6 气柜实测压力值、活塞升降速度及倾斜度。

8.0.7 安装记录、质量验收记录。

8.0.8 基础沉降观测记录。

8.0.9 其他资料。

第16章 塔类设备（吸收塔）安装

本工艺标准适用于脱硫工程吸收塔安装，也适用于类似的塔类设备安装。

塔类设备（吸收塔）安装施工工艺无论是正装法还是倒装法，除塔体组装顺序不同之外，其他如施工准备、误差控制、焊接工艺、无损检测及沉降观测等工序的要求均一致，因此将两种施工工艺合并编制。在塔体组装环节分别编制组装工艺，综合考虑塔类设备的施工的特点，更好地做好塔类设备的施工管理，规范塔类设备的施工工艺和过程控制。

1 引用标准

《火电厂烟气脱硫吸收塔施工及验收规程》DL/T 5418—2009

《火电厂烟气脱硫工程施工质量验收及评定规程》DL/T 5417—2009

《立式圆筒形钢制焊接储罐施工规范》GB 50128—2014

《火力发电厂焊接技术规程》DL/T 869—2012

《钢结构工程施工质量验收规范》GB 50205—2001

《电力建设安全工作规程第1部分：火力发电厂》DL/T 5009.1—2014

《工程测量规范》GB 50026—2007

2 术语

2.0.1 吸收塔：使用物理、化学的处理方法，除去烟气中的 SO_2 的装置，是湿法烟气脱硫工艺中的主要单体设备。

2.0.2 允许误差：允许偏离规定的值，通常以百分数表达。

2.0.3 水平度：塔体安装偏离水平面的误差。

2.0.4 垂直度：表示要求垂直的轴线与平面或两平面之间所形成的角度与直角之差。其偏差以该轴线或平面与理想垂直线的夹角来表示。

2.0.5 椭圆度：圆柱形轴或者孔在某一横剖面的不圆度，其数值为该横剖面最大直径与最小直径之差。

2.0.6 真空试验法：检验底板焊缝严密性的一种方法。以置放在焊缝上面的真空箱内在规定真空度下无气泡发生为严密性合格。

3 施工准备

3.1 作业条件

3.1.1 根据施工现场实际情况，编制塔类设备（吸收塔）安装施工方案并按要求报审。

3.1.2 塔类设备（吸收塔）的设计图纸已到位，并核实无误。在施工前组织全体人员学习设计图纸及相关技术文件，参加图纸会审，理解设计意图。

3.1.3 特种作业人员经过理论与实际操作的培训，考试合格并持证上岗。

3.1.4 施工区域清洁干净、基础已回填，场地平整、照明充足，吸收塔周边施工道路畅通。

3.1.5 施工必备的胀圈、壁板安装的台具已加工制作。

3.2 材料及机具

3.2.1 措施性材料用料计划见表 16-1。

措施性材料用料计划　　　　　　　　　　　　　表 16-1

序号	名称	规格型号及材质	用途
1	钢板	$\delta=10\sim20Q235$-A. F	起吊装置立柱垫板、卷板机平台、胀圈加强板及水压试验用盲板等
2	工字钢	根据实际选用	胀圈用
3	钢脚手杆	$\phi48\times3.5$　$L=1\sim6m$　Q235-A. F,	带扣件
4	木跳板	$L=6m$	脚手架用
5	阀门	Z41H-25　DN100	试压用
6	H 型钢	400×250	筒体组对用支腿
7	阀门	Z11H-25　DN50	试压用
8	无缝钢管	$DN50\times3.5$	试压用

3.2.2 机具

施工机具配备计划见表 16-2。

施工机具配备计划　　　　　　　　　　　　　表 16-2

序号	机具名称	规格型号	数量（台套）	备注
1	汽车吊	根据具体情况选用	1	
2	三辊卷板机	25×2500（mm）	1	
3	等离子切割机	LG60-E	1	

续表

序号	机具名称	规格型号	数量（台套）	备注
4	电焊机	ZX7-400ST	12	
5	直流焊机	26kW	6	
6	空压机	2m³/min　0.8MPa	1	
7	千斤顶	根据具体情况选用	根据实际情况选用	胀圈用
8	半自动切割机	CG1-30	4	配轨道导架
9	真空泵	旋起式 ZX-1	1	真空试漏装置
10	液压顶升千斤顶	根据具体情况选用	根据实际情况选用	其中一个备用
11	液压顶升控制箱	配套	1	含油路系统
12	砂轮切割机	$\phi400$	1	接管切割用
13	倒链	2～5t	8	

3.2.3　主要监视测量设备见表 16-3。

主要监视测量设备 表 16-3

序号	名称	规格型号	数量（件、把）	备注
1	水准仪	S2	1	
2	经纬仪	J2	1	
3	水平尺		2	
4	钢盘尺	50m	1	
5	钢卷尺	5m	10	
6	焊缝检查尺	HJC60 型	2	
7	游标卡尺	0～150mm	2	
8	钢板尺	1m	2	
9	真空表	—0.1MPa	1	底板试漏用
10	压力表	1.0MPa	2	补强圈试压用

注：现场施工用机具、卡具等到位，吊装卡具在使用前，对其材质、结构和尺寸的适用性和安全性应检查并确认。所有计量器具必须校验合格且在有效使用期限内。

4　塔体安装操作工艺

4.1　工艺流程

施工材料检查验收管理 → 基础检查验收及沉降观测点设置 →

基础槽钢组装 → 塔类设备（吸收塔）底板组装 →

塔类设备（吸收塔）壁板组装（正装法；倒装法）→ 塔体附件安装 →

塔体焊缝焊接检验 → 塔体几何形状及尺寸检查 →

塔体充水试验及沉降观测 → 塔体气密性试验 → 塔体安装工程验收

4.2　施工材料检查验收管理

4.2.1　工程材料的采购要充分考虑设计、施工的相互一致性，先后提出材料计划、定购计划、加工计划、进场计划、使用计划，确保材料采购、进场、保管、发放、使用、回收的准确性、合理性，对现场到货的材料，应仔细核对原材料品种、规格、性能、合格证书并进行相应材料复验后方能使用。进入现场的板材、型材应进行材质、规格标识。

4.2.2　材料采购应附有质量证明书，应包括材料制造标准代号，材料牌号及规格，材料质量证明书的内容必须齐全、清晰，并加盖材料生产单位质量检验章。

4.2.3　焊条应具有质量合格证书，合格证书应包括熔敷金属的化学成分和机械性能。对焊接材料的管理，现场应设立二级库，由专人负责，建立台账。焊材入库应严格验收并做好标记，按要求对焊材进行烘干、发放、回收，对焊接材料的烘干不得超过三次。特种钢焊接材料实行限量发放，全过程跟踪，杜绝误用和混用。

4.2.4　材料应按规格型号放置整齐，禁止与有机物接触和在地面上摩擦，并做好材料标记移置工作和运输装卸、倒运、下料、制作、焊接、吊装、组对等全过程的外观保护工作。

4.3　基础检查验收及沉降观测点设置

4.3.1　基础检查验收

办理土建基础交接手续时，组织有关人员对土建基础进行检查验收，基础混凝土尺寸必须符合设计及规范要求，基础表面应标有纵、横向中心线；沿基础外侧壁应标注不少于6点的标高线。塔类设备（吸收塔）的基础宜设底板泄漏显示结构。基础验收合格后办理中间交接手续。

4.3.2　基础沉降观测点

塔类设备（吸收塔）安装前，做好沉降观测策划工作、制定塔体沉降观测方案，检查观测点埋设情况，观测点应设在沿基础周边与基础轴线相交的对称位置上，点数不少于4个。见图16-1。测量各基准点的实际标高并列入施工记录，作为基础沉降的重要原始资料。

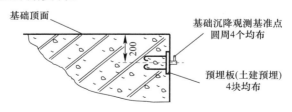

图 16-1　沉降观测点设置图

4.4　基础槽钢的组装

4.4.1　基础验收合格后，在基础上根据图纸要求的纵横中心线，用样冲定出圆心和 0°、90°、180°、270°点位置。以纵横中心线为基准在基础上划出纵横支撑梁安装定位线，作为支撑梁组对检测线。

4.4.2　进行底板支撑结构的安装，安装时要调整好各支撑型钢的平整度，使其符合安装验收要求，焊接好支撑构件后，并重新找平，符合要求后进行二次灌浆。灌浆面与底板支撑梁表面平齐。

4.5　塔类设备（吸收塔）底板组装

4.5.1　底板预制

1　根据施工图和排版图下料，对接接头的坡口型式均采用图纸或规范中所规定的尺寸。

2　塔底的排版直径，宜按设计直径放大 0.1%～0.2%。

3　中幅板的宽度不得小于 1000mm，长度不得小于 2000mm。

4　底板任意相邻焊缝之间的距离，不得小于 200mm。

5　钢板切割及焊缝坡口加工，可采用氧、乙炔火焰切割加工。对于长直坡口加工采用半自动火焰切割机。也可以用坡口机加工。钢板边缘加工应平整，不得有夹渣、分层、裂纹及熔渣等缺陷。采用火焰切割的焊缝坡口表面氧化层、硬化层应去掉。

4.5.2　塔类设备（吸收塔）的底板与基础接触的部分铺设前按设计要求进行防腐处理。

4.5.3　底板铺设按排版图由中间向两侧展开进行，全部铺好后，即可用角钢卡子进行固定调整并点焊。点焊后拆除角钢卡子进行焊接。

4.5.4　底板焊接

1　底板焊接应先焊短焊缝，初层焊道应采用分段退焊或跳焊法，长焊缝焊接时焊工对称均匀，由中心向外分段退焊，最后完成中副板与底环板之间的连接角焊缝，中副板对接焊缝焊接时进行母材与垫衬之间的焊接，然后完成中间焊道的填充；具体焊接顺序见图 16-2。

2　施焊时第一遍由中向两侧分段跳焊，跳焊长度为 500mm。第二遍由中向两侧退焊。见图 16-3。

4.5.5　底板真空试漏

1　底板所有焊缝焊接完毕后，清理打磨塔类设备（吸收塔）底板，清除临时焊件。

2　用真空箱对焊缝进行真空试漏，试验负压值不得低于 53kPa。方法见图 16-4。

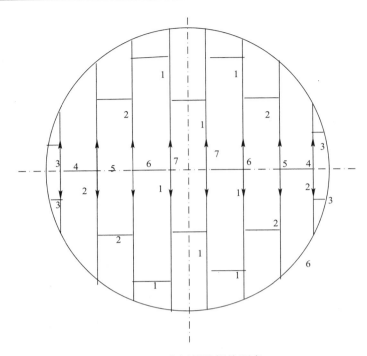

图 16-2　底板焊缝焊接顺序

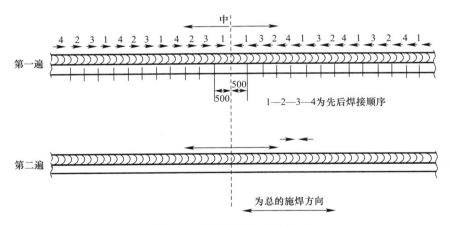

图 16-3　底板焊缝施焊跳焊法

4.6　塔类设备（吸收塔）壁板组装

塔类设备（吸收塔）通常采用的安装方法有两种：正装法和倒装法。

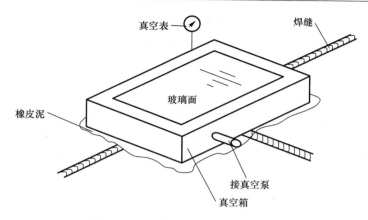

图 16-4　真空箱对焊缝进行真空试漏

正装法是在安装完塔类设备（吸收塔）底板后，从最下面一带板开始，自下而上安装塔类设备（吸收塔）壁板，直至塔类设备（吸收塔）整体安装完成；反之，倒装法是在安装完塔类设备（吸收塔）底板后，塔类设备（吸收塔）壁板从最上面一带板及顶盖开始，自上而下采用顶升的安装方式。

倒装法与正装法最大的区别是，主要焊接过程都在地面上进行，减少了人员高空作业，提高了作业的效率，同时节约了吊装机械费用。另外，外部脚手架搭设较晚，减少了相应的脚手架租赁费。值得注意的一点是：一定要检查好提升设备的性能参数及工况状态，不能出现故障，否则将严重影响正常施工进度，甚至出现事故。

4.6.1　正装法

1　壁板排版应符合以下规定：

1）各圈壁板的纵向焊缝宜向同一方向逐圈错开，其间距不得小于 500mm。

2）底圈壁板的纵向焊缝与罐底边缘板焊缝之间的距离，不得小于 200mm。

3）罐壁开孔接管或开孔接管补强板外缘与罐壁纵向焊缝之间的距离不得小于 200mm，与环向焊缝之间的距离不得小于 100mm。

2　壁板组装前，应将对接部位坡口两侧 100mm 范围内的泥沙、铁锈、水及油污清理干净。拆除组装用的工卡具时，不得损伤母材，如有损伤，应进行修补，钢板表面的焊疤应打磨平滑。壁板组装过程中，应采取临时加固措施，防止风力等造成塔壁的损伤破坏。

3　壁板组装前，应仔细检查壁板、加强圈的预制质量，壁板尺寸的允许偏差，应符合表 16-4 规定，垂直方向上加强圈的弧度和扭曲度必须符合设计要求，合格后方可组装。需重新校正时，应防止出现锤痕。

壁板组装前壁板尺寸允许偏差　　　　　表 16-4

测量部位		焊缝对接（板长＜10m）（mm）	焊缝对接（板长≥10m）（mm）
宽度 AC、BD、EF		±1	±1.5
长度 AB、CD		±1.5	±2
对角线之差 | AD-BC |		≤2	≤3
直线度	AC、BD	≤1	≤1
	AB、CD	≤2	≤2

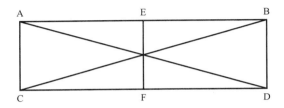

4 壁板组装立缝组对示意图见图 16-5。

5 壁板组装前，在壁板所在位置的内侧焊上挡板，挡板与壁板之间加设组对垫板，在纵缝施焊前将所有垫板抽出。见图 16-6，垫板厚度按下式计算：

$$\delta = n \times a / 2\pi$$

式中　δ——垫板厚度（mm）；

　　　n——壁板数量；

　　　a——每条立缝焊接收缩量（mm）取 2。

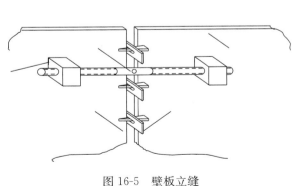

图 16-5　壁板立缝
组对示意图

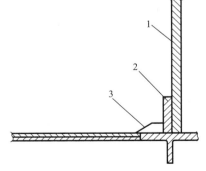

图 16-6　挡板与壁板间
1—壁板；2—垫板；3—挡板

6 塔壁安装质量要求应符合表 16-5 规定。

壁板安装质量要求   表 16-5

序号	检验内容		允许偏差（mm）
1	塔体椭圆度		≤D/1000，且≤15（D 塔体直径）
2	壁板周长		≤D/1000，且≤15（D 塔体直径）
3	塔体垂直度		±H/1000，且≤15（H 为塔体壁板设计高度）
4	塔体标高		±H/1000，且≤15（H 为塔体壁板设计高度）
5	对口错边量	纵向焊缝	≤0.1s，且≤1.5（s 为板厚）
		环向焊缝	≤0.2s，且≤3（s 为板厚）

7 塔类设备（吸收塔）体的壁板施工全部采用分片吊装，确定单块板的最大重量，采用汽车吊或塔吊吊装。最后整体吊装塔顶。

8 塔体的加强环和烟道进口管随着壁板的安装进行。

9 脚手架应随塔壁的增高不断搭设。壁板内、外侧自下而上，根据带板安装的进度，逐层搭设，层间走道宽度为 1.2m，层间高度为 2.5m，各层间搭设"Z"形走道；走道两侧 1.2m 高位置用直径 φ11.5 钢丝绳做安全扶手，并做相应安全标记；各层高度在环缝组对的位置可适当调整，以利于环缝隙的组对。

10 壁板焊缝焊接要求：壁板焊缝组对完成后，在每道焊缝位置每隔 500mm 点焊圆弧板一块，用以防止焊缝处产生变形，焊接时应首先完成纵向焊缝的焊接后再进行横向焊缝的焊接，纵向焊缝焊接时，每道纵缝安排一个焊工，同时从下向上以相同的焊接电流和焊接速度进行施焊，横向焊缝焊接时，每道横缝安排多名焊工对称等距离沿同一方向以尽可能相同的焊接电流和焊接速度施焊。见图 16-7；图 16-8。

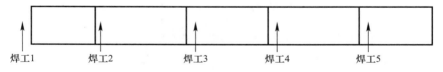

图 16-7 壁板立缝焊接示意图

11 壁板与底板角焊缝焊接由多名焊工均布，向同一方向分段退焊，退焊长度为 1000mm，先焊内角缝后焊外角缝。为减少焊缝角变形对底板平整度的影响，采用图 16-9 所示的防变形措施。

4.6.2 倒装法壁板组装工艺

1 塔类设备（吸收塔）提升设备的工作原理及提升设备的准备

1）提升设备的工作原理

（1）液压提升装置

液压提升装置由松卡式千斤顶、液压泵站及液压高压油管系统（含管路上控

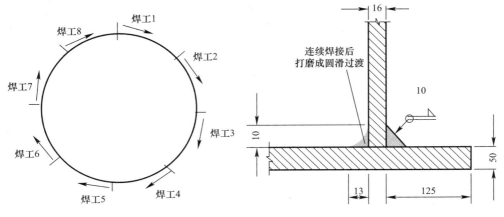

图 16-8 壁板横缝焊接示意图　　　　　图 16-9 底板防变形措施

制阀件）组成。液压泵站主要由油箱、油管路、滤油器、齿轮油泵、控制箱单向阀、电磁换向阀、调节阀溢流阀等部件组成。是为千斤顶提供液压动力的供油设备。塔类设备（吸收塔）液压提升系统布置示意图见 16-10。

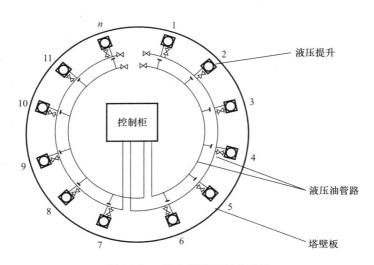

图 16-10 吸收塔液压提升系统

（2）松卡式千斤顶及提升架

松卡式千斤顶上卡头为分体的穿心式双作用千斤顶，使用时提升杆插入千斤顶，上下、卡头处于工作状态。当油泵供油时，液压油从下油嘴进入缸体内，由于上卡头自动锁紧提升杆，此时下卡头松开，在油压的作用下，活塞上升将提升杆带着负载向上举起。当油缸升满一个行程后油泵停止供油，负载停止上升、完成提升过程。回油时液压油从上油嘴进入，此时下卡头锁紧提升杆静止不动，在油压的作用下，油缸回程，液压油从下油嘴排出。至此，完成一个提升过程。如此往复循环，千斤顶将提升杆带着重物不断提升。当完成一个阶段的提升工作后，停止供油，将上下卡头松开，然后将提升杆放下或取出。如此反复，直至全部工作结束。松卡式千斤顶及提升架示意图见图 16-11。

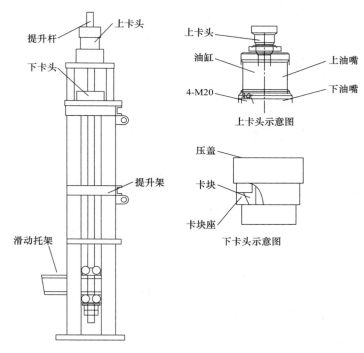

图 16-11　松卡式千斤顶及提升架示意

2）提升设备的准备

液压提升机数量，主要是依据千斤顶承载最大荷载能力来确定，斜拉撑等配件的计算要依据不同的塔类设备（吸收塔）壁板重量确定，组对后的液压提升装置示意图见 16-12，具体计算公式如下：

最大提升荷载：$P_{max} = K(P_G + P_F)$

式中　K——安全系一般选 1.3～1.4；

　　　P_G——塔体最后提升的荷载；

　　　P_F——塔体外需增加的附加荷载。

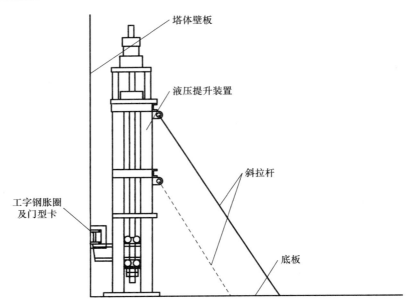

图 16-12　液压提升装置示意图

液压提升机数量：$n \geqslant P_{\max}/Q$，根据厂家提供的资料及安全考虑，决定液压提升机数量 n。

式中　n——液压提升机数量，一般取双数；

　　　$P_{\max}$——最大提升荷载；

　　　Q——千斤顶额定承载力，得出最大提升负荷时每个液压千斤顶所受的力为：$Q = P_{\max}/n$。

斜拉杆的受力：$F = P \times d/l$

式中　d——提升杆中心到提升架中心的距离（mm）；

　　　l——提升架底部中心至斜拉杆垂直距离（mm）。

3）液压装置提升过程

（1）液压提升装置安装完毕后，在上下卡头未锁紧前，应开启油泵进行各千斤顶、仪表按钮、控制阀门的试动作，排尽管内的空气，检查各管路是否存在漏油情况，各动作是否准确可靠，确认后方可进行正式提升工作。

（2）液压提升装置提升前，锁紧千斤顶上下卡头，使卡块处于工作状态，开启油泵，在低油压状态下操纵千斤顶，使每一个提升机托架都托住胀圈，再调整油压，使千斤顶上升，直到升满一个行程后停止供油，上升过程中上卡头受力，下卡头不受力，再回油使千斤顶活塞下降，由于上下卡头的自锁性能，千斤顶下降时下卡头受力，上卡头不受力，随千斤顶活塞一起下降，如此交替直到将塔体提升到待组装高度（通常为一带板高度）后停止顶升，松开下卡头的松卡螺母（千斤顶活塞上升时下卡头不受力，因此可以松开），组对壁板时，调整焊口间隙，待焊口组对完毕后，将千斤顶活塞回落到下止点，然后松开上卡头，放下提升杆和托架，进行下次提升。特别强调塔体提升到待组装高度前一定要调整好油缸活塞行程，使罐体与待组装板组装完毕后，活塞还得留有向下回落的行程，便于松开，放托架及提升杆，否则将给松卡和放下托架带来较大的麻烦。

4）液压提升法倒装塔体的技术关键

（1）根据不同尺寸及重量的壁板选择适宜数量的提升机，既要满足起重提升能力，又要保证不使壁板变形，当提升架布置间距过大时，由于壁板集中应力过大，容易引起壁板变形，需对提升胀圈加大和增加胀圈与壁板的受力的支撑点。

（2）松卡式千斤顶系液压提升设备的关键部件，因此要经常对其进行检查，特别要检查上下卡头的可靠性，及时清理卡块螺纹中的杂物。

（3）塔体顶升时，必须根据每个千斤顶的动作快慢调节好从主油路到各千斤顶的针形阀，以保证每个千斤顶动作一致，提升平稳，千斤顶活塞上升时要等每个千斤顶活塞都升到上止点后方能下降，同样活塞下降时，必须等每个千斤顶活塞降到下止点后方能上升，否则将使千斤顶受力不均匀而引起塔体变形，严重时发生安全事故。

（4）塔体顶升高度在快要接近待装板的高度时必须调整好千斤顶活塞行程，确保待组装板与塔体组装完毕（即环焊缝组对点焊完）后，活塞还保留有向下回落的行程，以便千斤顶回落卸载后能顺利松开上卡头，放提升杆和托架，否则将给松卡和放提升杆托架带来较大麻烦。

（5）胀圈是液压提升施工中不可缺少的部件，且塔体的顶升荷载都靠胀圈传递给提升机托架，因此用作胀圈的型钢必须选型适当，并与塔壁固定牢靠。

（6）必须保持提升架的稳定，作好稳定性校验，提升架设置可靠的斜拉杆或在塔中心竖一柱子，将提升架与柱子相互连接为一体，增加稳定性，保证提升架在工作时不会翻倒。在现场条件许可的情况下，选择提升机最适合的布置方式。

2　胀圈设定

为了保证壁板在组对和提升过程中不变形，并减少在壁板上大量进行焊接吊点，倒装时根据塔体直径和重量设计胀圈，安装位置在塔内壁距塔底 250mm 左右处，胀圈依塔体直径和重量选择合适的槽钢卷制后加固为方形截面并依据受力情况确定分段，整个胀圈采取分段制作，各段再用螺栓连成几大段，各大段之间采用千斤顶把胀圈胀紧在塔壁上。

3 顶层（第一层）壁板的组对

壁板组对前应在底板上面划出壁板安装位置线，在壁板内侧以塔体内径沿周长方向每隔 500～700mm 点焊一个挡板。

壁板组对是在吊车的配合下，按照已排好的壁板顺序依次将壁板吊装就位，然后找平找正，纵缝焊口组对点焊，最后一道纵缝留为活口不点焊。待该层壁板全部吊装组对完成后，在内侧纵向焊缝上自上而下，每 500mm 左右点焊一块弧形反变形板，反变形弧板外径为塔类设备（吸收塔）内直径。由于壁板卷制时板的前后约有 150mm 的直平，利用反变形弧板和焊接时的反变形法，对 150mm 的直平进行调节。除活口以外的其他纵缝全部焊完后应拉尺测量壁板周长。周长的实际尺寸应与理论尺寸相符。

4 胀圈和提升设备安装

当第一层壁板焊接完成后，把胀圈安装在预定位置上，各大段之间采用千斤顶把胀圈胀紧在塔壁上，胀圈胀紧后在胀圈上端设置筋板，并焊在壁板上，筋板数量可以根据实际情况随着塔类设备（吸收塔）的增高而增加，位置在提升滑动托板的两侧部位，这样可以共同承受提升时塔体重量，根据实际情况还可以配备胀圈加固件。液压提升装置按设备说明书要求进行组装，安装完后进行设备调试使用。

5 第一层壁板的提升第二层壁板组对

提升设备安装完毕调试合格后，进行第一层壁板提升，提升高度为高出第二层壁板的板宽 30～50mm，提升达到高度后，进行第二层壁板组对。组对方式同第一层壁板，第二层壁板组对完成后，在第二层壁板上端外侧点焊多个限位板，使上下层壁板对接不错位。为了保证对口面均匀一致，在环缝之间加垫板，垫板与设计要求的对口间隙相同，当上下壁板厚度不等时应保证内侧平齐。

6 塔顶安装

当顶层（第一、二层）壁板安装焊接完成后，应进行几何尺寸、焊缝质量检验。检验合格后进行塔顶组对安装。在组装塔顶时将其上面的各种附件同时安装。整体吊装就位。塔顶的局部凹凸变形，应采用弦长 1.5m 样板检查，间隙不得大于 15mm。

7 其余各层壁板及附件的安装

按照上述方法和步骤安装提升第三层壁板，第四层壁板，直到最后一层壁板的安装提升结束。最后一层壁板的纵缝及上部环缝焊接后，进行底层壁板与环板的环向内外侧角焊缝焊接。施焊时由数名焊工均匀对称分布于塔内外，采用分段退焊法，从同一方向同时施焊。在塔体倒装过程中，塔体外加强环、加强筋、平台梯子，按图纸中的标高和位置在各层壁板上同时安装，并按要求进行组焊，安装一层测量检查一次不得有误，保证安装质量。

4.7 塔体附件安装

4.7.1 参照各圈中心线划出以中心线为基准管口方位线及管口标高线，管孔开口位置不得在焊缝上。根据壁板排版图经检查确认划线无误后，按图纸要求的坡口形式进行气割。

4.7.2 人孔、检修门、安装孔、观察门等应靠近平台扶梯，便于操作，且转动灵活、无阻滞或卡死现象。

4.7.3 出入口接管先与法兰焊接，然后再装于塔体上。吊装时要确认组件有足够的刚度，组装过程中，必要时应进行临时加固。

4.7.4 按图纸及设计要求安装接管及配法兰，法兰面应垂直于接管，保证接管法兰与接管的垂直度或水平度，其偏差均不得超过法兰外径的1‰（法兰外径小于 100mm 时，按 100mm 计算），且不大于 3mm。

4.7.5 壁板加强圈安装要求离环缝的距离不应小于 150mm，其曲率应与罐壁相一致，避免强行组对。

4.7.6 梯子平台连接板和牛腿安装与塔体安装同时进行。

4.7.7 内件的安装要求按图纸技术说明和相关规范执行。

4.8 焊缝焊接检查

4.8.1 所有焊缝均应进行外观检查。必要时应使用焊接检验尺或 5 倍放大镜。外观检查前应将熔渣、飞溅清理干净。

4.8.2 焊缝的表面及热影响区，不得有裂纹、气孔、夹渣和弧坑等缺陷。

4.8.3 对接焊缝的咬边深度，不得大于 0.5mm；咬边的连续长度，不得大于 100mm；焊缝两侧咬边的总长度，不得超过该焊缝长度的 10%。

4.8.4 检查防腐区域内焊缝的圆角，应满足设计文件和防腐施工要求。

4.8.5 塔壁纵向对接焊缝不得有低于母材表面的凹陷。塔壁环向对接焊缝和吸收塔底板对接焊缝低于母材表面的凹陷深度，不得大于 0.5mm。凹陷的连续长度不得大于 10mm。凹陷的总长度，不得大于该焊缝总长度的 10%。

4.8.6 磁粉检验的对接焊缝应在焊缝打磨齐平后进行检验，磁粉检验阴阳棱角焊缝应在焊缝打磨为圆滑过渡后进行检验。

4.8.7 塔体无损检测的比例和合格等级按设计要求及相关规范执行。

4.9 塔体检查验收

4.9.1 检查所有与塔体焊接的焊接件，确认所有焊接施工已完毕，不得有遗漏。

4.9.2 检查所有塔体表面及焊接附件外观，应无损伤和疤痕，冗余件应割除。

4.9.3 塔体内表面平整，焊接产生的弧坑直径应不大于 2mm，深度不大于

0.5mm。

4.9.4 塔体的几何形状和尺寸符合设计及规范要求。

1 塔壁总高度的允许偏差不应大于设计高度的0.1%。

2 塔壁总直线度偏差不大于20mm，任意3000mm高度范围内不得大于3mm。

3 塔体安装垂直度允许偏差为塔体设计高度的0.1%，且不大于30mm。

4.9.5 钢平台、钢梯、栏杆的检验按现行国家标准的规定。检查按钢平台总数抽查30%，栏杆、钢梯按总长度各抽查20%，但钢平台不应少于2个，栏杆不应少于10m，钢梯不应少于2架。

4.10 塔体充水试验及基础沉降观测

4.10.1 充水试验

1 充水试验应在底板真空试验、塔体无损检测试验合格以及所有配件、附件安装完毕后进行。

2 充水试验前，所有与严密性试验有关的焊接接头均不得刷油漆。

3 充水试验应采用不低于5℃的淡水。

4 充水过程中，如基础发生不允许的沉降，应停止充水，待处理后方可继续进行试验。

5 底板的严密性，应以充水试验过程中底板无渗漏为合格。若发现渗漏，应按有关规定修理。

6 壁板的强度及严密性，应以充水到设计液位并保持48h后，壁板无渗漏、无异常变形为合格。如发现渗漏，应及时放水，使液面比渗漏处低300mm左右，并按有关规定焊补。

4.10.2 基础沉降观测

1 在塔体下部每隔小于10m弧长，设一个观测点，点数为4的倍数，且不得少于4点。

2 充水试验应按设计文件的要求对基础进行沉降观测，当设计无规定时，充水到设计液位的1/2，进行沉降观测，并应与充水观察前的数据进行对照，计算出实际的不均匀沉降量，当未超过允许的不均匀沉降量时，可继续充水到设计最高液位的3/4，进行观测，当仍未超过允许的不均匀沉降量时，可继续充水到最高液位，保持48h后进行观测，当沉降量无明显变化，即可开启排气阀和放水阀放水，当沉降量有明显变化时，则应保持最高液位，进行每天的定期观测，直到沉降量稳定为止。

3 基础沉降基本稳定后，基础边缘上表面应高于地坪不小于300mm。

4 基础任意直径方向上最终沉降差不应超过塔内径的1‰～15‰，沿壁板圆周方向任意 10m 弧长内的沉降差应不大于 25mm。支承壁板的基础部分与其内侧的基础之间不应发生突变。

4.11　塔体气密性试验

4.11.1　试验压力为设计压力。

4.11.2　充水试验完成后进行气密试验，试验用的空气温度不低于 10℃。

4.11.3　先缓慢升压至规定试验压力 10%，保压 15～20min，对所有焊接接头和连接部位进行全面检查。如无泄露可继续升压到规定试验压力的 50%，保压 15～20min，如无异常现象，则继续逐级升压，停留 5min，直到试验压力，停止供气后保压 30min，同时对焊接接头喷涂中性发泡剂检漏，如无问题再缓慢降压。

4.12　工程验收

4.12.1　塔体各项试验合格后，按有关技术要求对塔体安装工程质量进行全面检查和验收。

4.12.2　依据规范的要求进行竣工资料的整理，竣工资料的整理应与施工进度同步。

5　质量标准

5.1　主控项目

5.1.1　塔类设备（吸收塔）底部支撑梁安装后二次灌浆的抹面层平整度 2m 范围内应在－5～0mm。

5.1.2　塔体组装垂直度偏差为 $\pm H/1000$，且 $\leqslant 15mm$。（H 为塔体壁板设计高度）。

5.1.3　塔顶中心位置偏差 $\leqslant 15mm$；塔顶直径偏差为 $\pm 12mm$。

5.1.4　塔类设备（吸收塔）内部支撑梁标高偏差为 $\pm 3mm$；中心偏差为 $\pm 10mm$；水平度偏差 $\leqslant 3mm$。

5.1.5　塔类设备（吸收塔）开孔与接管时，管口与基准线距离偏差为 $\pm 6mm$；接管外伸长度偏差为 $\leqslant 5mm$；法兰与接管垂直度偏差不大于法兰外径的 1%，且不超过 3mm。

5.2　一般项目

5.2.1　底部环形支撑梁就位位置与基础中心距离误差 $\pm 2mm$；底部环形支撑梁标高误差 $\pm 3mm$；底部环形支撑梁水平允许误差 2mm。

5.2.2　底板安装严格按照排板图，由底板中心板向两端逐块铺设中间一行中幅板，从中间一行板开始，向两侧依次铺设；底板的对接焊缝必须磨平，搭接焊缝及角接焊缝必须打磨成 $R\geqslant 5mm$ 的圆弧过渡。

5.2.3　筒体安装后以圆周等分 8～12 点测量，直径允许误差是直径（mm）

的±1‰，当 φ≥12000mm 时最大允许误差±10mm；当 8000mm≤φ＜12000mm 时最大允许误差±8mm。

5.2.4 筒体周长允许偏差是直径（mm）的 3‰，最大允许偏差≤35mm。

5.2.5 喷淋层支撑梁在支撑板内与塔壁预留间隙符合设计要求且不允许有负公差；各层支撑梁之间垂直距离允许误差±2mm，水平距离允许误差±5mm。

5.2.6 梯子平台安装位置允许误差±10mm；梯子平台安装标高允许误差±10mm，平台接口平整、无突起，连接牢固可靠。平台连接口平整，无突起，格栅方向一致，固定牢靠。

6 成品保护

6.0.1 不得随意在设备、结构件上开孔或焊接临时结构，必要时按照许可制度，办理工作票后方可实施。

6.0.2 进行焊接作业时，为保护上道工序的施工质量和防止火灾，在作业的下方及周围用铁皮隔离。设立定点切割区，由专人作业，下面铺设钢板，周围用防火挡板隔离。

7 注意事项

7.1 应注意的质量问题

7.1.1 钢板滚弧时起始和结束的两端弧度须严格控制，必要时利用胎板对两端分别滚弧。

7.1.2 不得在壳体上随意焊接其他物件，应尽量减少工卡具焊点数量，工卡具使用后即行拆除，拆除时不得损伤母材，钢板表面的疤痕应打磨平滑。

7.1.3 塔底板焊接时要注意焊接电流及焊接顺序，防止出现底板应力变形。

7.1.4 塔壁组对过程中，要控制好错边量、筒体椭圆度，并制作相应的检查样板进行测量，每一带板点焊完成后要先进行验收然后再进行焊接，检查验收要严格按照标准执行。

7.1.5 塔内件安装前，应对塔内件覆盖处的衬里进行表面复查，确认无损伤后方可安装。

7.1.6 焊工应按照有关规定参加焊工技术考核，取得焊工合格证书，并按照考试合格项目适用范围从事焊接工作。焊接前，应根据焊接工艺评定报告等，编制焊接作业指导文件。

7.1.7 现场携带焊条使用保温筒，在保温筒存放的焊条若超过规定时间则须交回二级库重新烘干，同一保温筒内不得存放两种焊接材料。

7.2　应注意的安全问题

7.2.1　施工作业人员施工前必须进行安全教育，熟悉安全标准和操作规程。

7.2.2　施工时一定要检查好提升设备的性能参数及工况状态，不能出现故障，否则将严重影响正常施工进度，甚至出现事故。

7.2.3　塔内照明用电应接安全电源，地线不得随意搭接，各种电线接头应用绝缘胶布包好，不得裸露。

7.2.4　塔内应保持通风良好，氧气、乙炔带不得有破损、漏气现象。

7.2.5　在壁板组对过程中，要控制好塔体的垂直度，防止出现侧倾。

7.3　应注意的绿色施工问题

7.3.1　现场垃圾应分类堆放或运到指定地点。

7.3.2　各作业区域保持清洁，如因空气干燥，灰尘较大，现场要洒水，以确保空气清新。

7.3.3　现场设专区将施工边角废料和有用余料分类堆放，并进行标识，能够利用的应回收利用。

8　质量记录

8.0.1　图纸会审记录。

8.0.2　基础沉降观测记录。

8.0.3　塔类设备（吸收塔）基础检查验收记录。

8.0.4　塔类设备（吸收塔）几何尺寸检查记录。

8.0.5　焊缝射线检测报告。

8.0.6　焊缝超声波检测报告。

8.0.7　焊缝磁粉检测报告。

8.0.8　强度和严密性试验记录。

8.0.9　施工记录。

8.0.10　施工质量验评资料。

8.0.11　塔类设备（吸收塔）交工验收证明书。

8.0.12　其他有关资料。

第17章　焦炉安装工艺

本工艺标准适用于焦炉机械设备、管道、铁构件的安装。

1　引用文件

《冶金机械设备安装工程施工及验收规范通用规定》YBJ 201—83

《冶金机械设备安装工程施工及验收规范焦化设备》YBJ 214—88

《机械设备安装工程施工及验收规范》GB 50231—2009

《工业企业煤气安全规程》GB 6222—2005

《建筑施工现场环境与卫生标准》JGJ 146—2013

《施工现场临时用电安全技术规范》JGJ 46—2005

2　术语

2.0.1　弯曲度：长条构件（型、棒、管材）在长度方向上的弯曲程度。

2.0.2　允许偏差：误差是不可避免的，可是控制在一定范围内是可以的，这是一个尺寸的误差允许，而这个"可以的范围"或者说"允许的程度"就称为允许误差。

2.0.3　负荷：设备所承受的压力。

2.0.4　间距：设备中心线之间距离。

2.0.5　公差：允许加工工件的实际值与理论值差距的范围。

2.0.6　焦侧：焦炉出焦的一侧。

2.0.7　机侧：焦炉安装推焦车、装煤车的一侧。

2.0.8　圆度：表示大型圆形物体的周边（部分或局部）与理想圆周边之差。

2.0.9　冷态安装：指焦炉不点火的情况，温度是常温的安装。

2.0.10　热态调整：热态调整就是焦炉点火运行时的调整工作。

2.0.11　垂直度：表示要求垂直的轴线与平面或两平面之间所形成的角度与直角之差。其偏差以该轴线或平面与理想垂直线的夹角来表示。

3　施工准备

3.1　作业条件

3.1.1　对土建施工的设备基础、预埋件、预留孔的尺寸及标高、中心线进行全面检查复核，确认无误后，并经验收签证后方可施工。

3.1.2　对进厂设备进行全面组织验收，经建设单位、监理单位和施工单位共同确认无问题，签字验收。如果发生设备质量问题，应在安装前处理完毕。

3.1.3　安装用电容量，安装用起吊设备、交直流电焊机等必须准备齐全。

3.1.4　筑炉完毕，基础具有清晰准确的中心线，标高线。

3.2　材料与机具

3.2.1　材料

煤油、机油、红丹粉、白布、垫铁、耐油密封胶、铜皮（0.03～0.50mm）、酸洗液、不锈钢滤网（120～200 目）等。

3.2.2　机械与工具

1　机械工具根据施工现场实际情况可选用汽车吊、电动葫芦、卷扬机、桥式起重机、炉顶龙门吊及机、焦侧行走小车等。

2　施工机械与工具见表 17-1。

主要施工机械与工具　　　　　　　　　　　　　　表 17-1

序号	名称	规格	单位	数量	备注
1	汽车吊	根据具体情况而定	台	2	
2	平板车	根据具体情况而定	台	2	
3	螺旋千斤顶	5t	台	8	
4	空压机	0.6m³	台	1	
5	门式起重机	待定	台	1	根据焦炉型号确定
6	倒链	5t	台	4	
7	砂轮切割机	$\phi400$	台	2	
8	电焊机	500A	台	16	
9	卷扬机	5t	台	1	
10	角向磨光机	$\phi100$	台	4	
11	重型套筒扳手	21～65mm	套	26	
12	套筒扳手	S19～S41	套	32	
13	电动套丝机	100 型	台	2	
14	呆扳手	根据具体情况而定	把	若干	
15	气焊工具		套	4	
16	卷板机	$\phi300×2200×20$	台	1	

3.2.3 主要监视测量设备见表 17-2。

主要监视测量设备 表 17-2

序号	名称	规格	单位	数量
1	全站仪	TCR402	台	1
2	水准仪	Ⅱ级	台	1
3	经纬仪	J2	台	1
4	水平	2mm/m	个	2
5	条式水平仪	0.5mm/m	个	2
6	盘尺	50m	把	1
7	角尺	500×500	个	2
8	游标卡尺	300mm	把	1
9	钢板尺	2m	把	2

4 施工工艺

4.1 施工工艺流程

安装前的检查 → 护炉铁件安装 → 废气开闭器、分总烟道的调节翻板 →

集气管 → 上升管、桥管、水封阀 → 氨水管道及喷嘴 →

回炉煤气管道 → 交换系统 → 炉门修理站

4.2 安装前检查

4.2.1 炉柱：测量检查炉柱长度、弯曲度符合要求及各种孔眼（上下部拉条孔等）的位置要准确，测量方法以炉柱底面标高为基准逐项检查。在检查炉柱上面压紧保护板顶丝架时，位置要准确，丝扣要完整无损，并且顶丝拧入要灵活，炉柱在安装前力求弯曲度最小，因此炉柱到货后要求妥善保管，存放时应垫放平整，支持点不小于 3 点，以免炉柱变形。

4.2.2 横拉条要检查直径及总长度，因横拉条在烘炉过程中总会继续伸长，故其长度允许偏差－20～＋40mm（上拉条），丝扣长度允许偏差－20～＋40mm，丝扣清洗后拧上螺帽检查松紧情况，然后涂上黄油缠上草绳，以防损坏丝扣。纵拉条全长允许偏差±50mm，全长弯曲允许偏差±20mm。

4.2.3 上部横拉条大小弹簧、下部横拉条大小弹簧、纵拉条大小弹簧。外观无缺陷。弹簧应有制造厂交付压缩记录，到货后进行抽样检查，安装前按负荷编组，分别挂牌，编号管理，并做好记录。

4.2.4　用靠尺或直尺检查保护板的长度、宽度、中间立筋是否正直，是否位于中心，本体需平直不能有凹凸现象，保护板压石棉绳处（保护板与炉肩、炉门框与保护板）不应有砂眼、蜂窝等缺陷。如有砂眼应将砂眼铲净，予以补焊刨平。

4.2.5　炉门框加工面上不能有砂眼、裂纹、蜂窝等缺陷。外形尺寸应与设计图纸相符，用样板检查炉门框宽度，并检查钩型螺栓孔的位置。运到现场的炉门框堆放时，下面应用枕木垫平，以防炉门框变形，并逐个进行检查。

4.3　护炉铁件安装

4.3.1　护炉铁件安装是焦炉机械设备安装的关键。它包括保护板、炉柱、炉门框、炉门、纵横拉条等主要专用设备，它具有一些独特功能，满足焦炉生产的需要并要适应炉体的热胀冷缩。见图 17-1。

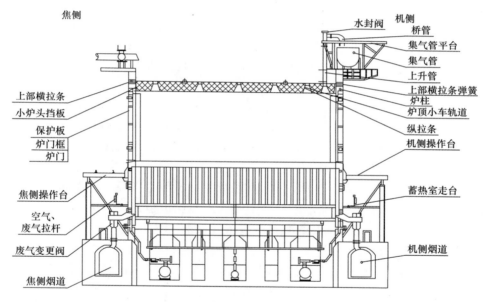

图 17-1　焦炉断面图

4.3.2　吊装机械的设立：在炉顶设立一套移动龙门吊，在机、焦两侧铺设临时轨道并使用移动小车。

4.3.3　护炉铁件结构部分的安装程序：

炉头挂石棉绳→吊装保护板、炉柱→调整炉柱标高→安装横拉条（事先摆放在位置上）和弹簧→弹簧加负荷→吊装炉门框→调整加压固定炉门框

4.3.4　保护板安装：

1　保护板应在单体检查尺寸时，做好原始记录，按公差大小进行配合、

235

编号。

2 保护板内侧的凹入处焊上小铁丝，抹以耐火灰浆，其成分：20%的425号硅酸盐水泥，80%的碎硅藻土砖，灰浆面应低于立筋面5mm，温度不低于5℃且应保持24h以上的养护时间。

3 保护板在安装前应进行预安装，以检查保护板的公差配合，各连接尺寸是否正确，并试验和鉴定所使用锆铝陶瓷纤维绳的规格。

4 两相邻保护板正面要保持齐平（与炉框接合的平面），公差±2mm。由于机械化清扫的需要，保护板正面距焦炉正面线的距离上、中、下三点公差为0～5mm。两保护板间放磨板处的平面要齐平，公差检查±2mm。

5 保护板下缘与炉体砖台面的缝隙允许在5～7mm范围内。保护板下面边缘与底砖面间应垫以锆铝陶瓷纤维毡。

6 炉肩与保护板间隙为3～10mm，如有个别砖凹下处可允许间隙在13mm之内。炉头砖的凹陷处，在调整保护板时，如需要还可垫以陶瓷纤维毡，陶瓷纤维毡一定要置于锆铝陶瓷纤维绳里侧，各处锆铝陶瓷纤维绳一定要压紧，绝不允许保护板贴砖。

7 保护板中心要与燃烧室基准中心线（不是燃烧室实砌中心线）的公差±3mm，保护板严禁突入碳化室墙，尤其要注意焦侧，以免妨碍推焦。两相邻保护板间隙必须保证大于5mm，以锆铝陶瓷纤维绳塞紧。保护板背面所压锆铝陶瓷纤维绳的接头禁止在两相邻保护板的对接处。

8 安装好后在保护板与炉头上部间隙处塞以废纸，以免泥土杂物掉入影响浇灌质量。当烘炉温度达到700～750℃时，浇灌保护板（或炉框）与炉头之间的缝隙。锆铝陶瓷纤维绳的热灼减量不应超过32%。

4.3.5 炉柱安装

1 炉柱吊装：炉柱使用炉顶龙门吊进行吊装。吊装方法如图17-2。炉柱在机焦两侧烟道上起吊，炉柱下部应垫上枕木，并用麻绳拉住，防止炉柱在起吊时损坏烟道弯管。

2 横拉条摆入在炉顶就位位置上，然后在机焦两侧各运一根炉柱和一块保护板，并将保护板临时固定在炉柱上，调好保护板在炉柱上部的位置，保护板的中心线应与炉柱中心线对正，炉柱两侧保护板宽度要均匀，保护板标高应调整到设计位置，再将蓄热室的小保护板点焊在炉柱上，然后机焦两侧炉柱带着保护板同时起吊，炉柱底板涂上干油，调整炉柱标高，将上部横拉条穿进炉柱的拉条孔，

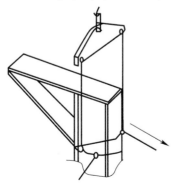

图 17-2　炉柱起吊示意图

装上弹簧托盘、弹簧、弹簧套筒、垫板、带上螺帽，调整炉柱的中心线，对正炭化室的中心线，穿下部横拉条，按要求吨位数加压上下大小弹簧，加压前将蓄热室小保护板的电焊打掉，将保护板临时固定拆除。横拉条加压前，应用木楔垫平，间距约 3m，在烘炉期间根据膨胀情况退木楔，松螺栓。

3 炉柱调整：炉柱调整应先将拉条拉紧。拉紧拉条时，用经纬仪测炉柱纵向偏差。其偏差控制在 $0\sim+8$ 范围之内。拉条全部收紧后，调整炉柱横向中心偏差和纵向中心偏差，标高由炉柱底板控制。纵、横中心偏差交叉，同时调整。机侧和焦侧炉柱横向中心偏差分开调整，纵向中心两侧同时拉紧后分别调整偏差。

4.3.6 炉门框安装

1 炉门框安装中要注意使其与碳化室中心线对正，严禁炉门框内缘凸出保护板外，尤其在紧固螺栓之后，要注意检查，为此，在安装时应在炉框上加方木支撑，以免炉框宽度变窄。

2 炉框位置固定后，拧紧螺栓时一定要从中线向上下两方进行固定，而且左右两侧螺栓交叉紧固，使炉框均匀受力，防止变形。炉框螺栓在拧紧时要特别注意锆铝陶瓷纤维绳应入槽，把紧后炉框与保护板之间的缝隙小于 3mm，大于 0mm。

3 磨板固定后，磨板面应低于碳化室底面 $7\sim10$mm，不合格的可将磨板用铣床加工薄。

4.3.7 纵拉条的安装

1 纵拉条用以拉紧抵抗墙。在横拉条安装后，再进行安装纵拉条。在烘炉前必须加压好，先将检查好的大螺栓，分左右穿在抵抗墙的套管内，按要求安装弹簧、螺帽，并把制作纵拉条的扁钢平放在炉顶上，纵拉条接口处位于碳化室中心部位上，各接口对正进行焊接，要保证焊缝高度，焊肉要均匀，焊接时用砖垫起，防止焊后收缩而凹下，中间各段焊完后，安上烘炉托架，按设计长度与两端大螺栓连接，最后加压弹簧，连接板不得放在燃烧室顶上，不得压横拉条。

2 纵拉条在安装前烘炉托架安装好，在开始烘炉时，托架安装使拉条离冷态炉顶面 80mm，按照炉顶膨胀程度应定期放松螺母，保持在烘炉结束前不移动拉杆的位置，直到拉条顶面距热态炉顶面间隙在 12mm 左右，然后将此托架拆去，妥善保存以备今后使用。

4.3.8 炉门的安装

1 炉门在制造厂已试压调整好，安装时不必解体，只要在现场提前做好炉门的衬里工作。由于耐火材料干燥有一段时间，提前做好炉门的衬里工作，可以保证安装质量及进度要求，按照设计要求的公差检查各部件的几何尺寸。

2 炉门吊装与运输：炉门用运载小车运送。起吊时炉门重心偏移，重心在耐火砖侧。用小车运输炉门时，炉门上的耐火砖朝上。吊装前必须松开炉门的门闩和刀边弹簧螺栓。起吊炉门时，为防止炉门倾翻，增设防倾翻装置，同时慢速起吊，当起吊到垂直的瞬间炉门会产生冲击力。此时，炉门下部的防倾翻设施与小车上的固定装置相互碰撞，致使小车来回运动。小车应牢固地固定，限制炉门产生巨大的摆动损坏行车。

炉门就位时应缓慢前进，到了炉口处，先高出炉门框的挂钩，然后才轻轻放到炉门框的挂钩内，如图 17-3、图 17-4。

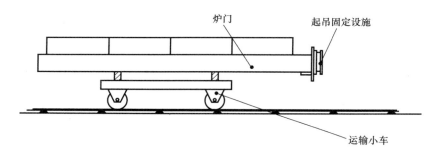

图 17-3　炉门运输示意图

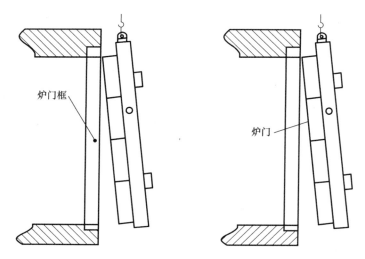

图 17-4　炉门吊装就位示意图

3 炉门调整：炉门只调整门闩和刀边螺栓。先将门闩调整到规定值，然后才调整刀边螺栓。刀边螺栓的长度用块规检查。

4.4　废气开闭器、分总烟道的调节翻板安装

4.4.1　小烟道承插管待炉体内部清扫干净后，用砌筑小烟道的灰浆将小烟道承插管砌入小烟道出口处。废气开闭器横向中心线与小烟道中心线对正，其两翼凸缘与烟道两侧应有大于 5mm 的间隙。

4.4.2　烘炉前在废气开闭器与小烟道间的间隙、烟道弯管、交换开闭器之间的间隙，在烘炉达到 650℃时，塞上 $\phi20$ 锆铝陶瓷纤维绳，从正面将纤维绳打紧，外面用 80% 黏土及 20% 的水泥调成泥浆抹严。

4.4.3　交换开闭器在安装前进行检查，并按制造质量标准进行施压、验收，并进行空气严密性检查。

1　废气铊在提起和自由下落时，不能有卡阻或弯曲现象。

2　在废气铊达到提升高度时，其扇形轮的转角极限偏差为 ±2°。

3　扳把刻度与翻板实际位置相符。

4　交换开闭器的全高极限偏差为 ±10mm。

5　废气铊出厂前应进行试压，试压要求：废气铊试压前应将座密封面清洗干净，铊的提升与落下应由主动扳杆带动缓慢下落，且不得敲打铊盘，试压介质为水，压力为 400Pa，5min 后不漏水为合格，试压合格后，应将座密封面干燥，清除水迹后立即涂以防锈漆进行保护。

6　进风门与其接触的密封面间的间隙应用 0.05mm 的塞尺检查，以塞不进为合格。

4.4.4　交换开闭器的阀体中心线离焦炉中心线距离偏差为 ±3mm，安装水平不超过 1/1000，测定点为废气铊密封面。

4.4.5　交换开闭器顶面传动轴标高允许偏差为 ±5mm。

4.4.6　交换开闭器安装后，煤气铊、废气铊的提铊高度允许偏差为 ±5mm。

4.4.7　交换开闭器安装完毕后，必须做提铊试验，应做到铊杆无卡涩现象，煤气铊、废气铊起落应垂直。

4.4.8　分总烟道的调节翻板应在烘炉前安装，翻板安装前须进行预组装，检查翻板外形尺寸与烟道断面尺寸，允许周围缝隙偏差为 ±10mm。

4.4.9　翻板安装时必须严格保证垂直度。在上部支座安装及调整好后再进行翻板下部底座螺栓的固定。应保证翻板与砖缝之间的缝隙均匀。

4.4.10　翻板安装后应转动灵活，扳把标记明显，开头刻度正确，上部盖板齐全。

4.5　集气管安装

4.5.1　集气管一般为钢板卷管。在预置场地预组装完成，使用板车分节运至现场，用吊车配合吊装。

4.5.2 集气管焊接前，必须将焊件上焊接部位的油腻、铁锈、水分、脏物等彻底清理干净，避免产生气孔，焊接采用 J422 焊条，所有焊缝要铲焊根，且必须保证焊透，无夹渣。

4.5.3 集气管相连之两管段纵向焊缝必须错开 80°，且纵焊缝不能置于集气管下部。

4.5.4 卷管对接焊缝的内壁错边量不宜超过壁厚 10%，且不大于 2mm。

4.5.5 卷管的周长偏差为 ±9mm，圆度偏差为 8mm。

4.5.6 集气管与桥管连接的全部法兰应在同一平面内，偏离及标高的极限偏差均为 ±3mm，各个法兰中心线均与相应焦炉上升管设计中心对正，极限偏差为 ±3mm，每 10 个法兰间距之间的误差为 ±3mm，累计误差为 ±3mm，法兰盘螺栓孔位置保证在水封阀安装后，阀体呈水平。

4.5.7 集气管须进行渗透探伤检验：检验方法如下：在管内焊缝上涂上三次煤油，管外焊缝涂白粉，24h 后白粉上不得有透出的煤油污点，合格后方可验收，如有缺陷应将该处焊缝铲掉重焊，再次检验。

4.5.8 集气管各管段的连接管孔均在安装现场开孔，以保证连接管安装的公差要求。

4.5.9 集气管中心线应与焦炉纵向中心线平行，平行度公差值为 ±3mm，标高极限偏差为 ±5mm。

4.6 上升管、桥管、水封阀安装

4.6.1 上升管、桥管、水封阀均采用冷态安装、热态调整。上升管、桥管用 16t 吊车吊装到炉顶上。

4.6.2 在炉温 650℃ 前上升管与桥管采用临时连接，并将上升管临时固定好，炉温 650℃ 以后，调整上升管与桥管，上升管底座及桥管在阀体承插口内定位后，用石棉绳四周塞紧密封，浇灌灰浆，灰浆配比为精矿粉 50%，耐火水泥 50%，用水玻璃调和。（上升管安装前在铸铁座套口上盖 5mm 厚石棉板）。

4.6.3 砌完衬砖后的上升管吊装应注意防止衬砖脱落。

4.6.4 上升管要保持垂直，垂直度公差为 1/500，上升管平面位置偏差为 ±3mm。

4.6.5 上升管在安装前应进行隔热夹层试漏试验，以灌满水半小时不渗水为合格。

4.6.6 桥管与水封阀承接口处的四周间隙应均匀，无卡斜现象，在炉温 650℃ 后，按设计要求密封。

4.7 氨水管道及喷嘴安装

4.7.1 高压氨水管道及管件均要求做水压试验，试验压力按《工业金属管道工程施工规范》GB 50235—2010 中的有关规定。在安装中应注意氨水喷嘴插入氨水支管的插入深度不能超过 2mm，炉顶氨水管在安装中应将与桥管上部的接口留出不焊，待炉温达到 650℃后再焊接。

4.7.2　低压氨水管道试水压 0.6MPa，30min 不漏为合格。在安装中应注意氨水清扫管头插入深度不能超过 2mm，炉顶氨水管道安装时应将与桥管上部的连接口留出不焊，待炉温达到 650℃后再焊接。

4.7.3　氨水喷嘴在安装前要逐个进行检查：

1　氨水喷嘴部分应光滑无毛刺，测量喷嘴直径公差±0.2mm。

2　导流片的孔的斜度应准确，可用样板进行检查，孔的周围必须光滑无毛刺。

3　喷嘴本体要求无砂眼、夹渣、气孔等铸造缺陷，上部拧上丝堵要求该接口严密，试水压力为设计试验压力，30min 无漏水现象为合格，（试压时喷嘴体下口堵以标准丝堵）。

4　氨水喷嘴安装位置要准确垂直。

5　在试生产时对氨水喷嘴要进行试验，特别需要注意的是试验前必须将水封阀打开，试验时，要注意水应喷洒均匀，布满于整个桥管断面，不准喷入上升管内。

6　管道试压合格后，进行刷油。

4.8　回炉煤气管道安装

4.8.1　为了试压方便，安装管道前，各段管道的焊缝必须涂煤油，合格后才允许安装。

4.8.2　分配主管标高，中心线极限偏差均为±5mm，管道只能坡向一侧，中间不能有凹下处，以免积垢积水。

4.8.3　管道找正找平安装合格后，必须将各种临时固定管道用的拉筋，楔子等拿掉后，才能在管道上开口，焊接连接支管，支管插入深度不得超过 3mm。

4.8.4　各支管法兰均应在同一平面内，标高公差±3mm，注意法兰孔的位置应保持旋塞安上后位置正确，能满足交换传动装置的安装，法兰面要水平。

4.8.5　各支管中心应位于一条直线上，允许偏差±3mm。

4.8.6　各支管中心距允许偏差±3mm（应反复测量，并控制端部支管与管道横中心线的距离偏差±3mm，以免造成积累误差）。

4.8.7　检查蝶形翻版是否灵活，翻板与外壳的间隙应保持均匀，其间隙应在 2mm 以上，要核对翻板开关应与扳把打印记号相符。

4.8.8　各交换旋塞在安装前应打号全开全关的刻印，要求全炉旋塞在全开时开度一致，公差±1mm。

4.8.9　沿焦炉纵向所有交换旋塞阀芯中心标高要求一致，旋塞扳把在一条直线上，旋塞法兰面要呈水平状态。

4.8.10 交换旋塞要特别注意方向，按设计要求进行安装。

4.8.11 管道必须在各种管头（包括流出口、放气孔、仪表接头等）均已开口且焊接完毕才能进行试压工作。

4.8.12 管道在试压前应进行全面检查，清理管道杂物，最后才能将管道封闭。

4.8.13 试压标准：

1 焦炉加热煤气管道（主管不包括旋塞，在煤气支管处加盲板），严密性试验按《工业企业煤气安全规程》GB 6222—2005 中 6.4 规定进行。

2 煤气闸阀单体试压：煤气闸阀运至现场，在安装前应重新按出厂技术要求进行气密性试压，合格后才能安装。

3 煤气旋塞单体试压：各种旋塞运抵现场进行外形检查，要求旋塞处于全开状态时孔的侧边错台允许 1mm，底部错台允许 3mm，然后清洗干净后薄薄地涂上一层 50 号机械油后即可进行密封度试验，试验条件如下：

1) 旋塞转动检查：在试验前需进行旋塞转动检查，即模拟生产状态，由一个人在生产时能转动扳把即可。

2) 炼焦煤气旋塞需进行两种情况试验：

旋塞全关位置：交换旋塞按生产时的实际转动方向转动关闭。

旋塞全开位置：交换旋塞按生产时的实际转动方向转动打开。

3) 根据《工业企业煤气安全规程》GB 6222—2005 中 7.2.6.3 之规定，焦炉的交换旋塞和调节旋塞应用 2×10^4 Pa（2040mmH_2O）的压缩空气进行气密性试验，经 30min 后压降不超过 5×10^2 Pa（51mmH_2O）为合格。试验时，旋塞密封面可涂稀油（50 号机油为宜），旋塞可与 $0.03m^3$ 的空压机相接，用全开和全关两种状态试验。

4 焦炉煤气管道（安装好调节旋塞及交换旋塞后）进行总压试验，在下列三种情况下通以 0.01MPa 的压缩空气，经 30min 压力降不超过折合成同一温度条件的压力 10％为合格，试验前旋塞上涂以 50 号机油而且各旋塞均应做转动检查。

1) 调节旋塞打开，交换旋塞关闭（交换旋塞应按 A、B 型生产转动方向关闭）。

2) 调节旋塞关闭，交换旋塞开。

3) 调节旋塞打开，交换旋塞打开（按 1 中的打开方向转动 180°）。

5 烘炉煤气管道：用焦炉煤气或其他煤气烘炉，管道严密性按《工业企业煤气安全规程》GB 6222—2005 中 6.4 之规定进行。烘炉开闭器及烘炉旋塞试压检查：用 $0.03m^3$ 空压机试压，标准 0.02MPa 压缩空气 10min 压降不超过 1％为合格。烘炉煤气主管试压合格后，抽出支管盲板，旋塞涂以黄干油，每一个旋塞都能灵活转动。关闭旋塞，通以 0.02MPa 压缩空气，30min 换算成等温度下表压降不大于 20％为合格。试压合格后，将旋塞打开，此时仅在支管出口前堵上小盲板，全管道通以 300mm 水柱的压缩空气，用肥皂水检查，没有漏的地方即可。

4.9　交换系统安装

交换系统包括煤气交换传动装置和废气交换传动装置。

4.9.1　交换传动装置应在加热煤气管道和交换开闭安装合格或基本完毕后再进行安装，位于抵抗墙处的轮架应根据链轮或绳轮中心标高来确定其安装标高，四角处的交换架与链轮中心应保持一致。煤气交换轮架，链轮中心与各个交换旋塞中心的实际安装相对标高差允许偏差±5mm，即链轮中心要根据交换旋塞安装标高进行适当调整，以保护交换扳杆转角正确，链轮中心要根据交换开闭器主动扳杆轮中心安装标高进行适当调整。以保护主动扳杆和角形轮的转向正确。要求废气交换轮架链轮或绳轮与中心链轮中心的相对标高要一致，其允许差值为±5mm。拉条托轮中心应根据链轮中心标高进行调整，以保证托轮托住拉条。

4.9.2　废气交换系统，所有拉杆沿四周安装时应通过调节四周托架位置控制拉杆中心标高为设计标高，不得出现倾斜情况。

4.9.3　煤气交换系统，煤气油缸行程尺寸应与链条相匹配，拉杆组装应保持水平与焦炉链轮架的链轮中心一致。

4.9.4　安装交换扳杆前应对照加热系统图检查交换旋塞的开闭位置是否正确，交换扳杆方孔与交换旋塞方头配合适当。要求扳把转向与方头的转角一致。连接交换开闭器主动扳杆时，应对照加热系统图和交换开闭器动作示意图，检查扳杆方向和扇形把，空气门传动杠杆状态要相符。

4.9.5　煤气、废气交换拉条与各自油缸活塞杆头连接时，应检查油缸位置和交换旋塞开闭位置、交换开闭器的启动状态要相符，建议采用手摇泵或其他手动装置调整加热煤气交换拉条行程，其允许偏差±10mm，调整废气交换拉条行程，其允许偏差为±10mm。

4.9.6　安装调整完后，逐个松动托杆，检查松紧情况，核对旋塞开闭位置、废气铊、煤气铊、空气气门的开闭状态，拉条行程、提铊行程、铊杆松紧情况、链与链轮的啮合情况，以及轮架有无松动等运行情况，同时监督交换机运行情况。

4.9.7　在焦炉改为正常加热之前，铊杆必须无过紧或卡阻现象才能进行交换传动的试运转，严禁不松动、不检查铊杆就开启交换机进行试运行。待正常加热之后，其传动装置还需重新调整一次，以上工作完成后，所有零部件刷漆。

4.10 炉门修理站安装

4.10.1 炉门固定框架和炉门框起落架要严格按图纸尺寸制作，以保证生产正常使用，安装好后应进行试验，炉门框起落架起落畅通无卡滞，各滑轮运转应灵活。

4.10.2 炉门固定框架垂直度允许偏差为 1/1000，标高极限偏差为±5mm。

4.10.3 炉门框起落架导轨标高极限偏差为±2mm，轨距极限偏差为±3mm。

5 质量标准

5.1 主控项目

5.1.1 安装基准线、基准点设定。

5.1.2 炉柱标高和轴线。

5.1.3 保护板中心应与碳化室中心偏差。

5.1.4 炉门框和保护板间的石棉绳全部周长压紧塞实。

5.1.5 模板应低于碳化室 5～7mm。

5.1.6 交换系统链轮中心线偏差。

5.1.7 集气管按设计方向倾斜

5.1.8 保护板和炉墙、炉门框和保护板、桥管与水封阀之间密封。

5.2 一般项目

5.2.1 炉柱弯曲度、炉柱垂直度。

5.2.2 集气管中心位置、炉门修理站轴线。

5.2.3 纵横拉条安装偏差。

5.2.4 废气交换开闭器位置偏差。

5.2.5 焦炉下加热管道位置偏差。

5.2.6 炉门框安装偏差。

5.2.7 炉门安装偏差。

6 成品保护

6.0.1 设备验收后，要妥善保管，炉柱存放时应垫放平整，支持点不小于 3 点，以免炉柱变形；拉条丝扣涂上黄油缠上草绳，以防损坏丝扣。大小弹簧分别挂牌，编号管理，并做好记录。

6.0.2 保护板、炉门框分开后，均临时放在水平的枕木垫上，应特别注意防止组装好的炉框挂钩折断或碰坏；运到现场的炉门框堆放时，下面应用枕木垫平，以防炉门框变形。

6.0.3　铸铁件（如旋塞、孔板盒）在运输、装卸及施工过程中，要轻拿、轻放，避免损坏。非标构件加工时（如水封槽、放散点火装置、非标蝶阀等）严格按设计及施工规范要求加工。

6.0.4　管道冲洗前做好排水措施尤其不能将排水流入炉顶的耐火材料上。

7　注意事项

7.1　应注意的质量问题

7.1.1　在焦炉机焦侧烟道、抵抗墙、炉床板及地下室根据情况分别测设纵横中心线，并作好标志。标高基准点一般在土建施工时已埋设，安装前引测到便于施工而又不影响施工的地方。

7.1.2　各埋设件与土建、筑炉配合安装，并确保安装质量。

7.1.3　炉柱牛腿基础清理干净后，按炉柱底部情况加垫板垫平至设计标高，将上、下横拉条初步就位。

7.1.4　将已养护好的保护板按序分组吊装就位，临时固定后再将炉柱吊装就位，利用上部横拉条临时固定机焦侧对应一组的炉柱和保护板。

7.1.5　所有炉柱保护板临时就位后，从炉中往两边分别调整保护板中心线和炉柱中心偏移，利用加压夹具进行保护板加压，使之相关数据满足设计要求，最后固定上下大小弹簧并加压。

7.1.6　炉门框亦按工厂装配顺序编号吊装就位，用螺栓临时固定。待调整上下中心线偏移和标高后加压固定。

7.1.7　待炉门框调整固定完后，初步吊装就位废气开闭器，小烟道连接管，焦侧操作台钢梁标高尽量控制在负公差以便于其上轨道的标高调整。

7.1.8　精调一次废气开闭器，塞石棉泥密封，封炉顶上升管座底口，完善烘炉前的设备安装项目，确保烘炉。

7.1.9　集气管组对过程中，严格控制各法兰间距和法兰面垂直度，防止焊接变形。

7.1.10　各大车轨道、炉顶集气系统、废气系统的精调均安排在烘炉期间进行。

7.2　应注意的安全问题

7.2.1　施工前全体施工人员认真接受安全、技术交底，并在交底书上签字。

7.2.2　护炉铁件安装要注意炉顶龙门吊和运输小车的安全，上下层作业人员要密切配合，并要防止高空坠落物体打击，炉顶龙门吊移动时，要有专人指挥。

7.2.3　机焦两侧吊装作业必须确保吊点牢靠，吊件要绑扎牢固，起重指挥必须由有起重经验的人员担任，指挥时，口令要清晰一致；起重作业半径内严禁任何闲杂人员进出，吊物、吊臂下方严禁站人。

7.2.4 施工现场孔洞较多应用盖板盖好，严防高空落物和高空坠落事故发生。

7.3 应注意的绿色施工问题

7.3.1 严格执行《建筑施工现场环境与卫生标准》JGJ 146—2013 及相关施工管理规定。

7.3.2 施工现场必须建立环境保护、环境卫生管理和检查制度，并应做好检查记录。

7.3.3 对施工现场作业人员的教育培训、考核应包括环境保护、环境卫生等有关法律、法规的内容。

7.3.4 临时用电符合施工现场临时用电安全技术规范的要求。

7.3.5 安全防护设施完善，建筑垃圾和生活垃圾不得随意堆放、乱放、做到工完料清，垃圾应倾倒至业主有关管理部门指定的地点。工程竣工，及时清理建筑垃圾及施工设施，按时移交使用。

7.3.6 施工现场按施工组织设计完成临时设施的工作，并达到下列规定：

1 大力宣扬文明施工，现场设置六牌两图，即：工程概况牌、管理人员名单及监督电话牌、安全生产牌、现场须知牌、文明施工牌、消防保卫牌、施工总平面布置图、工程效果图。

2 施工现场临时设施、临时道路的设置应科学合理，并应符合安全、消防、节能、环保等有关规定。

3 场内道路坚实、平整、畅通、整洁，没有废弃物和垃圾，经常清扫和维护。

4 场地平整无积水，无散落物，排水畅通不堵，施工垃圾集中堆放，及时处理。

5 各类材料分类按总图布置堆放，施工作业时随时清理、堆码，保持图实相符、整洁有序，不影响交通。

6 临时给水管应埋地设置，无渗漏；临时排水自成体系，水路畅通。

7 选择施工装置，设备和方法时，应考虑它产生的噪声等级，以及对施工人员的影响。施工现场对场界噪声排放进行监测、记录和控制，并应采取降低噪声的措施。

7.3.7 施工现场的施工区域应与办公、生活区划分清晰，并采取相应的隔离措施。办公室内布局应合理，文件资料宜归类存放，并应保持室内清洁卫生。施工现场设开水供应保温桶，加盖加锁。

8 质量记录

8.0.1 基础沉降观测记录。

8.0.2　隐蔽工程施工记录。

8.0.3　设备安装记录。

8.0.4　设备缺陷情况记录及处理签证记录。

8.0.5　设备、设计变更签证记录。

8.0.6　检验批、分项、分部、单位工程质量验收记录。

8.0.7　设备试运前检查签证记录。

8.0.8　设备试运签证记录。

8.0.9　竣工图或按实际完成情况注明修改部分的施工图。

8.0.10　其他有关资料记录。